21世纪可持续能源丛书

“十二五”国家重点图书

21世纪可持续能源丛书

Hydrogen Production and Thermal Chemical Use

氢气生产及热化学利用

毛宗强　毛志明　编著

化学工业出版社

·北京·

图书在版编目(CIP)数据

氢气生产及热化学利用/毛宗强，毛志明编著. —北京：化学工业出版社，2015.3（2023.9 重印）
（21 世纪可持续能源丛书）
ISBN 978-7-122-23149-9

Ⅰ.①氢…　Ⅱ.①毛…②毛…　Ⅲ.①氢气-化工生产②氢气-热化学　Ⅳ.①TQ116.2②TK91

中国版本图书馆 CIP 数据核字（2015）第 039131 号

责任编辑：戴燕红　卢萌萌　　　文字编辑：丁建华
责任校对：吴　静　　　装帧设计：韩　飞

出版发行：化学工业出版社（北京市东城区青年湖南街 13 号　邮政编码 100011）
印　　装：天津盛通数码科技有限公司
710mm×1000mm　1/16　印张 21½　字数 371 千字
2023 年 9 月北京第 1 版第 2 次印刷

购书咨询：010-64518888　　　售后服务：010-64518899
网　　址：http：//www.cip.com.cn
凡购买本书，如有缺损质量问题，本社销售中心负责调换。

定　　价：88.00 元

谨以此书纪念国际氢能学会成立 40 周年

Commemorating 40th Anniversary of International Association for Hydrogen Energy

第二版序

20 世纪末，随着人类社会发展对能源可持续供应的迫切需要，出现了“可持续能源”的理念，并受到全世界人们的关注。

21 世纪以来，能源更是渗透到了人们生活的每个角落，成为影响全球社会和经济发展的第一要素。目前中国已经成为全球能源生产与消费的第一大国，能源与经济的关系、能源与环境的矛盾、能源与国家安全等问题日显突出。因此，寻找新型的、清洁的、安全可靠并可持续发展的能源系统是广大能源工作者的历史使命。

2005 年，化学工业出版社出版了“21 世纪可持续能源丛书”，受到我国能源工作者的广泛好评；时隔 8 年，考虑到能源形势的变化和新技术的出现，又准备出版“21 世纪可持续能源丛书”（第二版），的确是令人高兴的事情。

“21 世纪可持续能源丛书”（第二版）共 12 册，仍然以每一个能源品种为一个分册，除对原有的内容做了更新，补充了最新的政策、技术和数据等外，增加了《储能技术》、《节能与能效》、《能源与气候变化》3 个分册。从书第二版包括了未来能源与可持续发展的概念、政策和机制，各能源品种的资源评价、新工艺技术及特性以及开发和利用等；新增加的 3 个分册介绍了最新的储能技术，能源对环境与气候的影响以及提高能源效率等，使得丛书内容更加广泛、丰富和充实。

由于内容的广泛性和丰富性，以及参加编写的专家的权威性，本套丛书在深度和广度上依然保持了较高的学术水平和实用价值，是能源工作者了解能源政策及信息，学习先进的能源技术和广大读者普及能源科技知识的不可多得的好书。

让我们期待这套丛书的出版发行，能为我国 21 世纪可持续能源的发展作出贡献。

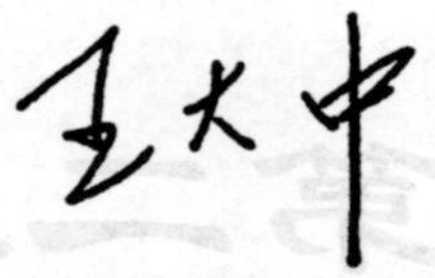

中国科学院院士

2013 年 11 月 6 日

FOREWORD

Hydrogen Energy was proposed some four decades ago, as a permanent solution to the interrelated global problems of the depletion of fossil fuels and the environmental problems caused by their utilization. I formally presented it on 18 march 1974 at the Opening Plenary Session of the landmark The Hydrogen Economy Miami Energy (THEME) Conference, 18-20 March 1974, Miami Beach, Florida, U. S. A. Immediately, it caught the imagination and attention of socially conscious energy and environmental scientists and engineers. Research and development activities ensued around the world, in order to develop the technologies needed for the introduction of the Hydrogen Energy System. It took a quarter of a century to research and develop most of the technologies required.

Early in the 21st century, hydrogen energy system started making inroads in the energy field. Several types of fuel cells have been developed for efficient conversion of hydrogen to electricity, as well as heat. Solid oxide fuel cells are being used to produce electricity, hot water and heat for homes, buildings and housing developments. Hydrogen fuelled forklifts are now replacing the battery powered forklifts in warehouses, since they do not emit noxious gases and are much more economical. Several municipalities are experimenting with hydrogen fuelled buses. They are much quieter and much cleaner. Major car manufacturers have developed clean and efficient hydrogen cars. They are already being tested in major cities around the world. Construction of hydrogen fuelling stations are accelerating in several countries. Car companies have announced that they will offer hydrogen fuelled cars for sale to the public starting 2015. Railway companies are experimenting with hydrogen fuelled locomotives. There are experimental trams running on hydrogen. Many navies are replacing their diesel fueled submarines by hydrogen fuelled submarines. Boeing and Airbus companies are studying hydrogen fuelled passenger planes. A hydrogen powered supersonic private plane is under development.

Clearly，time has arrived for a book in the Chinese language，covering the production and utilization of hydrogen. I congratulate Zongqiang Mao and Zhiming Mao for authoring the book entitled “Hydrogen Production and Thermal Chemical Use”. It describes the Hydrogen Energy System and covers different methods of hydrogen production，as well as purification，storage，transportation，distribution and various ways of utilization of hydrogen. This book provides all the basic information needed for the establishment and realization of the Hydrogen Energy System，I am sure it will help China to become one of the first countries to convert to the clean and renewable Hydrogen Energy System.

I strongly recommend this excellent book to energy and environmental scientists and engineers，and graduate students，as well as for the pioneers of the Hydrogen Energy System. It should also be in every library，asa reference material.

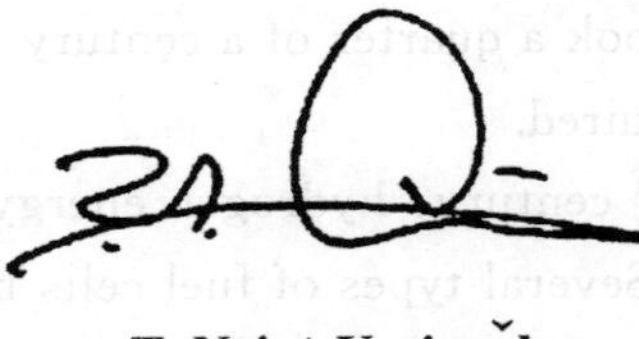

T. Nejat Veziroǧlu

President，International Association for Hydrogen Energy

14 April 2014

前　言

氢排列在元素周期表的第一位。含有一个质子和一个电子的氢原子，是最简单原子，又是最了不起的原子。事实上，我们至今并未完全认识氢！

纵观世界能源历史，人类从柴薪到煤炭，再到石油、天然气，能源中氢原子与碳原子数目之比不断增加；能源的外在形式由固体到液体再到气体，预示气体的氢将是未来的能源主体。

再看中国现状，居高不下的煤炭作为国家能源支柱，不仅排放世界第一多的温室气体，遭受国际压力；而且在国内广大煤炭产区，地质、环境问题本就存在，近年来，更有雾霾肆虐，死于呼吸道疾病者增加。氢能，既可减轻雾霾程度，更可减少环境中 NO_x、SO_x 各种高危污染物，减低雾霾毒性。即使煤炭的储量还有，迫于环境压力，必须进行能源转型，逐步发展清洁的用之不竭的氢能。

国外车企已经宣布氢燃料电池车正式进入市场。氢燃料电池车 3min 充氢气，700km 的续驶里程使“特斯拉”望尘莫及，而价格却比“特斯拉”低了许多，引起各界广泛热议。面对即将来临的氢能，人们首先会问，从哪里得到氢呢？为回答这个问题，我们编著了本书，旨在系统、全面地介绍各种各样大规模制造氢气的方法。细说起来，每种制氢方法都可自成一专著。囿于篇幅，只能大略介绍，为读者提供思路。若准备专攻氢能制备的读者，可在全面了解氢气的制备方法之后，择需而入，理论加实践，实现氢能产业化。

毫无疑问，燃料电池是利用氢气的最好的高效、环保的装置。已经有许多书籍和文章介绍了燃料电池，作者本人除了有幸在我们的有关氢能的书籍和文章中积极推介燃料电池外，还分别在2005年和2013年出版了《燃料电池》和《低温固体氧化物燃料电池》专著。这次，为了强调氢能重要的热利用方式，也为了不使本书篇幅过大，故在本书没有设置专门章节论述燃料电池，希望读者理解。

氢能重要的特点之一就是其多种多样的制备方法，这一特点将使未来所有的国家、地区、甚至家庭都可以做到独立自主地生产氢气，而不像今天的石油、煤炭那么强烈地依赖地缘。氢的这一特点，也使本书编排有所难度。考虑再三，安排如下。

本书第1章介绍了氢的背景，基本是2005年本书作者在化学工业出版社出版的《氢能——21世纪的绿色能源》的第2章内容。

第2章～第4章，分别介绍热化学制氢、电解水制氢和等离子体制氢，这是3种不同的制氢方法，而不是具体的某种能源。

第5章介绍了当前国内外最重要的氢气来源——化石能源制氢，包括煤炭、天然气和石油制氢。

第6章～第8章则介绍了日益重要的可再生能源制氢，包括太阳能、生物质能、风能、海洋能、水力能和地热能制氢。

第9章介绍了新能源——核能制氢；第10章介绍可用于特定场合的各种含氢载体制氢。目前中国是世界工厂，全世界大部分钢铁、化学品都在中国生产，故安排第11章专门介绍副产氢气回收及其他制氢方法。

为保持氢能体系的完整性，第12章～第14章，分别介绍氢气的纯化、氢的储存与运输和氢燃料加注站。使得即使初次接触氢能的读者，也可以全面地掌握氢能知识。

第15章～第19章是本书的另一重点，介绍了氢气的各种热利用途径。其各章顺序根据作者对其重要性的认识排列。首先是最重要的交通运输领域，利用现有的运输工具及其工业支撑体系，可以使氢能最快捷地得到应用。虽然作者认为氢燃料电池交通工具将最终代替现有的化石能源交通工具，但是这一替代过程将长达几十年，甚至上百年。故本书安排了第15章氢燃料与燃氢交通工具，介绍可用于内燃机、燃气轮机和发动机的从含氢燃料到纯氢的各种氢燃料。

热能是人类社会能源利用的主要形式，安排了第16章燃氢锅炉和第18章氢氧混合气的应用。本书作者对氢氧混合气的应用是持积极而又十分审慎的态度的。

本书作者认为氢气炼铁非常重要，因为在钢铁工业中，炼铁的能耗和污染物排放都占到整个钢铁行业的70%以上。千百年来，人们用炭炼铁的历史将被改写，氢气炼铁是钢铁工业的革命，意义重大，故安排在第17章。为了氢能热化学利用的完整性，安排了第19章金属氢化物热压缩机。

最后为再次表达作者的心声，呼吁全社会热情迎接氢能时代，将作者在2012年全国氢能会议摘要论文集的卷首语全文转录，是为后记。

自从1766年发现氢气以来，全世界各界人士为发展氢能、利用氢能做了大量细致的工作，因此，本书必然是借鉴氢能前辈、同行们成果的总结，在此表示感谢！本书第2～8章，11～17章为毛志明执笔；本书第1、9、10、18、19章为毛宗强执笔，毛宗强审阅全稿。我们力图给读者明确的原始出处，百密一疏，难免有所遗漏。如果发生这种情形，敬请原始文献的作者予以谅解并通知我们，以便再版时更正。

在本书即将出版之际，我还要借此机会感谢化学工业出版社编辑、我们的同事和朋友们，感谢他们的鼓励和帮助。最后，我要感谢我们的家人，她们的全力支持，使我们得以克服许多困难，最终完成本书。

氢能是一个涉及面广博而又不断更新的科学技术领域，氢能的制备和热化学利用历史悠长而庞杂。在编写过程中，我们尽量收集国内外最新资料，尽力去伪存真、力求论述准确。但由于时间紧迫、编著者水平有限，虽努力有余但书中疏漏难免，恳请读者批评指正。

编著者

2014年12月8日于北京清华大学荷清苑

目　　录

第 1 章 氢的背景

1.1 发现过程

氢是周期表中 1 号元素，相对原子质量为 1.008，是已知元素中最轻的一个。氢在自然界有 2 个稳定的同位素氕（^{1}H）和氘（^{2}H 或 D)，它们的丰度分别为 99.9844%和 0.0156%。氚（^{3}H 或 T）是放射性同位素，它的半衰期为 12.26 年。

1.1.1 氢从何而来

科学家用大爆炸理论解释氢的形成。氢原子是宇宙中最早形成的原子之一。大爆炸理论假定宇宙是极其紧凑、致密和高温的。大约 100 亿～200 亿年以前，发生大爆炸后，宇宙开始膨胀和冷却。爆炸产生了一种合力，这种合力后来分解为重力、电磁力和核力。1s 后，质子形成了，随后，在所谓的“最初三分种”里，质子和中子结合形成氢的同位素——氘以及其他一些轻元素如氦、锂、硼和铍等。大爆炸发生 30 万～100 万年后，宇宙降温到 3000℃，质子和电子结合形成氢原子。

大爆炸理论的整体框架来自于爱因斯坦的广义相对论方程，这个方程后来被修改了无数次。

氢是宇宙中最丰富的元素，构成宇宙物质的元素中，90%以上是氢。太阳里面也有氢，另外，绝大多数恒星以及一些行星比如木星主要由氢构成。氢由于受恒星的吸引而富集到恒星上，后来氢发生核聚变形成氦，这一过程为包括太阳在内的恒星提供能量。

1.1.2 氢发现简史

1766 年，当亨利·卡文迪什（H. Henry Cavendish，英国物理学家、化学家。1731 年 10 月 10 日生于法国尼斯，1810 年 2 月 24 日下午卒于伦敦。他在自己家里设置了一座规模相当大的实验室，终生在自己的家里做实验。见图1-1）在水银上方收集到它并称其为“来自于金属的易燃气体”时，人们才认识到它也是一种元素。卡文迪什准确地描述了氢的性质，但他错误地认为产生的气体来自于金属而非来自于酸。

图 1-1　英国物理学家、化学家亨利·卡文迪什（H. Henry Cavendish）

（见 Henry Cavendish，From Wikipedia，the free encyclopedia

http://en.wikipedia.org/wiki/Henry _ Cavendish）

1777 年法国化学家拉瓦锡（Antoine-Laurent Lavoisier，法国化学家。

1743年8月26日生于巴黎，1794年5月8日下午卒于巴黎，时值法国大革命。见图1-2）实验验证了水由氢和氧组成。因为氢是水的组成元素，故将氢称为“水素”即氢。

1931年年底氢的同位素氘被哈罗德·尤里发现。尤里给它定了一个专门

图1-2　法国化学家拉瓦锡（Antoine-Laurent Lavoisier）

（见2010 Museo Galileo-Institute and Museum of the History of Science • Piazza dei Giudici 1 • 50122 Florence • ITALY，https://search.yahoo.com/search）

名称deuterium，中译名氘（读作“刀”），符号D。后来英、美的科学家们又发现了质量为3的tritium，中译名为氚（读作“川”），符号T，是具有放射性的另一重要的氢同位素。

1.2 氢的分布

1.2.1 地球上的氢

按照地球物理学家的意见，他们将地球分为地表、地核、地幔。

地球及各圈层氢的丰度（$\times10^{-6}$）分别为：地球3.7×10^2，地核30，下地幔4.8×10^2，上地幔7.8×10^2，地壳1.4×10^3。氢在地壳中大约为第十位丰富的元素。地球中的氢主要是以化合物形式存在，其中水最重要。氢占水重量的1/9。海洋的总体积约为13.7亿立方千米，若把其中的氢提炼出来，约有1.4×10^{17}t，所产生的热量是地球上矿物燃料的9000倍。

按质量计，氢占地壳1%；若按原子百分比计，则占17%。矿物中氢可以OH^-、H_2O以及在某些情况下以H^+形式存在（如在某些盐类矿物中）。另外，在某些矿物中发现有HO存在，如在绿柱石、锂电气石、斜硅镁石和顽火辉石的构造间隙和通道中有氢原子HO。

氢以游离气态分子分布在地球的大气层中，但地表数量很少。地球大气圈底层含氢量为（1～1500）$\times10^{-6}$，其浓度随着大气圈高度的上升而增加。

氢也是生命元素。如“参比人”（鲜重70kg）体内氢占10%（氧61%，碳23%，氮2%，钙1.4%，磷1%）。氢在人体内是占第三位的元素，排在氧、磷之后，也是组成一切有机物的主要成分之一。

1.2.2 空间中的氢

在地球的对流层大气中（离地面12～15km）氢的含量在地球的平流层0～50km，几乎没有氢；在地球大气内层80～500km，氢占50%，在地球大气外层，500km以上，氢占70%。

太阳光球中氢的丰度为2.5×10^{10}（以Si的丰度为10^6计），是硅的25000倍（Kuroda，1983），是太阳光球中最丰富的元素。据计算，氢占太阳及其行星原子总量的92%，占原子质量的74%（卡梅伦，1968）。CH_4存在于巨大行星的大气圈中，其数量大大超过了氢。此外，在木星和土星的大气圈中还发现少量氨。巨大的行星是由冰层围绕着的核心组成，有些是由高度压缩的氢组成。两个最轻的元素——氢及氦是宇宙中最丰富的元素。

1.2.3 人体中的氢

人体组成的元素有81种，其中O，C，H，N，Ca，P，K，S，Na，Cl，

Mg共11种，占人体质量的99.95%以上，其余组成人体的元素还有70种，为微量元素。氧、碳、氢、氮、钙、磷分别占人体质量的61%，23%，10%，2.6%，1.4%和1.1%。

1.3 氢的性质

1.3.1 氢的原子结构和分子结构

氢的电子组态为$1s^1$，它可给出唯一的电子，而与负电性强的元素形成共价键；另一方面剩下一个很小的核，几乎没有电子云，所以它不受其他原子电子云的排斥，相反地会发生吸引作用，与其他原子的电子云互相作用，形成氢键。

两个氢原子组成一个氢分子。量子力学和经典力学对氢分子的处理是不同的。这里仅介绍公认的说法。电子配对法认为，每个氢原子各含有一个未成对电子，如果未成对电子自旋反平行，则可以构成一个共价键，就是H-H。

分子轨道认为，当两个氢原子靠近时，两个1s原子轨道可以组成两个分子轨道。即：

① 成键轨道$\sigma 1s$能量比1s原子轨道的能量低；

② 反键轨道$\sigma^* 1s$能量比1s原子轨道的能量高。

两个氢原子的自旋方向相反的1s电子在成键时进入能量较低的$\sigma 1s$成键轨道，形成一个单键，氢分子的电子构型可以写成$H_2[(\sigma 1s)_2]$。

假设两个氢原子电子自旋方向是相同的（自旋平行的），根据泡利原则，它们不能同在一个分子轨道上，势必一个在$\sigma 1s$轨道上，另一个在$\sigma^* 1s$轨道上，$\sigma^* 1s$是反键轨道，能量高；而$\sigma 1s$为成键轨道，能量低。由于能量一高一低而互相抵消，所以不能形成稳定的氢分子。

1.3.2 氢的物理性质

氢位于周期表中诸元素的第一位，原子序数为1，原子量为1.008，分子量为2.016。在通常情况下，氢气是无色无味的气体。氢极难溶于水，也很难液化。在1atm（1atm＝101325Pa）下，氢气在－252.77℃时，变成无色的液体；在－259.2℃时，能变成雪花状的白色固体。在标准状况下，1L氢气的质量为0.0899g，氢气与同体积的空气相比，质量约是空气的1/14。自然界中氢主要以化合状态存在于水和碳氢（烃类）化合物中，氢在地壳中质量百分比为0.01。因氢是最轻的气体，可用向下排空气法收集氢气。氢的物理常数见表1-1。

表 1-1 氢的物理常数

序号	性 质	条件或符号	单 位	数据
1	原子序数		1	
2	原子量	H	1.008	
3	分子量	H_2	2.016	
4	颜色、味道	通常情况下	无色无味	
5	原子半径		pm	28
6	共价半径		pm	37.1
7	离子半径	鲍林(Pauling)离子半径	pm	203
8	范德华半径		pm	120
9	气体密度		g/L	0.089882
10	液体密度	−252℃	kg/L	0.0709
11	固体密度	−262℃	kg/L	0.0807
12	摩尔体积	标准状况下	L/mol	22.42
13	熔点		℃	−259.2
14	沸点		℃	−252.77
15	熔解热		kJ/mol	0.117
16	汽化热		kJ/mol	0.903
17	汽化熵		kJ/(mol·K)	0.04435
18	H—H 键能		kJ/mol	436
			kJ/mol	104.207
19	H—H 键长		μm	0.07414
20	升华热	13.96K	kJ/mol	1.028
21	折射率	在标准状况下		1.000132
22	介电常数	气氢 20℃,0.101MPa	F/m	1.000265
		气氢 20℃,2.02MPa	F/m	1.00500
		液氢 20.33K	F/m	1.225
		固氢 14K	F/m	0.2188
23	电负性	元素(鲍林标度)		2.20
24	磁化率	20℃	cm^3/g	-2.0×10^6
25	平均速度	25℃	m/s	1770
		1000℃	m/s	3660
26	迁移率	正离子	$cm^2/(V\cdot s)$	6.70

续表

序号	性　质	条件或符号	单　位	数据
		负离子	$cm^2/(V \cdot s)$	7.95
27	扩散系数	0℃,133.3Pa		
		在同种气体中		
		正离子	cm^2/s	98
		负离子	cm^2/s	110
28	电离能	氢分子(H_2)	kJ/mol	1489.5
29	原子的电子亲和势		eV	0.80
30	氢原子的电离电位	V_i	V	13.6
31	氢原子的激发电位	V_e	V	10.2
32	氢分子的电离电位	V_i	V	15.4
33	氢分子的激发电位	V_e	V	7.0
34	燃烧最高温度	在空气中	℃	2045
		在氧气中	℃	2525
35	临界温度	常态	K	33.19
36	临界压力	常态	MPa	1.315
37	临界密度	常态	g/cm^3	0.0310
38	临界体积	常态	L/mol	0.0650
39	临界温度	平衡态	℃	−240.17
40	临界压力	平衡态	atm	12.77
41	临界密度	平衡态	g/cm^3	0.0308
42	蒸发热	1atm	kcal/kg	108.5
43	热导率	0℃,1atm	kcal/(m·h·℃)	0.140
44	氢的热导率	10K	W/(m·K)	5.99×103
		20K	W/(m·K)	1.45×102
		100K	W/(m·K)	6.75×102
		200K	W/(m·K)	1.32×10
		273.16K	W/(m·K)	1.73×10
		300K	W/(m·K)	1.83×10
45	氢的黏度	10K	Pa·s	5.0×10^7
		20K	Pa·s	1.09×10^6
		50K	Pa·s	2.49×10^6
		100K	Pa·s	4.21×10^6

续表

序号	性　质	条件或符号	单　位	数据
		200K	Pa·s	6.81×10^{6}
		300K	Pa·s	8.96×10^{6}
		500K	Pa·s	1.27×10^{6}
		1000K	Pa·s	2.01×10^{6}
46	氢的定容体膨胀系数	0～100℃,101.325kPa		3662.7×10^{-6}/K
		133.322kPa		3673.5×10^{-6}/K
47	氢的定压体膨胀系数	0～100℃,101.325kPa 时		3660.3×10^{-6}/K
		133.322kPa	145.987×10^{-6}/K	
48	定压比热容(C_P)	100℃,1atm	cal·g·℃	3.428
49	定容比热容(C_V)		cal·g·℃	2.442
50	氢的扩散系数	H_2-SiO_2	cm^2/s	9.5×10^{-4}
		H_2-O_2　295K	cm^2/s	0.697
		H_2-N_2　294.8K	cm^2/s	0.766
		H_2-CO　273K	cm^2/s	0.651
		H_2-CO_2　293K	cm^2/s	0.629
		H_2-NO_2　273K	cm^2/s	0.535
		H_2-SO_2　273K	cm^2/s	0.480
		H_2-CS_2　273K	cm^2/s	0.369
		H_2-CH_4　298K	cm^2/s	0.726
		H_2-C_2H_4　273K	cm^2/s	0.602
		H_2-C_2H_6　298K	cm^2/s	0.537
		H_2-C_6H_6　273K	cm^2/s	0.2940
		H_2-$(C_2H_5)_2O$　273K	cm^2/s	0.2960
		Xe-H_2　274K	cm^2/s	0.508
		Ne-H_2　274K	cm^2/s	0.974
		Ar-H_2　295K	cm^2/s	0.739
51	溶解度	0℃,101.325kPa,100mL 水	mL	2.1
		20.9℃100mL 丙酮	mL	8.99
		25.0℃ 100mL 乙醇	mL	7.84
52	蒸气压	−263.6K	kPa	0.133
		−256.3K	kPa	26.664
		−252.5K	kPa	101.325
		−241.8K	kPa	1013.250

注：1cal=4.184J。

1.3.3 氢的化学性质

由于 H—H 键键能大，在常温下，氢气比较稳定。除氢与氯可在光照条件下化合及氢与氟在冷暗处化合之外，其余反应均在较高温度下才能进行。虽氢的标准电极电势比 Cu、Ag 等金属低，但当氢气直接通入这些盐溶液后，一般不会置换出这些金属。在较高温度（尤其存在催化剂时）下，氢很活泼，能燃烧，并能与许多金属、非金属发生反应。氢的化合价为 1。

（1）与金属的反应　因为氢原子核外只有一个电子，它与活泼金属，如钠、锂、钙、镁、钡等作用，而生成氢化物，可获得一个电子，呈负一价。其与金属钠、钙的反应式为：

$$H_2 + 2Na \longrightarrow 2NaH$$

$$H_2 + Ca \longrightarrow CaH_2$$

在高温时，氢能将许多金属氧化物的氧夺取出来，使金属还原，如其与氧化铜、氧化铁的反应式为：

$$H_2 + CuO \longrightarrow Cu + H_2O$$

$$4H_2 + Fe_3O_4 \longrightarrow 3Fe + 4H_2O$$

（2）与非金属的反应　氢能与很多非金属作用（如氧、氯、硫等），均失去一个电子，而呈现正一价。其反应式：

$$H_2 + F_2 \longrightarrow 2HF \text{（爆炸性化合）}$$

$$H_2 + Cl_2 \longrightarrow 2HCl \text{（爆炸性化合）}$$

$$H_2 + I_2 \longrightarrow 2HI \text{（可逆反应）}$$

$$H_2 + S \longrightarrow H_2S$$

$$2H_2 + O_2 \longrightarrow 2H_2O$$

在高温时，氢能将氯化物中氯夺取出来，使金属和非金属还原，其反应为：

$$SiCl_4 \rightarrow 2H_2 \longrightarrow Si + 4HCl$$

$$SiHCl_3 + H_2 \longrightarrow Si + 3HCl$$

$$TiCl_4 + 2H_2 \longrightarrow Ti + 4HCl$$

（3）氢气的加成反应　在高温下，氢气（一般需用催化剂）还能对碳碳重键和碳氧重键起加成作用。可将不饱和有机化合物（结构含有 $>C=C<$ 或 $-C \equiv C-$ 等）变为饱和化合物，将醛、酮（结构内含 $>C=O$ 基）还原为醇，这是在有机工业上常用的。例如，一氧化碳与氢气在高压、高温，并有催化剂作用下，可生成甲醇。其反应为：

$$2H_2 + CO \longrightarrow CH_3OH$$

（4）原子与某些物质的反应　在加热，通过电弧或低压放电，可使部分氢分子（H_2）离解为氢原子（H）。氢原子非常活泼，但仅存在0.5s，氢原子重新结合为氢分子时要释放出高的能量，可使体系达到极高的温度。因此，在工业上常利用原子氢结合所产生的高温，而在还原气氛中焊接高熔点金属，此时的温度可高达3500℃。锗、砷、锑、锡等不能与氢气化合，但它们可以与原子氢反应，生成氢化物。例如，原子氢与砷的化学反应：

$$3H + As \longrightarrow AsH_3$$

原子氢能将某些金属氧化物、氯化物还原成金属。原子氢还能还原含氧酸盐。其反应：

$$2H + CuCl_2 \longrightarrow Cu + 2HCl$$

$$8H + BaSO_4 \longrightarrow BaS + 4H_2O$$

（5）毒性及腐蚀性

① 氢无毒，无腐蚀性。

② 氯丁橡胶、氟橡胶、聚四氟乙烯、聚氯乙烯、聚三氟氯乙烯聚合体等具有耐腐蚀，但氢对其具有强的渗透性，使用这类材料须要注意。

1.3.4 氢键

（1）什么是氢键　氢键是质子的化学特征。

氢键分为分子间氢键和分子内氢键，这对化合物的性质有较大的影响，例如分子间生成的化合物挥发性低，而分子内氢的化合物挥发性往往较高。在固态中存在很强的氢键，已经被X射线、中子和电子射线技术的精确的实验所证实。

以水为例，水分子中两个氧原子价被饱和，似乎两个分子之间再不可能发生任何其他的键合。然而，当一个水分子的氢原子接近另一个水分子的氧原子时，于是形成所谓的氢键：

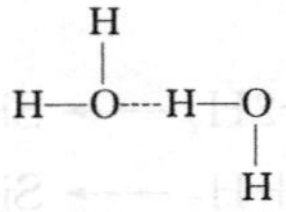

这种键比一般键弱1/20，但它的作用较大。

（2）作用　正是由于这种键的作用，脱氧核糖核酸分子才能进行精确编码，而使遗传信息代代相传。氢键是最微妙的生命活动的基础。

1.3.5 正氢和仲氢

（1）定义　正氢和仲氢是氢的两种同素异构体。

通常认为分子是由两个原子的自旋方向的不同组合而构成。当两个原子都顺时针旋转时，它们的自旋方向平行，即为正氢。当两个原子核自旋方向反平行时，则为仲氢。

正氢只对应于自旋量子数的奇数值，而仲氢则对应于偶数值。氮、氟、氯也有自旋异构现象。

（2）性质　正氢、仲氢的物理性质见表1-2。

表1-2　正氢、仲氢的物理性质

物理性质	正　氢	仲　氢	平衡混合物
熔点/K	13.93	13.88	13.92
沸点/K	20.41	20.29	20.38
蒸气压/Pa			
3.95K	—	7599.35	7199.39
20.39K	—	104924.41	101324.72
旋转比热容/[J/(mol·K)]			
50K	0.00	0.17	0.004
100K	0.31	6.29	0.903
200K	4.82	11058	6.506
298K	7.69		8.054
熔化热/(J/mol)	—	117.48	
汽化热/(J/mol)	—	899.56	917.55

（3）组成　正常的氢气是正氢和仲氢混合物。由于正氢和仲氢可以相互转化，故正氢和仲氢也符合化学平衡关系，在0℃以上，氢气中仲氢占25%，正氢占75%，这一比例不变。而在0～273K（−273～0℃）之间，则正氢、仲氢的比例随温度有很大的变化，具体数值见表1-3。

表1-3　不同温度下氢气的平衡组成

温度/K	仲氢/%	正氢/%	温度/K	仲氢/%	正氢/%
0	100.00	0.00	95	40.48	59.52
20	99.82	0.18	100	38.51	61.49
25	99.01	0.99	105	36.82	63.18
30	96.98	3.02	110	35.30	64.70
35	93.45	6.55	115	34.00	66.00
40	88.61	11.39	120	32.87	67.13
45	82.91	17.09	130	31.03	68.97
50	76.86	23.14	140	29.62	70.38
55	70.96	29.04	150	28.54	71.46
60	65.39	34.61	170	27.09	72.91
65	60.33	39.67	190	26.23	73.77
70	55.83	44.17	210	25.72	74.28
75	51.86	48.14	230	25.42	74.58
80	48.39	51.61	250	25.24	74.76
85	45.37	54.63	273	25.13	74.87
90	42.75	57.25	∞	25	75

从表1-3中可以看出：常温时，含75%正氢和25%仲氢的平衡氢，称为正常氢或标准氢（n-H_2）。高温时，正-仲态的平衡组成不变；低于常温时，正-仲态的平衡组成将随温度而变。温度降低，仲氢浓度增加。在液氢的标准沸点时，仲氢浓度为99.8%。正氢和仲氢之间转化时，会伴随有反应热产生。从表1-3中可见，在低温下，仲氢稳定。

为了加速达到平衡，可采用催化剂。已经发现顺磁物质如NO、NO_2都有催化作用，而反磁性气体如N_2、N_2O、CO_2、NH_3、HI和SO_2无效。

（4）正、仲氢在实际生产中的意义　在氢的液化过程中，如不进行正-仲催化转化，则生产出的液氢为正常氢。液态正常氢会自发地发生正-仲态转化，最终达到相应温度下的平衡氢。氢的正-仲转化是一放热反应，液态正常氢转化时放出的热量超过汽化潜热447kJ/kg。由于这一原因，即使将液态正常氢储存在一个理想绝热的容器中，液氢从外界得不到任何热量，液氢本身同样会发生汽化。不过氢的正-仲转化的动力学是很缓慢的，为了促使液氢平衡，常需催化剂协助。

1.4　氢的形态（气、液、固）

氢气可以以气、液、固三种状态存在，下面分别叙述其特性。

1.4.1　气氢

在一般情况下，氢气以气态的形式存在。其物理、化学性质，制备、储运和用途是本书的重点，可参阅有关章节，这里不再重复叙述。

1.4.2　液氢

在一定的条件下，气态氢可以变成液态氢。

（1）液氢的生产　氢作为燃料或作为能量载体时，液氢是其较好的使用和储存方式之一。因此液氢的生产是氢能开发应用的重要环节之一。氢气的转化温度很低，最高为20.4K，所以只有将氢气预冷却到该温度以下，再节流膨胀才能产生液氢。

前面说过，常温时，正常氢或标准氢（n-H_2）含75%正氢和25%仲氢。低于常温时，正-仲态的平衡组成将随温度而变。在氢的液化过程中，生产出的液氢为正常氢，液态正常氢会自发地发生正-仲态转化，最终达到相应温度下的平衡氢。由于氢的正-仲转化会放热，这样，液氢就会发生汽化；在开始的24h内，液氢大约要蒸发损失18%，100h后损失将超过40%。为了获得标准沸点下的平衡氢，即仲氢浓度为99.8%的液氢，在氢的液化过程中，必须进行正-仲催化转化。

生产液氢一般可采用三种液化方法，即节流氢液化循环、带膨胀机的氢液化循环和氦制冷氢液化循环。节流循环是 1859 年由德国的林德和英国的汉普逊分别独立提出的，所以也叫林德或汉普逊循环。1902 年法国的克劳特首先实现了带有活塞式膨胀机的空气液化循环，所以带膨胀机的液化循环也叫克劳特液化循环。氦制冷氢液化循环用氦作为制冷工质，由氦制冷循环提供氢冷凝液化所需的冷量。

从氢液化单位能耗来看，以液氮预冷带膨胀机的液化循环最低，节流循环最高，氦制冷氢液化循环居中。如以液氮预冷带膨胀机的循环作为比较基准，则节流循环单位能耗要高 50%，氦制冷氢液化循环高 25%。所以，带膨胀机的循环效率最高，在大型氢液化装置上被广泛采用。不过节流氢液化循环，虽然效率不高，但流程简单，没有在低温下运转的部件，运行可靠，所以在小型氢液化装置中应用较多。氦制冷氢液化循环消除了处理高压氢的危险，运转安全可靠，但氦制冷系统设备复杂，故在氢液化过程中应用不是很多。

（2）凝胶液氢（胶氢） 液氢虽然是一种液体，但是，它具有与一般液体不同的许多特点。例如，液氢分子之间的缔合力很弱；液态范围很窄（−253～−259℃）；液氢的密度和黏度都很低；液氢极性非常小，离子化程度很低或者不存在离子化等等。一般来说，液氢的物理性质介于惰性气体和其他低温液体之间。除了氦以外其他任何物质都不能溶于液氢。

液氢的主要用处是作燃料，液氢作为火箭燃料有下列缺点：

① 低密度，复合固体推进剂密度为 1.6～1.9g/cm^3，可储存液体推进剂的密度为 1.1～1.3g/cm^3，而液氢的密度只有 0.07g/cm^3；

② 温度分层；

③ 蒸发速率高，产生相应的损失和危险；

④ 液氢在储箱中晃动引起飞行状态不稳定。

为了克服液氢的缺点，科学家提出将液氢进一步冷冻，生成液氢和固氢混合物，即泥氢（slush hydrogen），以提高密度。或在液氢中加入胶凝剂，成为凝胶液氢（gelling liquid hydrogen），即胶氢。胶氢像液氢一样呈流动状态，但又有较高的密度。

和液氢相比，胶氢的优点：

① 增加安全性。液氢凝胶化以后黏度增加 1.5～3.7 倍，降低了泄漏带来的危险。

② 减少蒸发损失。液氢凝胶化以后，蒸发速率仅为液氢的 25%。

③ 增大密度。液氢中添加 35%甲烷，密度可提高 50%左右；液氢中添加 70%（摩尔比）铝粉，密度可提高 300%左右。

④ 减少液面晃动。液氢凝胶化以后，液面晃动减少了20%～30%，有助于上面级的长期储存，并可简化储罐结构。

⑤ 提高比冲（比冲是内燃机的术语，比冲也叫比推力，是发动机推力与每秒消耗推进剂质量的比值。比冲的单位是N·s/kg），提高发射能力。

（3）液氢储运和加注　请参阅本书相关章节的内容。

1.4.3　固体氢

理论计算表明固体氢具有许多特殊的性能，所以固体氢是中外科学家多年追求的目标。

（1）固体氢制备　进一步冷却液氢，达到－259.2℃时，就得到白色固氢。

（2）固体氢变成金属的条件　在很高的压力下，半导体、绝缘体乃至分子固体氢可能成为金属态等。最近的计算表明，固体氢在300GPa（约300万大气压）的压力下通过与分子相本身的谱带交叠应当会变成一种金属。现在，研究人员在高于这一压力，即在高达320GPa的压力下获得了光谱测量结果。虽然仍没有发现金属氢，但是第一次观测到了带隙随密度的明显的定量变化。在这个压力下氢完全变成了不透明状态，但这种所谓的“黑色氢”还不是金属。预测，直接带隙的闭合应当在450GPa左右的压力下出现，这是探索金属氢的人们所追求的下一个目标。

从物理学理论研究可知，金属氢还可能在一定条件下转变为超导体。

（3）固体氢的用途

① 冷却器　固体氢在特殊制冷方面可以发挥作用。最近的例子是由于氢冷却器的失效而导致天文探测器失效。

1999年3月4日，美国航空航天局发射了一颗名叫“宽场红外线探测器（WIRE）”的人造卫星。按计划这个质量255kg的探测器将用30cm口径的红外线望远镜研究星系的形成和演变过程。该望远镜是一台非常灵敏的仪器，需要一个使用固态氢的低温冷却系统。固态氢升华才能使它保持－267℃（近似绝对零度）的低温。原先设计只要该望远镜对准太空深处，装有固态氢的低温冷却系统就能够持续工作4个月。但是当控制人员向它发出一个指令导致卫星发生误动作，固态氢提前升华，而且升华速度非常快，形成了一股气流，使卫星以60r/min的速率开始自旋，最后失灵。

② 高能燃料　物理学家指出，金属氢还可能是一种高温高能燃料。现在科学家正在研究一种“固态氢”的宇宙飞船。固态氢既作为飞船的结构材料，又作为飞船的动力燃料。在飞行期间，飞船上所有的非重要零件都可以转作能源而“消耗掉”。这样飞船在宇宙中的飞行时间就能更长。

③ 高能炸药　氢是一种极易燃的气体，被压成固态时，它的爆炸威力相

当于最厉害的炸药的50倍。目前还没有人在实验室里制成过这种固态氢，但它却一直是军事研究的目标。

1.5 氢的实验室制备

1.5.1 制备方法

1865年，贝开托夫在实验的基础上，根据金属和金属离子间互相置换能力的大小，以及金属跟酸、跟水等反应的剧烈程度，首先确定了金属活动性顺序，在这个顺序里就已包括了氢。因为氢可以被位于它前面的金属从稀酸里置换出来，而氢也可以把位于它后面的金属从它们的盐溶液里置换出来，而氢后面的金属不能从酸中置换出氢。这就是说，贝开托夫当时区分金属的活泼与不活泼，是以氢作为标准的。

当然，早期的化学家这种衡量金属活动性大小的标准是不严格的。准确的方法应该是以金属的标准电极电势来比较金属的活动性大小，而标准电极电势也是以氢电极定为零作为标准的。标准电极电势为负值的金属比氢活泼；标准电极电势为正值的金属活动性小于氢。

（1）用锌与稀硫酸的反应制氢　在实验室常采用金属锌粒与稀硫酸的化学反应作用制取氢气，并生成硫酸锌。其化学反应：

$$Zn + H_2SO_4 \longrightarrow ZnSO_4 + H_2$$

这样制取的氢气不纯，含有杂质气。通过 $KMnO_4$ 与 KOH 混合溶液的作用除去杂质，可得到较纯净的氢气。

（2）用镁或铁与盐酸的反应制氢　在实验室里，可用镁或铁与盐酸的化学作用制取氢气。除生成氢气外，同时各生成另一种物质（氯化镁、氯化亚铁）。其化学反应：

$$Mg + 2HCl \longrightarrow MgCl_2 + H_2$$

$$Fe + 2HCl \longrightarrow FeCl_2 + H_2$$

1.5.2 实验装置

制氢装置和氢气的收集

由于氢气难溶于水，可用排水法收集（见图1-3）；又因为它比空气轻，也可以采用容器口朝下排空气法收集。

实验室里制取氢气的装置常用启普发生器（见图1-4），它是由球形漏斗、容器和导气管组成。用启普发生器制氢，可随时使反应发生，也可以随时使反应停止，使用很方便。

启普发生器由球形漏斗（1）、容器（2）和导气管（3）三部分组成。最初

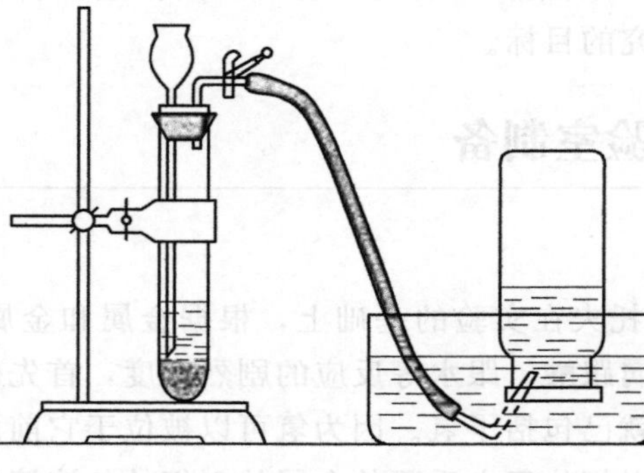

图 1-3　排水法收集氢气实验装置

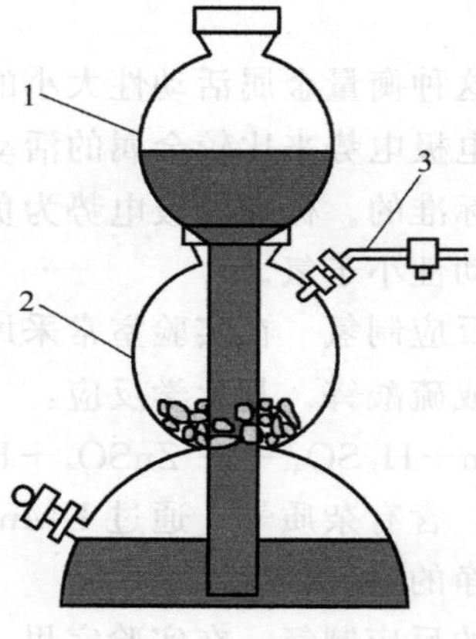

图 1-4　启普发生器

1—球形漏斗；2—容器；3—导气管

使用时，把锌粒由容器（2）上的口，加入启普发生器。

在球形漏斗中注满稀硫酸。球形漏斗和容器（2）之间是磨口玻璃密封。拧紧导气管（3），然后打开 3 的阀门，气体排出，2 中稀硫酸液面上升至接触锌粒，产生氢气。可以进行各种氢的实验，不用时，关闭 3 的阀门，则继续产生的氢气压力变大，将容器（2）中的稀硫酸压回球形漏斗，锌粒与稀硫酸分开，不再生成氢气。

凡块状固体与液体反应制取难溶于水的气体，而反应不需加热也不放出大量热的，都可以采用启普发生器。

应该注意，凡是做有关氢气的实验，都要加强室内排风，防止泄漏的氢气与空气组成爆炸混合物！

1.6 氢的能源特性

氢气作为能源载体将发挥更大的作用，随着燃料电池的成功示范，氢能走入寻常百姓家的日子不远了，有必要考查其作为能源载体的性质。

纯净的氢气能在空气里安静地燃烧，产生几乎无色的火焰。如果氢气不纯，混有空气（或氧气），由于氢与氧的混合分子彼此均匀扩散，当遇到火种，在极短的时间内，化合反应迅速完成，同时放出大量的热，气体（生成的水蒸气）体积在一个受限制的空间内急剧膨胀，故在容器里发生爆炸。化学反应为：

$$2H_2+O_2 \longrightarrow 2H_2O$$

氢气不仅能在氧气里燃烧，还能在氯气里燃烧。氢在氯气里燃烧，发出苍白色的火焰，同时产生大量的热，并生成氯化氢气体。其反应为：

$$H_2+Cl_2 \longrightarrow 2HCl$$

氯与氢的混合气被日光照射时，也会产生爆炸危险。

氢与氧或空气的混合气体，它们的燃烧速度比碳氢化合物快。氢-氧混合气的燃烧速度约为 9m/s；氢-空气混合气的燃烧速度约为 2.7m/s。

混合气的爆炸范围：在常温常压情况下，在空气中的爆炸范围为 4.1%～74.2%，在氧气中为 4.65%～93.9%。表 1-4 给出氢与氧、氢与空气的缓燃极限和爆震极限的比较。

表 1-4　氢与氧、氢与空气的缓燃极限和爆震极限的比较

系　统	贫燃料/%		富燃料/%	
	缓　燃	爆　震	缓　燃	爆　震
H_2-O_2	4	15	94	90
H_2-空气	4	18	74	59

计算反应生成物时对生成水的处理。不计生成水的热值则称为氢的低热值。反之则为氢的高热值。详细数据见表 1-5。

表 1-5　氢的热值

低热值	3.00kW·h/m³	2.359kW·h/L LH_2	33.33kW·h/kg	10.8MJ/m³
	8.495MJ/L LH_2	120.0MJ/kg		
高热值	3.54kW·h/m³	2.79kW·h/L LH_2	39.41kW·h/kg	12.75MJ/m³
	10.04MJ/L LH_2	141.86MJ/kg		

注：表中体积均指标准状态下。

1.7 氢的同位素

所谓同位素，是指那些质子数相同而中子数不同的原子核所构成的不同原子互称为同位素。

现在，科学界公认氢有三种同位素，即氕（读作“piē”）记作^1H或H，氘（读作“dāo”）记作^2H或D，氚（读作“chuān”）记作^3H或T。

1.7.1 氢同位素的发现

英国物理学家索第（F. Soddy，1877～1956）与卢瑟福（E. Rutherford，1871～1937）于1913年首先提出同位素问题。索第认为，同位素的原子量和放射性是不同的，但其他的物理和化学性质相同。此后的几年内，人们虽然相继发现了200多种同位素，但是氢的同位素却一直没有被发现。1919年，德国物理学家斯特恩（O. Stern，1888～1956）认为，氢的原子量为1.0079，估计它应具有一种同位素。即一种是原子量为1的氢，即^1H，一种是原子量为2的氢同位素。根据1～1.0079之间的差值来估计它们的相对丰度值，氢的同位素应占1%左右。但他和同事试图从实验上加以证实却未获成功。

1927年，阿斯顿以氧的原子量＝16.0000为标准（就像过去以水的密度为标准一样），用质谱仪对氢元素进行了质谱分析，测得的氢与氧的比值是1.00777∶16.0000这个比值与化学方法测得的比值非常一致，以至于阿斯顿认为，氢元素是没有同位素的，它是一个“纯粹的”元素。

氢的同位素氘（D）被哈罗德·尤里发现。1931年年底，美国哥伦比亚大学的尤里教授和他的助手们把5～6L液态氢在53mmHg、14K（三相点）下缓慢蒸发，最后只剩下2mL液氢，然后做光谱分析。结果在氢原子光谱的谱线中，得到一些新谱线，它们的位置正好与预期的质量为2的氢谱线一致，从而发现了重氢。尤里将这个新发现的同位素命名为deuterium，简写为D，它在希腊文中的意思是“第二”，中文译作“氘”。但是，尤里等人未发现他们曾预言的原子量为3的氢的同位素。尤里因发现氘在1934年荣获了诺贝尔化学奖。

1934年，澳大利亚物理学家奥利芬特（Oliphant，Marcus Laurence Elwin 1901～2000）用氘轰击氘，生成一种具有放射性的新同位素氚，原子量为3，命名为tritium，中译名为氚，符号T，是具有放射性的另一重要的氢同位素。负^3H显示弱辐射性，其半衰期为12.26年。科学家发现的^4H的半衰期只有4×10^{-11}s。日本理化研究所2001年宣布说，该所科学家畑勇夫和俄国科学家在设立于莫斯科郊外的原子核研究机构，使用大型加速器，以碳原子为目标进行轰击，制造出了由 2 个质子和 4 个中子构成的氦 6，然后使用液态氢与之撞击，去掉氦 6 原子核中的 1 个质子，结果获得了由 1 个质子和 4 个中子构成的^5H。不过，^5H 极其不稳定，在极短时间就衰变为氚和 2 个中子。

因此，^4H 和^5H 并没有被公认，人们通常还是认为氢只有三个同位素。

1.7.2 氢同位素的性质

氢的同位素的性质列在表 1-6 中。

表 1-6 氢的同位素的性质

同位素	英文名称	标记	原子量	单质沸点/℃	丰度	半衰期
^1H	hydrogen	H	1	−252.77	99.9844%	
^2H	deuterium	D	2	−249.57	0.0156%	
^3H	tritium	T	3	−248.12	10^{-17}	12.26 年

由于氢几乎全部是由^1H 组成的，所以，氢的最轻的同位素^1H 的性质就决定了氢的性质。

^1H 和 D 的分离可用电解法，电解水时，^1H 的迁移速度比 D 的迁移速度快 6 倍，这样，在剩余物中的 D 的浓度提高。重复电解，则得到 D_2O，即重水。重水和普通水的有很大的不同，它们的性质比较数据见表 1-7。

表 1-7 H_2O 和 D_2O 的若干物理性质

物理性质	H_2O	D_2O
20℃时密度/(g/mL)	0.917	1.017
沸点/℃	100	101.42
密度最大时的温度/℃	4	11.6
凝固点/℃	0	3.82
20℃时介电常数/(F/m)	82	80.5
25℃时，NaCl 在 100g 样品中的溶解度/(g/100g)	35.9	30.5
25℃时，$BaCl_2$ 在 100g 样品中的溶解度/(g/100g)	35.7	28.9

1.7.3 氢同位素的用途

（1）热核反应的原料　这是氢同位素最重要的用途。氢的同位素氘和氚是轻热核聚变的材料，在一定的条件下，氘和氚发生核聚合反应即核聚变，生产氦和中子，并发出大量的热。请参阅参考文献［2］的第 12 章。

（2）利用氢同位素测定地质的历史　随着稳定同位素研究的进展，利用氧、氢同位素测定古温度已成为沉积环境地球化学研究的前沿课题。从 20 世纪 60 年代开始，美国及西欧国家的冰川学家就在南极大陆和格陵兰岛的内陆冰盖上钻取冰芯，通过分析不同年龄冰芯里的氢同位素、氧同位素、痕量气体、二氧化碳、大气尘、宇宙尘等，来确定当时（百年尺度）全球平均气温、大气成分、大气同位素组成、降水量等诸项气候环境要素。

（3）同位素示踪　氘和氚可以作为“示踪剂”研究化学过程和生物化学过程的微观机理。因为氘原子和氚原子都保留普通氢的全部化学性质，而氘、氚与氢的质量不同；氚与氢的放射性不同。这样就可以深入研究示踪的分子的来龙去脉。例如利用氢同位素记录污水的历史，可以控制污水排放。利用最新的“氢稳定同位素质谱技术”，开发出对环境中有机污染物的“分子水平氢稳定同位素指纹分析法”，可以追踪污染源。

1.8 分数氢

1.8.1 分数氢的提出

这里介绍一种目前争议较大的新型氢能源——分数氢或负态氢(hydrinos)。分数氢理论描述了相干作用下氢原子能级可由基态向分数量子能级转化的可行性，其释放的能量可超出氢气燃烧放出能量的 100 倍。假若最终能够通过大量的可重复性实验证实分数氢的存在，新型氢能的应用将同时拥有高效率和低成本的双重优势，使其成为最具竞争力的能源资源；同时也势必会带来一场科技革命，推动重大理论的突破和更新。

（1）分数氢——普通氢能利用与氢核聚变之间的夹层？　众所周知，氢能是一种符合可持续发展要求的清洁能源。直接燃烧和燃料电池是利用普通氢的方法，已经站在商业化的大门口。可提供巨大的能量的氢同位素核聚变的商业利用希望很大，然而还有漫漫长路要走。

人们自然会联想：在普通氢能利用与氢核聚变之间是否还存在可能较容易实现的层次呢，美国黑光功率公司（Blacklight Power Inc. 因释放的能量中含有称为极紫外的光，故把这一过程又称为黑光功率过程，公司也因此得名）的米尔斯（Randell L. Mills）为代表的部分科学家认为答案是肯定的：即被称为分数氢或负态氢的新状态就是其中之一。

通过被称为“能穴”的元素或离子间的相干反应，实现普通氢向分数氢的转化，过程中获得的能量将比常规的化学能高出许多倍，具体倍数取决于氢原子因相干引起降低能态的次数或相应的塌缩次数。发生这种相干反应，除了要满足边界条件中相应的物理过程外，还要使氢原子与起“能穴”作用的元素或离子相接触，发生能量相干后迫使其外层电子由基态向分数量子能级转变，释放出过能或过功率。由于该理论认为电子可由基态跃迁至更低的能级——分数量子能级，与已被大众公认的波尔原子模型和量子理论相矛盾，该理论一提出就受到众多资深科学家反对和批驳。

（2）分数氢领域的研究现状 2000年11月26～28日召开的全球变暖和能源政策的国际会议上，米尔斯代表黑光功率公司所作的报告中，披露该公司开发了一种新型的氢化学过程来产生功率、等离子体和新的化合物，开发出高功率、高密度、高温的氢相干装置，并正致力于较低温度下产生光和等离子体的探索。

米尔斯早在1986年就提出了黑光功率过程的基本理论，于1989年发表了其对理论的总结并申请了这项独创专利。为推动新型氢能的商业化应用进程，米尔斯于1991年创建了氢能催化功率公司，坚持致力于氢能催化过程的研究。1996年秋季，公司改名为现在的黑光功率公司，随着规模不断壮大，1999年公司迁址至美国新泽西州，占地面积53000ft^2（约4900m^2），目前已拥有25名员工，9名科学家，其中2名来自中国。

美国黑光功率公司在大量的工作基础上，对分数氢进行了更为全面的开发，他们通过国际学术交流和论文的发表向外界介绍分数氢的广阔应用前景。尽管众多科学工作者认为该过程违背基本理论，是不可能实现的，黑光功率过程仍旧激发起越来越多的科研工作者的兴趣，并且部分对其前景抱着极为乐观的看法。在进行了长期多种探索的基础上，国外有能源专家认为以分数氢的转变为基础的新型氢能源，是传统氢能源和氢热核聚变能源间较为容易实现的、能释放较大能量的新型氢能源。当然，上述优点须得到实践的证实，才会得到广泛认可。

1.8.2 分数氢理论对重大理论提出的挑战

（1）分数量子能级 1913年玻尔提出了氢原子模型，他的模型结合了普朗克、爱因斯坦的能量量子化及卢瑟福原子核式模型的研究工作。在核式模型的基础上，玻尔假定电子只能沿着一组特殊的轨道运动，即引入了电子角动量量子化的概念。根据波尔假设，结合经典电学和力学，可以得到氢原子电子能级的计算公式：

$$E_n=\frac{1}{2}mv^2-\frac{e^2}{4\pi\varepsilon_0 r}=-\frac{me^4}{8\varepsilon_0^2h^2n^2}\quad n=1,2,3\cdots$$

式中，E_n是氢原子中电子在第n个轨道上运动的能量，其中$n=1$的状态称为氢原子的基态，具有最低能级。该模型在计算氢原子光谱线波长和预言光谱线的问题中，均取得了成功，已经确立为科学界所广泛认同的正确的氢原子模型。直至20世纪末，米尔斯对玻尔模型的氢原子中电子量子化轨道进行了更改，扩展了氢量子能级的范围，突破了整数能级的限制。米尔斯将核外电子看作是一个围绕在原子核外的二维球壳，而不是一个点或是概率波，由此建立了一个新的原子模型——“轨道球”模型，它可以为角动量量子化、玻尔磁子等现象提供充分的物理解释。米尔斯等人采用了从麦克斯韦方程推导出的边界条件，在氢原子能谱公式中增加了$n=1/2$，1/3，1/4…等分数量子状态数，从而提出了氢原子低于基态（$n=1$）的分数量子能级状态的概念。在这一理论也给出了相应分数量子能级下的电子能量，$n=1/2$，1/3，1/4和1/5时相应为-54.4eV，-122.4eV，-217.7eV和-340.1eV。分数能级之间转变时释放出相应的能量差值，从$n=1$到$n=1/2$时为40.8eV，往下依次为68.0eV，95.3eV和122.4eV，与能量差值相应的谱线波长分别为303.9Å（$1Å=10^{-10}$m），182.4Å（$1Å=10^{-10}$m），130.1Å（$1Å=10^{-10}$m）和101.3Å（$1Å=10^{-10}$m）。这些数据表明，如果氢原子由基态向分数量子能级转变时，每次都能释放多达几十电子伏的能量，超过了激发态跃迁至基态所释放的能量。由此可见，如果实验可证实分数氢的存在，这就不但提供了一种可持续发展的新型氢能源，同时也开辟了一个高效率的新型能源利用领域。

（2）在宇宙空间寻找分数氢　因为宇宙中氢的含量超过95%，所以科学家通过对宇宙射线的观测来探讨各种可能存在的氢原子能级。宇宙中客观存在的中子星就是氢的轨道电子塌缩进原子核形成的，它是超新星演变结果之一。太阳发射的谱线中同样有分数氢能级间转变的谱线。1968年鲍叶尔首次发表了从星际暗物质发出软X射线测量结果的文章，1990年又和拉鲍夫一起发表了观察极紫外本底能谱的文章。他们把称为瞬时入射谱仪的仪器用火箭发射入太空，来测量和记录星际空间暗物质发射的极紫外本底。在他们获得的大量数据中包括了一组含有7个计数峰值的结果，其中有3个波长为297.7Å、178.1Å和98.7Å的极紫外线，和上一节计算值中303.9Å、182.4Å和101.3Å的波长基本吻合，这三个数据相应为从$n=1\sim1/2$、$1/2\sim1/3$、$1/4\sim1/5$分数氢能级转变时所辐射的谱线波长。由波长计算出相应的电子能量，也就是测量到的星际空间暗物质发射的极紫外光子的能量分别为41.7eV、69.6eV、125.6eV。所以，分数氢的支持者认为：在稀薄的星际空间中分数氢能级转变过程在自然地发生着，尽管其进行速度和发生概率并不很大，但如能掌握其运行规律，对发生条件进行优化，则有实际应用的可能。

1.8.3 来自科学界的两种对立观点

基于分数氢对航空事业发展的重大作用，NASA空间站工程师Luke Setzer在“egroups.com”上发起该领域学术组的讨论，参与讨论的成员队伍也在不断壮大。学术组讨论的内容主要集中在古典物理定律是否适用于任何场合的问题。在此问题上已经分立出两大学派，坚决拥护标准量子力学的学派成为主流，占据较大优势；另一类就是以米尔斯为代表的坚持古典量子力学的少数学者，他们认为物理学理论必须建立在可量度的物理定律基础之上。

(1) 分数量子能级与重大理论背道而驰　由牛顿的经典力学发展到爱因斯坦的量子力学，一些重大理论已经牢固根基于大量可靠证据之上，成为科学家们解决物理学问题的理论基础，任何违背重大理论的观点都将被认为是谬论，分数氢理论也毫无例外地成为主流科学家驳斥的“怪论”之一。

以齐默曼·彼特为代表的主流科学家认为，米尔斯对重正化、虚量子等基本概念的否定使其脱离了重要理论思想和20世纪中后期的实验成果，将自己摆在了极端错误的方向上。

马里兰大学教授罗伯特·帕克强调基态是最低的能级，只能通过吸收能量激发至更高的能级，试图将氢原子电子从基态跃迁至更低能级的做法相当于去寻找比南极还要南部的地方，那是永远不可能达到的。

1979年的诺贝尔奖获得者史蒂文·温伯格解释说，“基态的概念已经通过大量数学理论的验证，是不可推翻的，在这一点上我愿意拿我的生命来下注”。他还补充道：“一种理论当然可以出现问题，但是我们绝对不会无故推翻经过75年考证的科学的重要理论，而去拥护我们无法理解的奇思异想，就我所知，量子理论具有严格意义上的正确性，我认为没有理论可以替代它。”

(2) 分数氢理论是新的理论吗　在分数氢理论受到众多科学名流驳斥的同时，仍然有一些知名学者对此抱有乐观赞成的态度。曾在米尔斯学生时代担任Franklin和Marshall学院客座教授的化学家约翰·法雷尔，对米尔斯提出的新原子模型给予了很高的评价，认为其要比目前的量子理论模型更为有用。此外，当他发现由米尔斯预测的电子向分数能级的转变所放出的射线能量，与火箭探测器所观测到的星际空间暗物质处的五种光线获得很好的重合之后，他确信分数量子能级的存在，并对这项新生理论的前景充满信心。

德国国家实验室低温等离子体物理所的退休主任约汉尼斯·康拉德也在黑光实验中获得了几条与空间射线相吻合的光线，他还惊奇地发现在黑光过程中获得的氢等离子体仅仅需要很少的功率输入来启动相干反应，并且当切断功率输入时，等离子体的衰减速度要比正常速度慢很多。他认为他并不是在拥护分数氢理论，“但是当你涉入这个领域时，你很有可能会有所新的发现”。

美国国家射电天文观察台的高级天文物理学家巴里·特纳也很尊重米尔斯的实验工作和分数氢理论，他认为通过黑光功率公司工作人员坚持不懈的努力，分数氢理论会以越来越多的实验数据为基础，进行不断整理和发展。此外，为了探明暗物质的性质，特纳尝试通过世界先进的射电望远镜观测离子化星云或其他合适区域来获得本底辐射射线，由此可以检验米尔斯对暗物质为弥散分数氢气体的预见是否正确。特纳对自己所持态度的理解是："我会以严谨的科学态度来对待任何理论，我想如果他的理论一旦被证实，我们的自然界将会变得无限美好。"

作为新生理论的开创者，米尔斯始终都没有松懈过对分数氢科研领域的努力，他认为分数氢化学可能对人类了解宇宙和未来的科技增长起关键作用，他坚信他的理论，与他所付诸的全部努力一样，都将是久经考验、永恒存在的。

所谓事实胜于雄辩，显然，一个理论的确立不是靠毫无事实依据的争论，而只能通过实验事实来证明。如果米尔斯的分数氢理论是正确的，它就应该建立在大量的具有说服力的科学事实基础之上。

1.8.4 分数氢理论展望

如果分数氢能够被人们合理应用，它将开辟一个新的领域，其广阔的前景是不可估量的。正是基于这个原因，分数氢理论也吸引了部分著名企业及集团的关注。PacifiCorp 首先与黑光功率公司签订协议，紧接着 Mid-Atlantic Utility Conectiv 也投入了科研经费。最近分数氢又一直受到美国航天局（NASA）的关注，NASA 下属的先进概念研究所（NIAC）也资助分数氢研究用来研制推进系统。希望黑光火箭的研制大大减轻火箭的重量，将使人类登入太空的梦想迈进一大步。目前，分数氢的理论还很弱小，被科学界主流称为"怪论"。笔者认为，有一些人去研究、去探索也是好事。如果有更多的实验事实来证实分数氢理论的真伪，争论自然会平息。赞成分数氢的，请去找事实、找证据，空发议论，于事无补。科学走向成熟，应用更加务实的态度对待分数氢。

1.9 冷聚变与"镍氢"

安德里亚·罗西等人开发了一种冷聚变反应堆。他们发现镍氢的冷聚变过程产生能量和铜同位素，他们认为只要注入 400W 的功率就能生产 12400W 的热能。罗西在新闻发布会上展示了他们的设备。他解释说，将氢气和镍一起置于他们的冷聚变装置或反应堆中，消耗不到 1g 氢可以产生 1000W 的功率。不过，几分钟后，发电量减少到 400W。随着反应继续，可将 292g 水从 20℃升高到 101℃。Stremmenos 教授支持安德里亚·罗西的结论，用克里斯托理论中的冷聚变能来解释氢和镍的行为。科学界对冷聚变存在很大的争议，不过，冷聚变工作者们，继续用实验来证明自己。2013 年 7 月 20～27 日第 18 届冷聚变国际会议在美国密苏里大学召开。共有 21 国的 215 名代表，包括 6 名来自中国的代表参会。这次会议上成功地演示了镍-氢反应器。

1.10　工业化生产氢气

氢气有许多特点。生产方式的多样性是其重要特点之一。

氢气是能源载体，所有的一次能源和能源载体都可以用来直接或间接生产氢气。所谓直接生产氢气，指与水反应制得氢气或直接裂解生成氢气。如没与水反应生成含氢的合成气，天然气直接裂解生成氢气和炭。所谓间接生成氢气，是指先发电，再利用电解水制得氢气。

所有的化石能源都既可以直接制氢，也可以间接制氢。可再生能源中，太阳能和生物质能既可以直接制氢，也可以间接制氢；风能、水能、地热能和海洋能只能间接制氢，即先发电，再用电解水制氢。

核能和太阳能一样，可以直接或间接制氢。

几乎所有的能源载体都可以制氢。电是最重要的能源载体。电解水制氢是非常重要的工业化制氢方法。汽油、柴油、甲醇、氨气等既是能源载体，也是重要的氢的载体，所以，用这些含氢丰富的氢能载体制氢是顺理成章的事。

因为水的分子式是 H_2O，地球表面大约 72% 是水面，所以将水称为“氢矿”。硫化氢也是地球上存在的含氢化合物，可以直接分解制氢。活泼的金属如锌、铝、镁等可以释放水中的氢，在特定的条件下，也是可以利用的制氢方法。

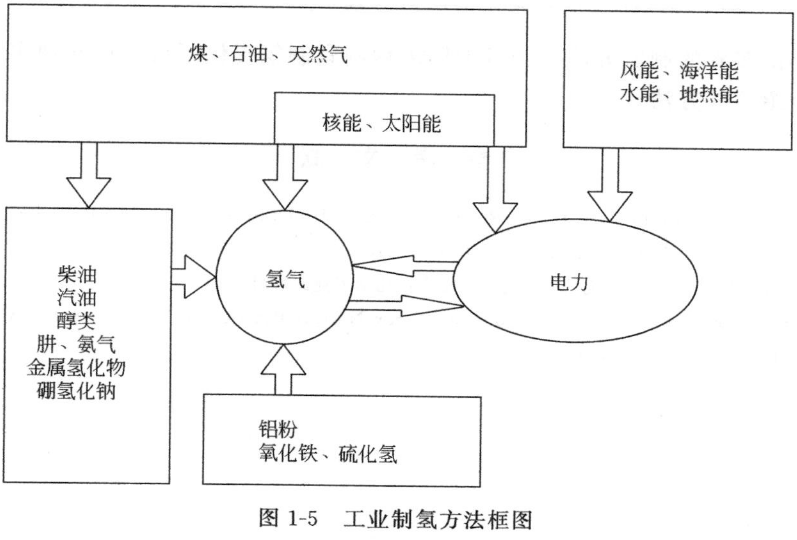

图 1-5　工业制氢方法框图

综上所述，工业制氢方法框图如图 1-5 所示。

从图 1-5 可见，化石能源煤、石油和天然气制氢途径最多，可以直接制得氢气，也可以先发电再制氢，还可以制成其他化合物如汽柴油、甲醇后再制氢。可再生能源中太阳能和新能源核能则可以直接制氢或者先发电再制氢。而风能、水能、地热能和海洋能则只能先发电，再电解水制氢。图中还列出其他制氢方法，如铝粉、氧化铁、硫化氢直接制氢。

如果从制氢原理出发，可以将工业制氢分为热化学方法、电化学方法、等离子体法、生物法和光化学法等。每种方法的原理及特点见表 1-8。

表 1-8　制氢原理及特点

制氢方法	原　理	特　点
热化学方法	用热量破坏现成化合物中的键能，使其重组为氢分子	热化学是应用最广泛的制氢方法。目前全世界 96%～97%的氢气由化石能源的热化学方法制造
电化学方法	用电能破坏现成化合物中的键能，使其重组为氢分子	由于电的来源广泛，电解水制氢纯度高，对生成氢气的净化要求低
等离子体法	用电能将现成化合物制成等离子体、破坏其原有的键能，使其重组为氢分子	使含氢化合物形成等离子体，以提高产氢量
生物法	通过光合作用，在太阳光的参与下，将空气中的 CO_2 变成含氢的生物；或通过细菌的作用将水分解为氢和氧	反应温和、对环境没有影响。大自然的重要循环
光化学法	通过光的作用，在催化剂的参与下，将水变成氢和氧	反应温和、对环境没有影响。离产业化有距离

丰富多彩的制氢方法，为各地区因地制宜制氢提供了可能性和现实性。本书将介绍这些方法。

参　考　文　献

[1]　Loubeyre P，Occelli F，Letoullec R. Optical studies of solid hydrogen to 320 GPa and evidence for black hydrogen. Nature，2002，416（6881）：613-617.

[2]　毛宗强. 氢能——21 世纪的绿色能源. 北京：化学工业出版社，2005.

[3]　Edmund Storms. An Explanation of Low-energy Nuclear Reactions（Cold Fussion）. J Condensed Matter Nucl Sci，2012，9：1-22.

第 2 章

热化学制氢

当水直接加热到很高温度时，例如 2000℃以上，部分水或水蒸气可以离解为氢和氧。但这种过程非常复杂，其中突出的技术问题是高温和高压。水热化学制氢是指在通过一组相互关联的化学反应构成一封闭循环系统，该系统投入水和热量，产出氢气和氧气，参与制氢过程的其他化合物均不消耗。与水的直接热解制氢相比较，热化学制氢的每一步反应均在较低的温度（1073～1273K）下进行，使得反应器的耐温要求大为降低、设备制作成本下降、操作条件相对温和，更便于工程化。

热化学循环分解水制氢之所以受到广泛重视，是因为这种制氢反应系统还可与今后高温核反应堆或太阳能所提供的温度水平相匹配，易于实现工业化。在美国，由劳伦斯-利弗莫尔实验室、通用原子能公司和华盛顿大学等单位参加的核能热化学制氢研究项目已进行多年，主要是用碘-硫热化学循环的方法制取氢。日本也在积极研究利用核能的热化学制氢，并取得一些进展。此外，前苏联也制订过通过托卡马克核聚变堆进行高温蒸汽电解的制氢方案。

热化学制氢的显著优点包括：相比水电解和直接热解水而言能耗低；相比直接热解水制氢产生氢氧混合气，热化学制氢的 H_2 和 O_2 出口不同，无需分离；相比可再生能源，能稳定地生产；因为反应温和，便于实现工业化；因可能直接利用反应堆的热能、省去发电步骤，而使得总效率高等等。

2.1 热化学制氢简介

2.1.1 热化学制氢的历史

1966 年芬克（Funk J. E.）最早提出热化学制氢的概念。20 世纪 70 年代，麦凯迪和贝尼（Beni G. D.）提出 Mark 1 型热化学制氢方案，并估计其制氢效率可达55%左右。此后，美国的拉斯阿拉莫斯科学实验室（LASL）、利弗莫尔公司、德国的尤里希研究中心、意大利Isppa的欧盟联合研究中心、日本的东京大学、日本原子能研究所等都参与热化学制氢研究。迄今为止，可在文献上找到上百种的热化学制氢循环。其中，比较著名的有美国GE公司提出的碘硫循环和日本东京大学首先提出的UT-3循环。

2.1.2 热化学制氢现状

根据所使用的化学品，热化学循环制氢可分为氧化物体系、卤化物体系、含硫体系、杂化体系。

（1）氧化物体系　最简单的过程是用金属氧化物（MeO）作为Redox体系的二步循环：

① 氢生成　$3MeO + H_2O \longrightarrow Me_3O_4 + H_2$

② 氧生成　$Me_3O_4 \longrightarrow 3MeO + 1/2O_2$

式中Me代表金属，为Mn、Fe、Co、Zn和Ce中的一种。瑞典保罗谢尔研究所（PSI）用太阳能热聚焦装置提供2200℃的高温热，用于氧化铁的分解。预期效率可达20%以上。

目前研究较多的是ZnO/Zn和CeO_2/Ce_2O_3体系。

a. ZnO/Zn体系　在ZnO/Zn制氢循环中，反应过程如下：

$$ZnO = Zn + 0.5O_2 \text{（反应温度 850K）}$$

$$Zn + H_2O = ZnO + H_2 \text{（反应温度 2350K）}$$

第一步反应生成物Zn和O_2的快速冷却是该技术的难点。对此，Aldo Steinfeld教授进行了ZnO分解、Zn结晶及氧化试验，基本解决了这一难题。该循环的另一个难点是要求第二步反应的温度高于Zn的熔点，而又不能反应温度过高，不然Zn被ZnO层阻碍反应。实验发现，在氩气吹扫气中ZnO的转化率达到75%，而在静态空气中转化率几乎为零。该过程的能源转换效率为29%，有进一步研究的必要。

b. CeO_2/Ce_2O_3体系　因为CeO_2/Ce_2O_3系统不需任何脱氧剂，这样既减少了原料、降低成本，又降少对环境的污染，引发对CeO_2/Ce_2O_3的制氢研究热。其热化学制氢过程的化学反应如下：

制氧：　$2CeO_2 = Ce_2O_3 + 0.5O_2$（反应温度22300K）

制氢：　$Ce_2O_3 + H_2O = 2CeO_2 + H_2$（反应温度700K）

第一步反应是在吸热条件下产生氧气，第二步是放热反应制氢。

与其他两步热化学反应相比，CeO_2/Ce_2O_3过程效率高、污染较低，所以有发展前景。

（2）卤化物体系

① 在金属-卤化物体系，氢气的生成：

$$3MeX_2+4H_2O \longrightarrow Me_3O_4+6HX+H_2$$

其中金属 Me 可以为 Mn 和 Fe，卤素 X 可以为 Cl、Br 和 I。

② 卤素生成：

$$Me_3O_4+8HX \longrightarrow 3MeX_2+4H_2O+X_2$$

③ 氧生成：

$$MeO+X_2 \longrightarrow MeX_2+1/2O_2$$

④ 水解：

$$MeX_2+H_2O \longrightarrow MeO+2HX$$

本体系中，由日本东京大学提出的 UT-3 循环最为著名。其中金属选用 Ca，卤素选用 Br，循环过程由 4 步反应组成。

① 水分解生成 HBr（固-气吸热反应）：

$$CaBr_2+H_2O \longrightarrow CaO+2HBr \text{（反应温度 750℃）}$$

② O_2 生成（固-气反应）：

$$CaO+Br_2 \longrightarrow CaBr_2+1/2O_2 \text{（反应温度 600℃）}$$

③ Br_2 产生：

$$Fe_3O_4+8HBr \longrightarrow 3FeBr_2+4H_2O+Br_2 \text{（反应温度 300℃）}$$

④ H_2 生成：

$$3FeBr_2+4H_2O \longrightarrow Fe_3O_4+6HBr+H_2 \text{（反应温度 650℃）}$$

UT-3 循环的预期热效率为 35%～40%，如果同时发电，总效率可达 45%～50%。两步关键反应都为气-固反应，大大简化了产物与反应物的分离；循环不需要用贵金属，所用的材料廉价易得。

（3）含硫体系　研究的含硫体系循环主要有 3 个，其共同点是都有硫酸的高温分解步骤。

本体系中最著名的也是研究最广泛的是碘硫循环（Iodine-Sulfur cycle，IS 循环）（见图 2-1）。IS 循环是美国 GA 公司在 20 世纪 70 年代发明的，是目前研究最多的过程。除美国外，日本、法国也都选择 IS 循环进行深入研究。该循环包括 3 个反应。

① 本生（Bunsen）反应：

$$SO_2+I_2+2H_2O \longrightarrow 2HI+H_2SO_4$$

② 硫酸分解反应：

$$H_2SO_4 \longrightarrow H_2O+SO_2+1/2O_2$$

③ 氢碘酸分解反应：

$$2HI \longrightarrow H_2+I_2$$

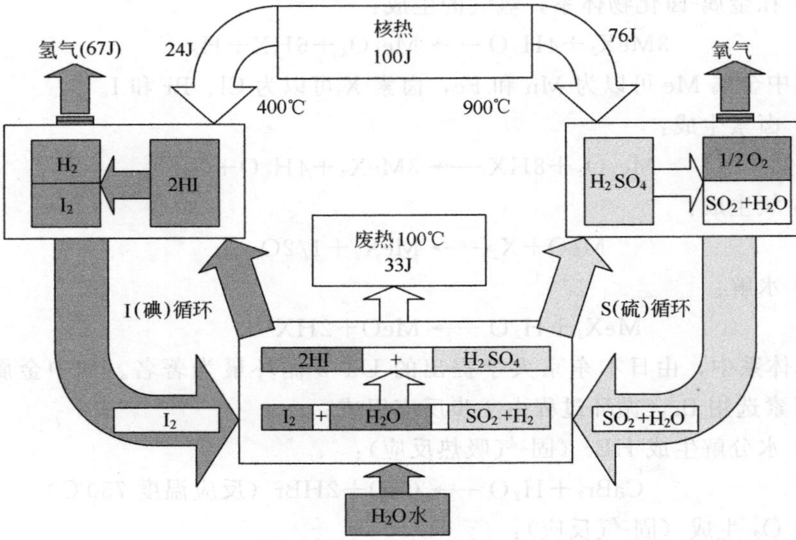

图 2-1 IS 循环示意图

该流程的优点为：

① 循环中的化学过程都经过了验证，可以连续操作；

② 闭路循环，只需要加入水，其他物料循环使用，没有流出物；

③ 预期效率可以达到约 52%，联合过程（制氢与发电）效率可达 60%，IS 循环的效率与温度有很大关系，总的来说，随着温度升高，效率亦高（见图 2-2）；

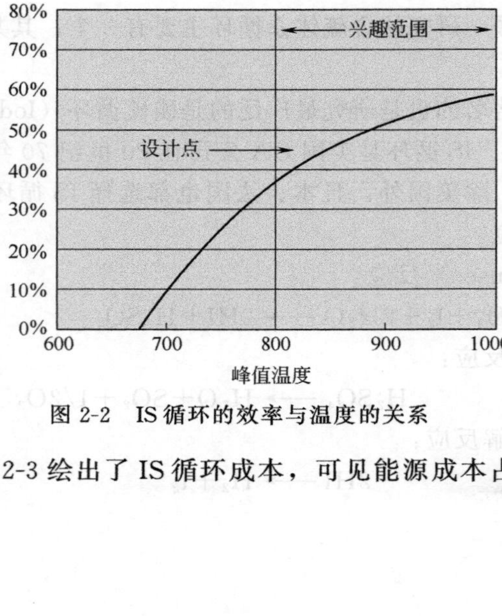

图 2-2 IS 循环的效率与温度的关系

④ 成本低，图 2-3 绘出了 IS 循环成本，可见能源成本占很大的比例，若

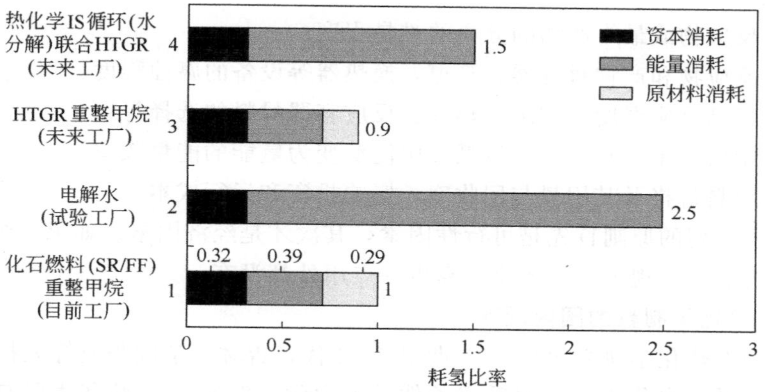

图 2-3　热化学循环（IS 循环）成本与传统方法成本比较

HTGR—高温气冷堆；SR/FF—蒸汽重整/福斯特-惠勒法

（此图中未考虑 CO_2 固定成本）

能利用核能，则成本会进一步大幅度下降。

（4）杂化体系　杂化过程指组成循环的化学反应中有电解反应。杂化体系包括：硫酸-溴杂化过程、硫酸杂化过程、烃杂化过程和金属-金属卤化物杂化过程等。

这里仅介绍烃杂化过程。烃杂化过程以普通碳氢化合物和水蒸气反应的制氢循环，如甲烷-甲醇制氢循环和甲烷-蒸汽循环。

① 甲烷重整制氢：$CH_4(g)+H_2O(g) \longrightarrow CO(g)+3H_2(g)$

② 生成甲醇：　$CO(g)+2H_2(g) \longrightarrow CH_3OH(g)$

③ 甲醇电解制氧：　$CH_3OH(g) \longrightarrow CH_4(g)+1/2O_2(g)$（电解）

循环于 4～5MPa 的高压、高温下进行，效率可达 33%～40%。反应步骤适中、原料便宜、有应用价值，在近期内可能有现实。

2.1.3 热化学循环体系的选择

（1）热化学制氢的评价　先进的循环系统应该具有以下特征：

- 循环中化学反应步骤尽可能少；反应温度尽可能低；
- 涉及的元素尽可能少；来源广泛、低廉；
- 避免使用腐蚀性强的体系；
- 固体物流尽可能少，减少运行成本；
- 已被较深入研究过，最好有一定规模的示范；
- 效率较高；有成本数据可供参考。

（2）热化学制氢的方案选择　选择一个热化学制氢循环的标准可归纳为以

下几条：

① 反应物或最终产物的分离的难易程度；

② 反应物和产物对容器、管道，换热器等设备的腐蚀程度：

③ 最高反应温度，它决定热源、反应容器材料的选择等；

④ 制氢效率，它代表着该循环中能源变为氢能的能量效率；

⑤ 原料价格及其用量与回收率，影响投资和运行成本。

这里排列的原则首先是可行性因素，其次才是经济因素。如果一个循环的经济性再好，实现不了，效率再高也一点用处都没有。

2.1.4 热化学制氢的国内现状

国内对热化学研究很少。20 世纪 90 年代，吉林工学院张龙等人探索了 S-I-Ni 开路循环水分解制氢的反应条件及动力学。2003 年，清华大学核能与新能源技术研究院建成 10MW 高温气冷反应堆，其氦气出口温度高达 900℃，正式开展热化学制氢研究，以碘硫循环为研究目标。浙江大学也有这方面的研究。

2.1.5 热化学制氢的展望

从上面介绍可见，热化学制氢国际上已经研究多年，进展甚微。据报道，2001 年 5 月，日本原子力研究所开发出用热化学法碘硫工艺连续制氢装置，每小时可制氢 50L。这是目前热化学制氢的最高水平。实际上，该系统没有长时间运行，问题还很多。离实用化相当遥远。总的来看，需要解决的技术问题分述如下。

(1) 开发新的热源　由于热化学制氢要消耗水和热，因此，热源是其关键。事实上，人们对热化学感兴趣的原因之一就是其反应温度和高温原子反应堆或太阳能匹配。

核能是人们寄希望于今后的热源。最近正在研究的高温气冷堆是国际上新一代堆型，它的氦气出口温度高达 900℃以上，与热化学制氢的温度范围吻合。反应堆采用石墨球燃料元件，惰性气体氦作冷却剂，石墨做慢化剂和结构材料。氦气从反应堆的上部进入向下流过整个“炉子”，从其下部输送出来的氦气温度可达 900℃以上（图 2-4)。清华大学核能与新能源技术研究院研制的 10MW 高温气冷实验堆于 1995 年动工兴建，2000 年 12 月建成并实现临界，2003 年 1 月顺利实现了在 10MW 热功率满负荷下连续运行，为我国今后开发热化学制氢提供了有利的条件（图 2-5)。

太阳热技术是利用太阳集热器将工质加热到一定的温度。太阳能热系统一般由聚光集热系统、热传输系统和蓄热储能系统等组成。当前太阳热发电装置主要有以下 5 种型式：①塔式；②槽式；③单碟独立电站和碟群体系；④太阳

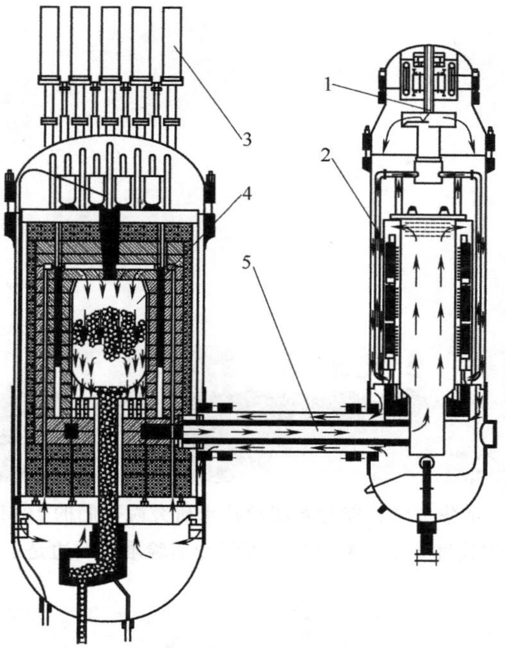

图 2-4　高温气冷堆工作原理

1—氦气循环风机；2—蒸汽锅炉；3—反应堆控制棒；4—反应堆堆芯；5—高温气体

烟囱；⑤太阳池。

“塔式太阳能发电”的部件主要有反射镜阵列、高塔、集能器、蓄热器、发电机组等。反射镜阵列由许多面自动跟踪太阳的反射镜（亦称定日镜）按一定规律排列而成，反射光能够精确地投射到集能器的窗口里，高塔可以建在镜阵中央或南侧。通常集能器置于塔顶，日本也提出集能器置于地面的设计。集能器单侧受光或四周受光。当阳光投射到集能器被吸收转变成热能后，便加热盘管内流动着的介质（水或其他介质）产生蒸汽，再驱动发电机发电。1950年，前苏联设计了世界上第一座太阳能塔式电站，建造了一个小型试验装置。美国、日本和欧洲已建成一些几千至上万千瓦级的塔式太阳能试验电站。

现代碟式太阳能热发电技术在 20 世纪 70 年代末到 80 年代初由瑞典 USAB 等发起开始研究。目前，碟式发电装置的容量范围一般在 5～50kW 之间（见图 2-6）。

太阳热技术可以产生 600～800℃的高压过热蒸汽，可供热化学制氢使用。

（2）热化学制氢面临的技术挑战　热化学制氢的难度之一是反应过程很难控制。以目前研究最多的碘-硫循环为例，美国通用原子能公司（GA 公司）

图 2-5　清华大学核能与新能源技术研究院研制的 10MW 高温气冷实验堆外景（左边是高温气冷实验堆，右边是发电站）

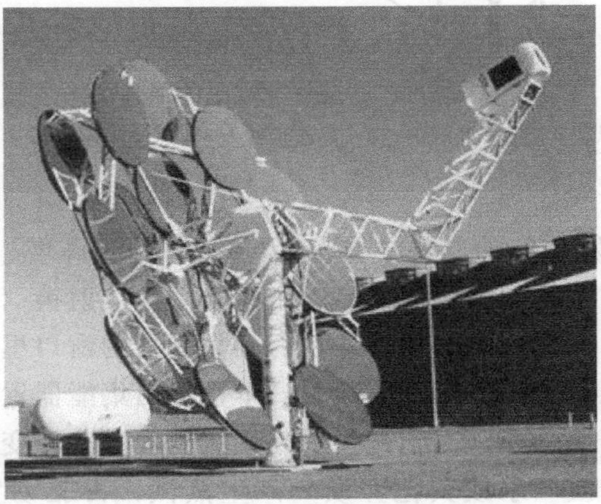

图 2-6　太阳能碟式发电装置

提出的碘-硫热化学制氢循环：

$$2H_2O + SO_2 + I_2 \longrightarrow H_2SO_4 + 2HI(350K)$$

$$H_2SO_4 \longrightarrow H_2O + SO_2 + 1/2O_2 \quad (1123 \sim 1323K)$$

$$2HI \longrightarrow H_2 + I_2$$

净反应为

$$H_2O \longrightarrow H_2 + \frac{1}{2}O_2$$

为了完成这个过程，必须同时进行三个反应。首先需要及时分离第一个反应的生成物碘化氢和硫酸；还要进行第二和第三个反应，即碘化氢分解反应和硫酸分解反应。由于各反应相互关联，而且碘和硫的化合物还要反复循环地进行化学反应，因此很难稳定地控制这组化学反应。其他热化学制氢循环也有同样的困难，其工艺都很复杂。况且每一步的分离都有很高的要求。

（3）**热化学制氢的材料难题**　热化学制氢的难度之二是工程材料问题。还以上述的碘-硫循环为例，硫酸在大约 1000℃的温度下分解，其材料很难解决。更何况此处的硫酸是从第一个反应获得，它和碘化氢的分离程度对材料影响极大。

综上所述，热化学制氢还很不成熟，离商业化还很遥远。它最终能否成功，不仅取决于热化学制氢本身技术是否成熟，还要和其他制氢方法，如核聚变直接热解水制氢、核电站电解水制氢等方法的经济性、可靠性进行比较。

2.2　高温热解水制氢

2.2.1　高温热解水制氢原理

水的裂解反应为：

$$H_2O(g) = H_2(g) + 1/2O_2(g),\ \Delta H_s = 241.82\text{kJ/mol}$$

这是强吸热反应，常温下平衡转化率极小，在 2500℃时才有少量水分解。实际上，水裂解时产生 H^+、H_2、O^{2-}、O_2、OH^-、HO_2^{3-} 和 H_2O。其组分与温度的关系见图 2-7。

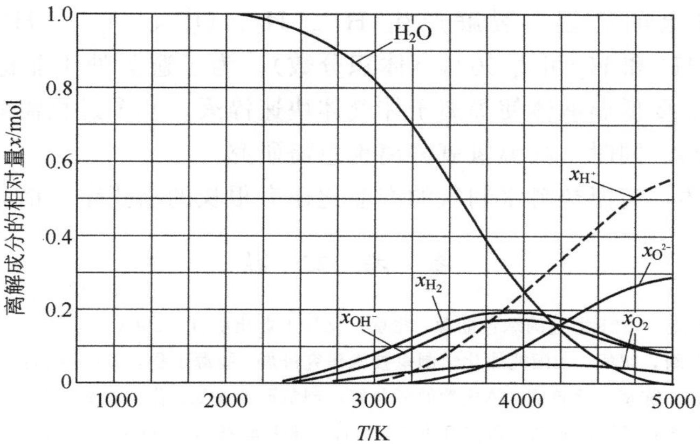

图 2-7　水的直接热解制氢中，各离解成分随温度的变化情况（$p=1.0132$MPa）

水直接热分解为氢和氧的反应，氢的平衡摩尔比在2000K（1727℃）时为0.036，3000K（2727℃）时为0.1。即必须将水加热至3000K以上，反应才有实际应用的可能。

2.2.2 高温热解水制氢的难点

高温热解水制氢的操作温度太高，而出现许多问题。可以归纳如下：

（1）热源　由于水直接离解的温度在2000℃以上，所以如何获得热源就是大问题。现在看来，有希望的热源只有太阳能和核聚变热。而后者的工业化还要很长的时间。

（2）材料问题　在2000℃以上的高温，使材料也成为难以解决的大问题。金属材料都不能用，只能考虑陶瓷材料、碳材料等非金属材料；或通过工程设计增强材料，但寿命问题还没有解决。

（3）氢和氧的分离　高温直接热解水生成氢、氧、原子氢、原子氧等多种组分混合物，如何安全，有效地将氢和氧分离也是重要的难点，虽然原则上利用氢和氧在重力场、磁场等的差别，可以分离，但尚未见任何报道。

2.2.3 高温热解水制氢前景

高温热解水制氢，要求温度高于2000℃，只有采用高反射、高聚焦的太阳炉，但这类装置的造价高、效率低，因此不具备实用意义。

当水直接加热到2000℃以上，部分水或水蒸气可以离解为氢和氧。其中突出的技术问题是高温热源。人们更寄希望于今后通过核聚变产生的热能制氢，但是核聚变的成功还遥遥无期。

水的直接分解需要很高的能量输入，需要2500～3000℃以上的高温。目前研究等离子体技术直接进行水分解。在等离子弧过程中，水在电场中被加热到5000℃以上的高温，裂解产生H^+、H_2、O^{2-}、O_2、OH^-、HO_2^{3-}和H_2O。其中H^+和H_2可占50%（体积分数）。为了避免处于非稳定状态的粒子的复合，需要低温液体使等离子体气体快速淬灭。整个过程需要消耗大量能量，成本很高。同时，高温氢氧分离也急需研究。

综上所述，高温热解水制氢的产业化还有很长的路要走，前景并不明朗。

参 考 文 献

[1] 毛宗强. 氢能——21世纪的绿色能源. 北京：化学工业出版社，2005.

[2] 胡以怀，贾靖，纪娟. 太阳能热化学制氢技术研究进展. 能源工程，2008（1）：19-23.

[3] 张平，于波，陈靖，徐景明. 热化学循环分解水制氢研究进展. 化学进展，2005（4）：643-650.

[4] 顾忠茂. 氢能利用与核能制氢研究开发综述. 原子能科学技术，2006，40（1）：30-35.

[5] 张磊，张平，王建晨. 金属氧化物热化学循环分解水制氢热力学基础及研究进展. 太阳能学报，2006，27（12）：1263-1269.

[6] 吕明，周俊虎，周志军，杨卫娟，刘建忠，岑可法. 基于 Zn/ZnO 的新型近零排放洁净煤能源利用系统. 动力工程，2008 (3).

[7] Funk J E，Reistrom R M. Emergy Hequirements in the Production of Hydrogen from Water. Ind Engng，Chemistry Process Debelopment，1996，5 (3)：336.

第 3 章

水电解制氢

水电解制氢是一种传统的制造氢气的方法（也称为电解水制氢）。其生产历史已有 100 余年。水电解的历史可追溯到第一次工业革命。1800 年，Nicholson 和 Carlisle 发现了水的电解。1902 年，世界上已建成 400 多个工业电解池。

水电解制氢的电能消耗较高，所以目前利用水电解制造氢气的产量仅占总产量的约 4%。水电解制氢气技术具有产品纯度高和操作简便的特点。

3.1 水电解制氢的基本原理

水电解制造氢气是一种成熟的工业制造氢气的方法。通过电能给水提供能量，破坏水分子的氢氧键即可获得氢气和氧气。水电解制氢气的工艺过程简单，无污染，其效率一般在 75%～85%，每立方米氢气电耗为 4～5kW·h 左右，使得电费占整个水电解制造氢气生产费用的 80%左右，使得水电解制氢竞争力不高。不过，目前正大力推进可再生能源，对于大量的“弃风”、“弃水”而产生的“弃电”是发展电解水制造氢气的有利条件；质子交换膜燃料电池将广泛用于氢燃料电池车，水电解制氢将是其主要氢气供应来源，前景看好。

水电解槽是水电解制氢过程的主要装置，水电解槽的电解电压、电流密度、工作温度和压力对产氢量有明显的影响，它的部件如电极、电解质的改进研究是近年来的研究重点。对于水力资源、风力资源、太阳能资源丰富的地区，将不能上网的电用来水电解制氢气，实现“储能”的目的，对能源、环境与经济都具有现实意义。

3.1.1 水电解

水电解制氢的核心设备电解池是由浸没在电解液中的一对电极，中间插入隔离氢、氧气体的隔膜构成。通以一定电压的直流电时，水就分解成氢和氧。其示意图见图3-1。

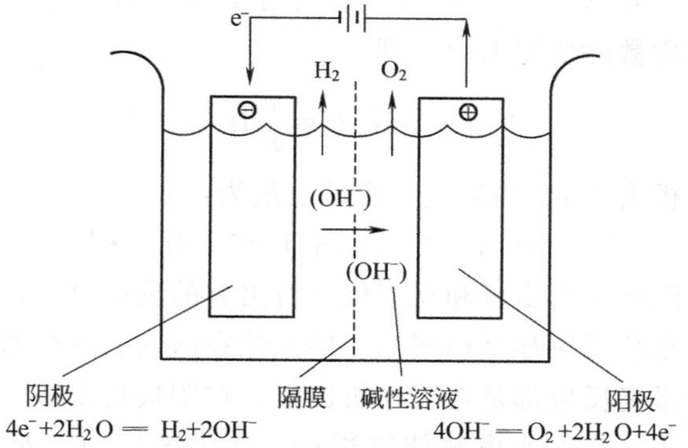

图3-1 水电解制氢的过程示意图

(1) 电解质 由于溶液中有带电的离子，使得水溶液能够导电，水溶液电导率（电阻率的倒数）的大小与其离子浓度有关。

纯水是很弱的电解质，它的导电能力很差。一般蒸馏水的电导率是$1\times10^{-5}\sim1\times10^{-6}(\Omega\cdot cm)^{-1}$；纯水（一般的去离子水）的电导率是$1\times10^{-6}\sim1\times10^{-7}(\Omega\cdot cm)^{-1}$。水的电导率（或电阻率）与温度有关。当温度升高时，其电阻率降低，反之则减少。水电解时，电解质的选择十分重要，需综合考虑水溶液的电导率、稳定性、腐蚀性及经济性等因素。目前水电解制氢一般都采用碱性水溶液作电解质。常用的碱性电解质有氢氧化钾（KOH）、氢氧化钠（NaOH）水溶液。

(2) 电解定律 众所周知的法拉第定律指出：电解时，在电极上析出物质的数量与通过电解质溶液的电流强度和通电时间成正比，即与通过溶液的电量成正比。可表达为：

$$m=K_eIt$$

式中 m——化学反应生成物的质量，g；

K_e——比例系数，称为电化当量，$K_e=\frac{M}{nF}$；

M——物质的分子量，g/mol；

n——电极反应中电子得失的数目；

F——法拉第常数，每摩尔电子所携带的电量，$F=96500C/mol=26.8A\cdot h/mol$；

I——电流，A；

t——通电时间，h。

当相同的电量通过不同的电解质溶液时，各种溶液在两极上析出的物质的质量与它的电化当量成正比，显然，电化当量的数值应等于化学当量 e（即 M/n）被法拉第常数除所得的商，即

$$m=K_e It=\frac{e}{F}It$$

因此在阴极析出 1mol 的氢气，所需电量为：

$$It=mF/e=2\times26.8/1=53.6(\mathrm{A\cdot h})$$

水电解时在阴极上析出氢和在阳极上析出氧的反应过程，依电解液的性质而有所不同，但是总反应却是相同的。即无论在碱性或酸性水溶液或固体电解质中，水电解的最终反应都是在阴极析出氢，在阳极析出氧。

（3）电解电压　要使水电解能够进行，在电解池的一对电极上所加的电压，必须大于水的理论分解电压。什么是水的理论分解电压呢？其数值又是多少？

水的理论分解电压是在理想的没有任何损耗的最小电压，它等于氢、氧电池的可逆电动势 E。在 1atm（1atm=101325Pa）及 25℃状况下，水的理论分解电压为 1.23V，这是在水分解时必须向水电解池供给的最低电压。此电能相当于水分解（生成）时的吉布斯（Gibbs）自由能的变化，因此可以用化学热力学方程进行计算，可逆电池电动势与自由能之间的关系为：

$$\Delta G=-nEF$$

式中　ΔG——吉布斯（Gibbs）自由能的变化；

n——电极反应中电子得失的数目；

E——电动势；

F——法拉第常数。

在 1atm、25℃的状况下，1mol 水分解成 1mol 氢气和 0.5mol 氧气时，其 Gibbs 自由能的变化（生成物与反应物之间的自由能之差）为 56.7kcal，所需电量为 1F（26.8A·h），此时 $n=2$，1kal=1/860kW·h，因此可得

$$-E=\frac{\Delta G}{nF}=\frac{56.7\times1000}{2\times26.8\times860}=1.23(\mathrm{V})$$

水电解池的电压对应于焓的变化，即氢的燃烧热（高热值）为 12.75MJ/m^3（25℃），而相对的 Gibbs 自由能的变化是 1.47V。因此，在 25℃及 1atm，在不产生废热（即 100%的热效率）下，水的分解电压是 1.47V（等温下），此电压数值称为“热中性电压”。

（4）氢和氧超电位　在实际生产中电解池的电极过程是不可逆的。这时，电极电位值将偏离平衡电位值，这种现象称为电极的极化现象，简称极化现象。水电解的操作电压中，氢和氧超电位占较大的份额。因此，研究超电位对降低电能消耗是十分重要的。

极化现象可分为浓差极化和活化极化二类。

① 浓差极化。由于电极过程某些步骤的相对迟缓，使电极表面附近的反应物浓度不同于电解池中溶液的浓度，因为电极电位是受电极表面附近溶液的浓度所控制，结果使电极电位偏离其平衡电位。这种因浓差极化而产生的超电位叫浓差超电位。

② 活化极化。由于参加电极反应的某些粒子缺少足够的能量（活化能）来完成电子的转移或状态的变化，结果在阴极上放电的离子数不足而电子数过剩，阴极电位变小；在阳极上放电的离子也相应减少而电子不足，阳极电位变大。因活化极化而产生的超电位叫活化超电位。

当水电解时，这两种极化总是同时存在，只是随着离子浓度，电流密度以及放电离子本性等条件的不同，两种极化的程度各不相同。在电流密度低时，浓差极化较小，在电流密度很大时，则浓差极化要大些。

（5）氢超电位　水电解时阴极可逆氢电极电位由下式决定：

$$\varepsilon_{H}=\varepsilon_{H}^{\circ}+\frac{RT}{F}\ln\frac{\alpha_{H}^{+}}{\sqrt{p_{H_2}}}$$

式中　ε_{H}°——标准氢电极电位，为0.0V；

α_{H}^{+}——溶液氢离子活度（有效浓度）；

p_{H_2}——氢的分压。

在1atm、25℃碱溶液（pH=14）情况下：

$$\varepsilon_{H}=\varepsilon_{H}^{\circ}+0.0592\lg\alpha_{H}^{+}=0.83(V)$$

氢的超电位与阴极材料、电流密度、操作温度和电解液组分等有关。

（6）氧超电位　阳极上氧析出超电位高于在同一条件下的氢析出超电位，氧的电极反应过程要比氢电极复杂得多。1分子的氢只有2个电子参与反应，而氧有4个电子参与反应；加之电极过程中电极金属表面要形成中间反应物——金属氧化物，其氧化物的化学计算量还不能肯定，而使氧的超电位更加复杂化。通常，水电解时阳极可逆氧电极电位由下式决定：

$$\varepsilon_{O_2}=\varepsilon_{O}^{\circ}+\frac{RT}{F}\ln\frac{\frac{1}{4}\sqrt{p_{O_2}}}{\alpha_{OH^-}}$$

式中　ε_{O}°——标准氧电极电位，为0.401V；

α_{OH^-}——氢氧离子活度；

p_{O_2}——氧的分压。

在 1atm，25℃及碱溶液（pH=14）情况下，

$$\varepsilon_{O_2}=\varepsilon_O^\circ+0.0592\lg\frac{1}{\alpha_{OH^-}}\approx 0.4(\mathrm{V})$$

氧超电位亦与电极材料、电流密度、操作温度等因素有关。

3.1.2 电阻电压降

水电解池中的总电阻包括电解液本身电阻、隔膜电阻、电极电阻以及接触电阻。一般，电极电阻和接触点电阻都很小，可以忽略不计。隔膜电阻与隔膜材料的性质及厚度有关，为了降低电解池的能耗，有必要研究降低各项电阻的方法。

(1) 电解质的选择　水电解时，电解质的选择是很重要的。应考虑其水溶液的电导率、稳定性、腐蚀性及经济性等综合因素。一般要求其离子传导性能高；在电解电压下，稳定性好，不分解；在操作条件下不会挥发而与氢氧一并逸出；在操作条件下，对电解池的有关材料没有强的腐蚀性；当溶液 pH 值变化时，具有阻止其变化的缓冲性。强酸（如 H_2SO_4），强碱（如 NaOH、KOH）和大多数盐类能满足以上要求。但盐类在电解时常被分解，故不能采用。

电解液的电导率随溶液浓度增加而增大，但当电导率提高到一个最大值时，则又随溶液浓度增加而下降。通常电解液的电导率与温度成直线关系，随着电解液温度的升高，电导率显著提高。根据电解液的特性，水电解制氢时，应选择比较适宜的电解液及其浓度和操作温度。在几种电解液中，硫酸水溶液的电导率较高、稳定性好、价格便宜，气体析出分离亦比较容易（析出氧气的气泡较大，上升分离快）。但硫酸在阳极形成过硫酸和臭氧，腐蚀性强，因此不宜采用。

目前工业上一般都采用碱性水溶液作为水电解的电解质。碱液的电导率较好，对钢或镀镍电极的稳定性好。目前常采用的碱性电解液有氢氧化钾（KOH）和氢氧化钠（NaOH）水溶液。KOH 的导电性能比 NaOH 为好，但价格较贵，温度较高时，对电解池的腐蚀性比 NaOH 强。过去我国常采用 NaOH 作电解质，为节约电能起见，已普遍趋向采用 KOH。生产中常采用 20%～30%的 NaOH 水溶液或约 30%左右的 KOH 水溶液，因其电阻率最小。提高操作温度，可降低电阻率，但温度的提高会加速电解池材料的腐蚀，故有所限制。

(2) 电解液中的电压损耗　电解液中电压损耗可以用欧姆定律来计算：

$$IR_1=\rho_O\frac{Il}{f}(\mathrm{V})$$

式中 ρ_O——电解液电阻率，Ω·cm；

I——电流，A；

f——电解液截面积，cm^2；

l——电极间距离，cm。

水电解过程中，电解液含有不断析出的氢、氧气泡，使电解液的电阻增大，所以，为了计算实际的电压降就必须考虑“电解液含气度”即气泡容积与包括气泡的电解液容积的百分比。含气度可以用电解液液位的升高值与升高后液位总值之比来确定。可按下式进行计算：

$$\varphi=\frac{V_g}{V_e+V_g}=\frac{K_e ihbT}{l(w_g+w_e)273p}$$

式中 V_g——气泡容积；

V_e——电解液容积；

K_e——电极反应时的电化当量；

b——电解池平均宽度；

h——电极高度；

i——电流密度；

T——热力学温度；

l——两电极间距离；

w_g——气泡自身上浮速度，$w_g=-\frac{2}{9}\times\frac{gr^2}{\nu}$；

w_e——电解液循环速度；

p——工作压力；

r——气泡半径；

g——重力加速度；

ν——电解液动力黏度。

由上式可以看出：含气度与电流密度、电解液黏度、气泡大小、工作温度、工作压力和电解池结构有关，增加电解液的循环速度和增加工作压力都可减少含气度；而增加电流密度会增加含气度；温度的增加对含气度也会有一些增加。

在实际操作中电解液内总是存在着气泡，所以电解液的实际电阻 ρ 应根据电解液中含气度 φ 进行校正。ρ_O 与 ρ 的关系为：

$$\frac{\rho}{\rho_O}=1\sim1.78\varphi+\varphi^2$$

$$\rho=\rho_0(1\sim1.78\varphi+\varphi^2)$$

从上式可见含气度具有极重要的意义，当含气度 φ 为 35%时的电阻比没有气泡的电解液内的电阻要增加一倍。

(3) 降低操作电压的因素　减少电能消耗的有效途径是降低电解槽的操作电压。水电解时操作电压主要受三个因素的影响：a. 阴极超电位；b. 阳极超电位；c. 电阻电压降。在电流较低时，超电位是主要因素。电流密度增大后，电阻电压降可能成为主要因素。降低操作电压的措施有：

① 提高操作温度，可减小电解液本身电阻；降低活化超电位和可逆分解电压。因此，提高操作温度作为降低水电解池操作电压的主要措施。但温度的提高必然引起水电解池的材料腐蚀问题。

② 提高水电解池的操作压力，可以减少电解液中的含气度，从而减少电解液的实际电阻。虽然提高操作压力会引起理论分解电压的上升，但是两者相比，还是有利于操作电压的下降。目前已有水电解槽在 3MPa 的压力下操作，在其他条件相同时，操作电压比常压下降 0.33V。为了把操作温度提高到 100℃以上，亦必须在压力下操作。但提高操作压力，水电解槽的电流效率要降低，这是由于在高的压力下，氢气和氧在电解液中的溶解度增大，随着电解液通过隔膜而引起再化合。

③ 降低水电解池的电流密度，可以减少超电压及电阻电压降，但设备的体积效率也随之变小，要消耗更多的金属材料等，增加了投资费用。

④ 加大电解液的循环速度，可以减少电解液的含气度，从而降低电解液的实际电阻；亦有助于减少电极附近的电解液的浓差梯度，以降低浓差极化量。另外，加强电解液循环可以使电解槽各电解池的温度均匀，从而降低电解液的电阻率。但电解液循环速度亦有极限值，高于此值电阻减少不显著，有人认为电解液循环速度的极限值大致是 0.1～0.15m/s，与电流密度及电解槽的大小关系不大。

⑤ 提高电极的电催化活性，可以降低活化极化量，进而降低操作电压。提高电极活性，一要改进材料性质，二要尽量增大电极的实际表面积与表观表面积之比。广泛采用多孔催化电极，因其降低活化极化量，亦可减少电阻电压降，还对气泡的释放有利。减少电极间距离，以使实际电阻值最小，但是过多地缩小极间距离，会引起电解液中含气度的急剧升高，反而导致电阻增大，故要综合考虑。

3.2　水电解的能量与物料平衡

(1) 电能消耗　如前所述，标准状况下，分解 1mol 水而得到 1mol 氢气和 1/2mol 氧气需用 $2F$（53.6A・h）的电量。则制取 $1m^3$（标准状态，下同）氢气和 $0.5m^3$ 氧气的理论电量为：

$$I_0 t=\frac{1\times 1000}{22.4}\times 53.6=2390(\mathrm{A\cdot h})$$

其理论电能消耗为电流和电压的乘积：

$$W_0=I_0E_0=\frac{2390}{1000}\times 1.23=2.94(\mathrm{kW\cdot h})$$

即水电解制氢气和氧气的最小电耗为 2.94kW・h/m^3 氢气。电解槽实际耗电量和实际分解电压都要比理论值大，目前水电解制取 $1m^3$ 氢气和 $0.5m^3$ 氧气的实际电能消耗为 4～5kW・h。要降低电能消耗，主要是设法降低操作电压。

前面已叙述过水的理论分解电压 1.23V 是相应于水电解反应中 ΔG（自由能）的变化，而没有涉及焓的变化。水电解时相对于焓的改变即氢的燃烧热的分解电压（热中性电压）为 1.47V。所以，在理想的条件下，把 1.47V 加于水电解池（25℃）能把水分解成氢和氧（等温过程），则其消耗的电能（电流效率视作 100%）相当于 100%转换成氢的燃烧热（高热值），即其热效率为 100%，但与理论分解电压 1.23V（25℃）相比较，其电解过程所消耗的电能只有 83.7%转换成氢的燃烧热，其余的 16.3%变成热量而散失，因此在 25℃和操作电压为 1.47V 时分解水，其电化学效率仅为 83.7%，此时耗电为 3.53kW・h。

在实际的水电解操作中，操作电压常大于 1.47V，并放出热量。若性能非常好的电解池其操作电压能低于 1.47V 时，将意味着它需从周围吸收热量来补充，这样的电解池很难实现，只是作为理想的水电解池的指标。

(2) 水的消耗　由化学反应式可知，在标准状况下，1mol 水电解生成 1mol 氢气及 0.5mol 氧气，可以推出水电解生成 $1m^3$ 氢气和 $0.5m^3$ 氧气，理论上需要 804g 水。

由于排出的氢气和氧气要带走一些水蒸气及碱雾，因此实际耗水量要大一些。氢和氧带出的水随电解槽的温度及压力的不同而变化，$1m^3$ 氢气及 $0.5m^3$ 氧气带出的水分，平均为 40～75g/m^3，这样，实际耗水量为 840～880g/m^3 氢气。

3.3　水电解制氢装置

目前，工业上广泛使用操作温度为 70～80℃的碱性水溶液水电解制氢装置。操作温度为120～150℃的碱性水溶液电解装置正在研制。高性能的固体聚合物电解质（SPE）水电解装置在工业上尚未大量使用。在750～1000℃温度下操作的固体电解质高温水蒸气电解槽（SOEC）目前尚处于研制阶段。

（1）概述　水电解制氢装置一般需由水电解槽、气液分离器、气体洗涤器、电解液循环泵、电解液过滤器、压力调整器、测量及控制仪表和电源设备等单体设备组成。

水电解槽是水电解制氢装置中的核心设备，由若干个电解池组成。每个电解池由阴极、阳极、隔膜构成，电解池还有碱水出入口。在通入一定电压的直流电后，电解池中的水被分解，阴极和阳极分别产生氢气和氧气。

气液分离器的作用是初步分离从电解槽来的气体中夹带的大量的电解液，并对电解液进行适当的冷却。冷却后的电解液经循环管、电解液过滤器返回电解槽，构成闭合循环。每台电解槽都有氢气分离器和氧气分离器。

气体洗涤器的作用是进一步除去分离器来的气体中夹带的电解液，并把气体冷却至常温。每台电解槽配置一个氢气洗涤器和一个氧气洗涤器。

电解液过滤器的作用是清除电解液中夹带的残渣、污物等机械杂质。

压力调整器（阀）的作用是维持氢气和氧气压力的平衡，以免隔膜两侧的氢气和氧气因压力差发生互相混合。图3-2所示为常用的压力型水电解制氢系统流程。

（2）电解槽　水电解制氢装置的形式繁多，可从电解槽结构、电气连接方式、电解质类型等进行分类。从电解槽的电气连接的方式可分为：单极性水电解槽和双极性水电解槽。从电解槽的结构特点亦可分为：箱式水电解槽和压滤式水电解槽。单极性水电解槽一般是箱式的。双极性水电解槽可以是箱式或压滤式的。箱式装置一般在常压下运行，压滤式装置可以在常压，亦可在压力下运行。

① 单极性水电解槽（见图3-3）电解槽中的阴极和阳极被平行、直立、交错地配置。阳极和阳极、阴极和阴极并列连接。阴极和阳极之间设置气体隔膜。相邻的一对阴极、阳极以及它们中间的隔膜、电解液、密封绝缘垫片组成一个电解池。单极性水电解槽由一个或多个电解池组成。水电解时，在阴极和阳极上分别产生氢气和氧气，气体经电解池上的氢、氧出气孔导出，分别汇集到氢气和氧气总管。单极性水电解槽在大电流、低电压下操作，总电流等于各个电解池电流的总和，总电压等于电解池电压。

② 双极性水电解槽（见图3-4）　电解槽中平行、直立地设置若干电极板，一对电极板中间设置气体隔膜。电流只从一端极板导入，通过电极经电解液，传达到下一块极板，最后由下一块极板输出。因为操作电压作用，形成电解槽

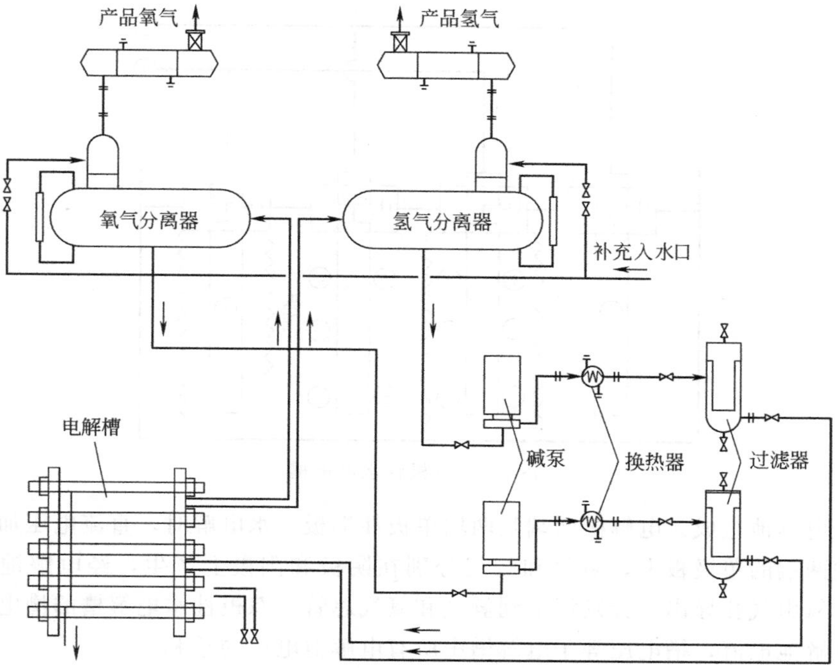

图 3-2 常用的压力型水电解制氢系统流程

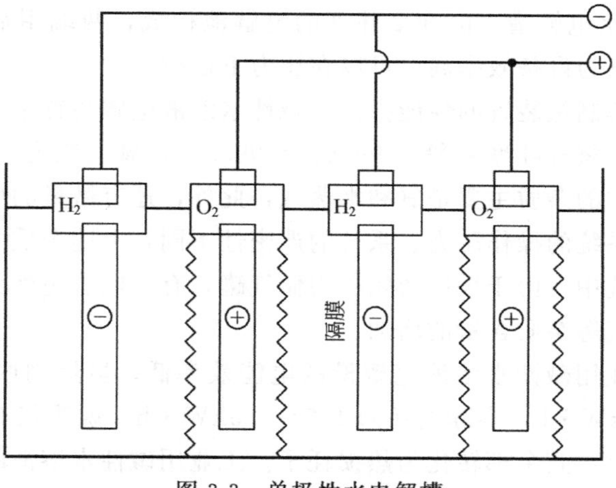

图 3-3 单极性水电解槽

电压输入端至输出端的逐步递降，这样就使得同一块极板，在前一个电解小室中做阴极，在下一个小室中就做阳极，即每一块极板的正面是阴极，背面是阳极。一块极板起着两种极性作用，因此称为双极性电解槽。双极性电解槽由若

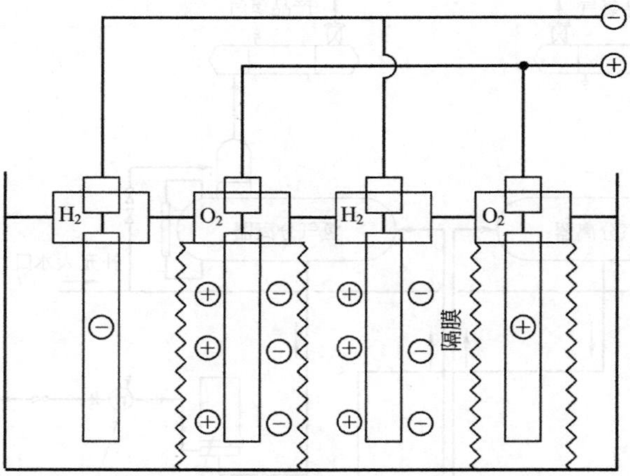

图 3-4　双极性水电解槽

干个电解池组成。电解槽两端是两块单极性端板。水电解时，直流电压加在电解槽两端的单极板上，氢气和氧气分别在阴极和阳极上产生，经电解池中的氢、氧出气孔导出，分别汇集到氢气和氧气总管。双极性水电解槽的槽电流等于电解池电流，槽电压等于电解槽中所有电解池电压的总和。

③ 箱式水电解槽　在一个电解槽槽体中有若干个电解池。这种电解槽在工业上用得很少。其结构简单，但体积较大。

④ 压滤式水电解槽　由许多并列的电解池构成，两端用端板压紧，呈压滤机型。其特点为设备效率高，可以在压力下运行。

(3) 水电解制氢装置的性能指标　碱性水溶液电解装置生产的氢气纯度略高于氧气纯度。氢气纯度一般是 99.5%～99.8%，氧气纯度一般是 99.0%～99.5%。氢气中的杂质主要是氧和水蒸气，此外，还有微量的甲烷、氮气等杂质。随着制氢系统的操作压力、系统的严密性不同，上述杂质的含量亦有所不同。在压力系统中，由于采用密闭压力储气罐，有可能避免外界因素造成的氢气中甲烷、氮气等杂质含量的增加。

目前，工业用碱性水溶液电解槽的电能效率低，虽然制取 $1m^3$ 氢气的理论电耗是 2.94kW·h，实际电耗为 4.5～5.5kW·h。说明仅有一半多的电能用于水的分解上，其余都转化为热损耗了。工业用碱性水溶液的电解槽，电解池电压为 1.8～2.2V，水的理论分解电压为 1.12V（20%KOH 80℃时），则电压效率为 62%～53.6%；相应于热中性电压 1.48V 的电压效率为 82%～67%。为提高电压效率必须设法降低操作电压。

近年来，国产水电解设备有很大的发展，可以生产并出口各种规格的压力电解槽，工作压力0.8～4.0MPa，大型装置产量可达1000m³/h，为目前世界最大。表3-1为国产2～1000m³/h氢气的电解槽的技术参数。国产水电解制氢设备主要技术指标见表3-2。

表3-1 国产2～1000m³/h氢气的电解槽的技术参数

产氧量/(m³/h)	直流电流/A	直流电压/V	直流电耗/(kW·h/m³)	槽体大修周期/年	外形尺寸($\phi \times L \times W$)/mm×mm×mm	质量/kg
2	500	28	≤5	5～10	664×1274×762	1300
5	500	48	≤4.9	5～10	664×1578×762	1500
10	920	52	≤4.9	5～10	664×1725×964	2200
20	1670	58	≤4.8	5～10	1048×1961×1162	3800
30	1670	86	≤4.8	5～10	1048×2387×1162	4500
40	2480	78	≤4.7	5～10	1260×2265×1366	6500
50	2480	94	≤4.7	5～10	1260×2506×1366	7500
60	2480	114	≤4.7	5～10	1260×2813×1366	8600
80	4600	80	≤4.6	5～10	1560×2336×1720	8500
100	4600	102	≤4.6	5～10	1560×2670×1720	10000
150	4600	156	≤4.6	5～10	1560×3400×1720	12000
200	6600	142	≤4.5	5～10	1790×3150×1926	15000
250	6600	174	≤4.5	5～10	1790×3700×1926	18000
300	6600(8200)	210(170)	≤4.4	5～10	1830×4355×1978	25000
350	6600(8200)	242(192)	≤4.4	5～10	1830×4835×1978	28000
400	6600(8200)	276(224)	≤4.4	5～10	1830×5315×1978	30000
500	8200	280	≤4.4	5～10	2036×5620×2178	40000
800	10200	376	≤4.4	5～10	2250×6880×2400	49200
1000	10200	468	≤4.4	5～10	2250×8200×2400	61500

表3-2 国产水电解制氢设备主要技术指标

制氢装置型号	产氢量/(m³/h)	产氧量/(m³/h)	操作压力/MPa	氢气纯度/%	氧气纯度/%	控制方式	外形尺寸($L \times W \times H$)/mm×mm×mm
DQ-2/3.2	2	1	3.2	≥99.8	≥99.3	Ⅰ Ⅱ Ⅲ Ⅳ	2000×1500×3200
DQ-5/3.2	5	2.5	3.2	≥99.8	≥99.3	Ⅰ Ⅱ Ⅲ Ⅳ	2000×1500×3200
DQ-10/3.2	10	5	3.2	≥99.8	≥99.3	Ⅰ Ⅱ Ⅲ Ⅳ	2000×1500×3200
DQ-20/3.2	20	10	3.2	≥99.8	≥99.3	Ⅰ Ⅱ Ⅲ Ⅳ	2000×1500×3200

续表

制氢装置型号	产氢量 /(m^3/h)	产氧量 /(m^3/h)	操作压力 /MPa	氢气纯度 /%	氧气纯度 /%	控制方式	外形尺寸 ($L\times W\times H$) /mm×mm×mm
DQ-30/3.2	30	15	3.2	≥99.8	≥99.3	Ⅰ Ⅱ Ⅲ Ⅳ	2000×1500×3200
DQ-40/3.2	40	20	3.2	≥99.8	≥99.3	Ⅰ Ⅱ Ⅲ Ⅳ	2500×1500×3500
DQ-50/3.2	50	25	3.2	≥99.8	≥99.3	Ⅰ Ⅱ Ⅲ Ⅳ	2500×1500×3500
DQ-60/3.2	60	30	3.2	≥99.8	≥99.3	Ⅰ Ⅱ Ⅲ Ⅳ	2500×1500×3500
DQ-80/1.6	80	40	1.6	≥99.8	≥99.3	Ⅰ Ⅱ Ⅲ Ⅳ	3000×1700×5200
DQ-100/1.6	100	50	1.6	≥99.8	≥99.3	Ⅰ Ⅱ Ⅲ Ⅳ	3000×1700×5200
DQ-150/1.6	150	75	1.6	≥99.8	≥99.3	Ⅰ Ⅱ Ⅲ Ⅳ	3000×1700×5200
DQ-200/1.6	200	100	1.6	≥99.8	≥99.3	Ⅰ Ⅱ Ⅲ Ⅳ	3000×1700×5200
DQ-250/1.6	250	125	1.6	≥99.8	≥99.3	Ⅰ Ⅱ Ⅲ Ⅳ	3400×1900×4320
DQ-300/1.6	300	150	1.6	≥99.8	≥99.3	Ⅰ Ⅱ Ⅲ Ⅳ	3400×1900×4320
DQ-350/1.6	350	175	1.6	≥99.8	≥99.3	Ⅰ Ⅱ Ⅲ Ⅳ	3400×2200×4320
DQ-400/1.6	400	200	1.6	≥99.8	≥99.3	Ⅰ Ⅱ Ⅲ Ⅳ	3500×2200×4320
DQ-500/1.6	500	250	1.6	≥99.8	≥99.3	Ⅰ Ⅱ Ⅲ Ⅳ	3700×2200×5160
DQ-800/1.6	800	400	1.6	≥99.8	≥99.3	Ⅰ Ⅱ Ⅲ Ⅳ	4500×2700×6300
DQ-1000/1.6	1000	500	1.6	≥99.8	≥99.3	Ⅰ Ⅱ Ⅲ Ⅳ	5000×2700×6500

注：本装置配套包括电解槽、框架（含附属设备）、控制柜、整流变压器、整流柜、补水泵、原料水箱、碱液箱、分析仪表。

Ⅰ—气动单元组合仪表控制；Ⅱ—电动控制；Ⅲ—PLC 控制；Ⅳ—现场总线控制。

在水的电解过程中，气泡不能快速离开电解系统、覆盖在电极表面或分散在电解液中，这种现象会导致高的过电压和大的电阻压降，即泡沫效应。研究表明不导电泡沫对水电解过程过电压和电阻压降的影响是相当大的。相邻电极的泡沫层的影响方式有两类：泡沫覆盖在电极表面和上升的气泡分散在电解质中。

为了消除这些泡沫效应，使泡沫快速离开电解系统，包括：

① 从电极和膜表面更有效地分离气泡，降低欧姆压降和反应过电位；

② 从电解液更多有效地溢出气泡，以减少电解质电阻；

③ 从电极表面快速去除泡沫以改善传质，通常，商业水电解电常用增加电解液流速来促进泡沫分离，不过，只能在一定程度上消除高电阻压降和电池电压。

最近，许多研究人员在电解槽施加外部物理场，以显著降低槽电压。这些物理场包括磁场、超声波、重力场。本书作者认为这些措施在商业电解槽上实现难度大、能耗高未必实用。倒是设法研究开发新的电极材料、过程强化和新电解槽更可行。

近10年来，在电解液中添加离子活化剂，成本低、操作简单，吸引了越来越多的关注。在常规电解水中，通常采用腐蚀性试剂如氢氧化钠、KOH和硫酸作导电盐。金属电极被电解质严重腐蚀而失去催化活性。现在有人开发具有良好的导电性和化学稳定性的离子液体来保护金属电极。

在水电解制氢中，如何降低水电解能耗，一直是研究人员关心的核心问题。影响能耗的主要因素：a. 电极材料决定的电极的超电位；b. 电解液及隔膜的电阻。

① 阴极材料的研究。为了提高电极的催化活性，降低电极的超电位，研究人员对新的电极材料进行了广泛的研究，其研究主要集中在三个方面：一是铁基材料；二是镍基材料；三是镍-硫合金电极。

② 无机离子膜水电解制氢设备。无机离子膜水电解制氢设备从根本上解决了石棉膜电解制氢设备的问题。无机离子膜水电解制氢设备具有如下优点：

a. 先进的无机碱性离子膜膜厚仅0.2mm，离子渗透性强，氢、氧气体分离度高，阴、阳两电极的电阻值小，因此膜电压很低，发热量小，又因为阴、阳两电极的极间距几乎为零，因此在增加电解电流密度时不会增加槽电压，电解效率高，能耗大大降低；

b. 无机碱性离子膜在碱性溶液中不会发生溶解，安全性高；

c. 电解液全自然循环设计，不需循环泵，既节约了泵类设备成本与能耗，也免除了大量维修及维护工作。

3.4 氢氧混合气——布朗气

布朗气（氢氧混合气）最早是由澳大利亚人尤尔·布朗（Yull Brown）（1922～1998）提出。尤尔·布朗原籍保加利亚，在1958年移居澳大利亚，从此便开始了他的研究生涯。

布朗开发了一种方法来电解水变成氢氧混合气体（HHO气体），使之用于焊接。事实上，在布朗在澳大利亚的发明10年之前，威廉·罗兹（William Rhodes）就在美国申请过国际专利，用类似的方法创建HHO气体（或有时被称为氢氧或羟基）也将其用于焊接行业。

布朗在1990年来到中国并工作了3年，先后多次到兵器部52研究所讲授布朗气技术（http://baike.baidu.com/link? url = H6Ld6nnsFGH6ShRwJR-NHi6-

BArGI7HV9Kn323ZPfxlh7TMAdukd5ATbd9fKcerztLEDn _ LoT-sX4iVfb046xLa)。对布朗的争议主要在其正式头衔上及其发明成果的认识（Yull Brown History and Controversy，https：//search. yahoo. com/search；_ ylt＝AtcVpPjNjGOE. 4NE5l _ po46bvZx4？fr＝yfp-t-660-s&toggle＝1&cop＝mss&ei＝UTF-8&p＝yull%20brown%20gas)。

布朗气的主要特点和氢气类似，**但是因为其是氢气和氧气的处于爆炸浓度范围内的混合物，故比氢气更危险。**

布朗气的优点如下。

（1）资源丰富　布朗气由水电解生产，而水是地球的主要资源，地球表面的70%以上被水覆盖，即使在陆地，也存在有丰富的地表水和地下水。

（2）清洁环保和可再生性　布朗气的生产过程只消耗水和电，1L水可产生1867L的布朗气体，耗电约5kW·h。纯布朗气体无色、无味、无毒，燃烧后唯一产物为水，无CO、CO_2、NO_x 等任何有毒、有害物质产生，亦无温室气体产生，被称为“水燃料”。

（3）安全可靠相对　布朗气体通过水电解产生，即产即用，常压下操作，无需大量存储和远距离输送，安全性良好。布朗气体无味无毒，不会出现其他燃气造成的气体中毒事故。由于比空气相对密度小，即使泄漏也不会聚积，而是垂直上升到空气中并扩散，不会危害操作人员的身体健康。

（4）燃烧性能好　布朗气是一种高能燃料，燃烧热值高，燃烧速度快，热量集中，燃烧强度高，热影响区小。

布朗气的生产制备主要通过水电解设备——布朗气发生器实现。利用水电解技术，通电后从水中分解出氢气和氧气并不加以分离，这样的氢氧混合气已经在氢气爆炸故存在本征的隐患。这样，布朗气发生器一定要有防爆、防回火器装置。

自20世纪80年代末，内蒙古金属材料研究所在国内率先研制开发布朗气发生器以来，到目前国内外已有几十家公司在生产研制这种设备，由于此设备制造涉及机械、电气、电化学、流体力学等多项学科，其研制开发具有一定难度，各研究与生产单位从不同角度对此进行了研究，因此所研制与设计的机器结构和应用范围各不尽相同。

布朗气的具体应用请见本书第18章。

3.5　固体聚合物电解质水电解槽

固体聚合物电解质（SPE）水电解工艺是美国通用电气公司（GE）于

1966 年首创的。它是在燃料电池的研究基础上产生的。经过多方面的改进，现在性能有所提高而价格趋于合理。这种新型水电解技术的主要性能特点是：

① 槽体体积小、重量轻、能耗低、效率高；

② 采用的 SPE 电解质为非透气性膜，氢氧分离程度高，因此产品气体纯度高；

③ 可采用去离子水，故减少了腐蚀，使用寿命长。

3.5.1　电解槽结构

SPE 电解槽属压滤式电解槽。GE 初期的水电解装置的电解槽由三个基本部分组成：隔板、密封垫圈/栅网组件与电解质（SPE）/电极组件。O 形密封圈置于隔板和 SPE 之间，作气室密封用。SPE 和隔板之间有一块薄的多层多孔栅网。这些栅网组件在电解池的一侧构成氢室或氧水室；相同的密封垫圈/栅网组件在电解质/电极组件的另一面形成另一个气室。隔板把相邻的氢室和氧、水室隔开，借助于金属隔板和栅网的接触保持了各个电解池的正负极。把全部的电解池组装于两端板之间，用丝杠、弹簧压紧就构成了 SPE 水电解槽。电源端板位于槽的两端，每个电解池的气体、水都汇集到一块端板上。除电解槽外，作为水电解制氢装置还包括其他一些辅助设备：如气体分离器，气液分离器，电解液循环泵等。操作中，电解液-水应以足够的流量流经氧/水室，以消除系统的废热，并供给电解反应所需要的水。在电解池的阳极侧排出的是水和氧气；在阴极侧排出的是氢气，并带有少量的水。每个 SPE 电解池的厚度大约是 2.5mm（图 3-5）。

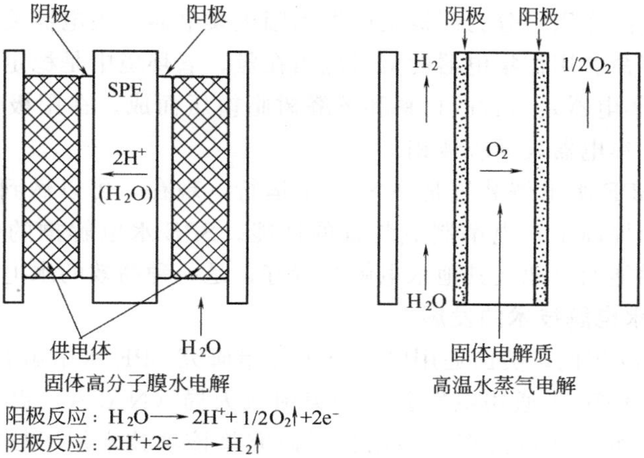

图 3-5　固体聚合物水电解和高温水蒸气电解制氢示意图

3.5.2 固体聚合物电解质

GE的水电解装置中使用的固体聚合物电解质是把磺酸基团结合到聚四氟乙烯上。它具有良好的热稳定性，抗氧化性，较好的机械强度，不易脆化，浸水后具有优良的离子导电能力，允许H^+通过，而阻止气体透过；它的导电原理是水合离子（$H^+ \cdot xH_2O$）的迁移。水电解时，将水供给阳极，在阳极水被分解成氧气、氢离子和电子。氢离子通过固体聚合物电解质移向阴极，电子则通过外电路到达阴极，在阴极氢离子和电子结合成氢气。先前，美国通用电气公司使用厚0.305mm的全氟磺酸聚合物的薄片，其价格比较昂贵。后来，美国杜邦公司研究出一种商标为“Nafion”的电解质，它是聚四氟乙烯和含有侧基磺酸基团的共聚物。0.305mm的全氟磺酸聚合物薄片，在80℃时的单位面积电阻为$2.58\times10^{-3}\Omega/m^2$，在高电流密度下，会产生相当高的电压损失。采用0.127～0.153mm时，可降低电解电压。

3.5.3 电极材料

GE水电解装置中的电极是模压到SPE两侧极薄的多孔催化阳极和阴极。一般说来，贵金属和过渡金属的催化活性较好，但是价格昂贵。在GE装置中，阴极采用铂黑，后来，改用碳载铂作阴极。这样可大量减少贵金属的负载量（约$1.075g/m^2$），而且效能也得到改善。阳极材料的选用是十分重要的，GE等公司对此进行了广泛的研究和评价。通过对二十几种阳极材料的筛选，认为阳极催化剂为Ir、Pt、Pd等合金或其氧化物。把Ir、Pt、Pd等多元系的还原性氧化物和聚四氟乙烯黏合，可形成稳定的阳极组件。

3.5.4 集电器

集电器是指电极到气体隔板之间的多孔金属网。它汇集电子流动，并起气体、流体的分配作用。分为阴极集电器和阳极集电器。集电器关系到电解的效率和装置的寿命。用作集电器的材料应当在氢、氧环境中是稳定的，本身电阻小。碳/酚醛集电器是由含碳材料和酚醛树脂模压而成。在阳极侧，由于强烈的氧化作用、集电器表面应镀铂。

过去的SPE水电解装置是在82℃下运行，现在，可以做到在149℃下进行操作，从而提高了水电解制氢装置的性能。SPE水电解槽的体积小，电流密度高，其性能明显地比其他水电解装置好，是一种高效的水电解槽。

3.5.5 SPE水电解技术的发展

20世纪50年代，美国通用电气公司开始研究SPE水电解技术，于70年代开发成功。1970年通用电气公司为美国航天局（NASA）提供空间生命维持系统；1975年，美国海军与通用公司研究将该项技术用于核潜艇供氧。20世纪90年代，美海军又着手研制SPE水电解低压供氧系统，希望产生常压氧气和高压氢气。美国还为地球卫星任务研制SPE水电解装置，组成再生式燃料电池与太阳能电池结合以维持卫星长时间工作。SPE水电解技术在电解盐酸、氯化钠、硫酸钠以及飞机上浓缩氧气等方面也都取得了相当的发展。

在SPE水电解技术研究方面，英国相对依赖于美国。英国皇家核潜艇上供氧装置的SPE电解槽部分由美国提供，系统由英国CJB公司承担。英国采用了低压SPE水电解系统，操作压力约在1MPa，小室数70～81个。至今已有38台的正式产品交付潜艇使用。在工业发展方面，也是由CJB公司（目前为WCJB公司）进行研制。

日本对SPE水电解技术的研究是继美国之后开始的，但它发展速度很快，制定了详尽的发展规划，它的目标就是利用SPE水电解技术制取氢作为清洁能源的氢气生产技术，并尽快应用于工业领域的水平。

欧盟国家在这项技术上整体发展较晚，但进展较快。比如在法国Grenble，有三个实验室联合进行了SPE水电解技术研究，以期实现一台中等规模的SPE水电解装置的目标；在德国Fraunhofer，研制了产氢量500L/h，压力3MPa，电流密度8000A/m^2，温度70℃，小室电压2.1V的试验装置；挪威在欧洲碱性水电解领域处于一个重要位置，也开始将SPE水电解技术列为发展高性能水电解技术的首选路线。

2013年SPE水电解制氢已经得到广泛的应用。在网站上输入“SPE电解槽”很容易发现SPE电解水发生器制造商。例如，HGenerators公司提供12L/h～50×10^{4}L/h的纯氢，还提供氢压缩机、燃料电池等。

成立于1977年的印度的MVS工程公司（MVS Engineering）供应实验室及工业用SPE电解水制氢设备，工业用设备生产能力为0.265～30m^3/h，氢气纯度9.9995%，压力大于1.5～3.0MPa，实验室用的SPE生产能力为300mL/min～4.8L/min。

我国也开展了许多与SPE有关的研究。王海燕等人研究了适合SPE的催化剂制备，718研究所开发了中压SPE电解槽。

3.5.6 SPE水电解技术前景

SPE水电解技术与传统的碱性水溶液电解相比是一项清洁和高效的技术，其主要特点为：

① 效率高，耗能低，可在高电流密度如几A/cm^{2}下电解，产氢速率至少为碱液电解的5倍；

② 工作可靠，电解液为纯水，稳定且无腐蚀性；

③ 安全性高，膜能阻止气体混合，并能承受较大的压力差；

④ 体积小，结构紧凑。

SPE 水电解技术目前的主要问题还是成本过高，其发展取决于以下技术的进步：

① 低成本且性能优良、长寿命的质子交换膜的发展；

② 研究稳定且高催化活性的电极材料，进一步降低贵金属催化剂用量，寻找非贵金属催化剂；

③ 优化电解池的膜电极及结构设计，研究低成本高性能材料，降低电解池分解电压。

3.6 固体电解质高温水蒸气电解槽

固体电解质高温水蒸气电解槽（SOEC，又称为高温固体氧化物电解槽）是固体氧化物燃料电池（SOFC）的逆向应用。

初期的 SOEC 的操作温度约 1000℃，现在已经降到 750℃。SOEC 由多孔的阳极、阴极、固体电解质——氧化钇掺杂的氧化锆（ZrO_2）陶瓷和连接材料等组成。电解过程中只有水蒸气、氢气和氧气存在。高温水蒸气通过阴极板上时被离解为氢气和氧离子，氧离子通过阴极板，固体电解质到达阳极，在阳极上失去电子生成氧气。在 1000℃高温下，水的理论分解电压为 0.9V，活性超电压也较低。SOEC利用了高温有利于水电解这一因素，使得电解池操作电压低，相对应的热量的利用率为 40%～50%，而一般的水电解装置只有 25%～28%。

据报道，通用电气公司采用通入一氧化碳气体到阳极和氧反应生成二氧化碳的方法，使氧的分压降低到极小量（10^{-20}～10^{-12} atm），从而降低反电动势。在一定计算量的一氧化碳存在时，当电流密度为 21505.4A/m²、操作温度为 1100℃、电解质厚度为 0.508mm、阳极处于正常的氧化气氛下，电耗从 4.06kW·h/m³ 下降到 1.66kW·h/m³。但是，电耗的降低所减少的费用，很大一部分被一氧化碳的费用所代替。这和后面要介绍的煤水电解有类似之处。

高温水蒸气电解槽的主要部件简要介绍如下。

（1）阳极　可以作为阳极材料的物质有两类。一是贵金属及其合金；二是具有钙钛矿结构的混合氧化物。如：氧化钇、氧化锆的混合氧化物，其中 10%的氧化钇作稳定剂。添加 Ca-$LaMnO_3$ 可改变其电导率，使之达到 $200\Omega^{-1}\cdot cm^{-1}$（400～1000℃）。阳极板厚度为 0.5mm，由喷雾烧结工艺制造。

（2）阴极　在电解池的氢侧，氧分压为 10^{-2}～10^{-6} kgf/cm²（1kgf/cm²＝

98.0665kPa)。在 1000℃时用钴、镍作阴极材料是可行的。镍金属陶瓷作为阴极使用时有良好的结合力及稳定性。多孔镍电极由喷雾烧结工艺来制造。

(3) 电解质　使用在组成上和阳极略有不同的氧化钇掺杂的氧化锆的混合物。

2013 年 9 月在我国上海召开的第五届时间氢能技术大会上，专门成立"SOEC 分会"。来自世界的高温电解水制氢工作者发表了 54 篇 SOEC 论文，展示了 SOEC 的快速发展。

值得指出的是，SOEC 的应用研究已经不限于电解水制氢，目前已经有不少研究人员开展了共电解水和 CO_2 研究，其用于 H_2O/CO_2 的共电解制备 H_2 和 CO 燃料。关于共电解的机理目前国际上主要有两种观点：一种是认为 H_2O 和 CO_2 同时发生电化学还原反应，生成合成气。另一种是认为水蒸气首先发生电解反应生成 H_2，然后 H_2 与 CO_2 经逆向水煤气变换反应 (RWGS) 产生 CO。

SOEC 电解 H_2O 和 CO_2 制合成气的商业化道路遥远，因为需要高性能且稳定的 SOEC 组件来降低成本。当前的研究主要集中在 SOEC 组件的材料、操作条件和外部热源的综合利用。

目前，美国的 INL、丹麦的 Risø 可持续能源国家实验室、韩国高科技研究所 (KAIST)、英国的帝国理工大学和圣安德鲁斯大学，以及我国的清华大学、中国科技大学和上海硅酸盐研究所都对 SOEC 共电解 H_2O/CO_2 制合成气的过程进行了相关的研究。

应该指出的是，SOEC 虽然节省了电能，但它需要提供高温热。综合计算表明，高温电解的能量消耗要比常温电解的能耗大！不过在有些场合，如高温核反应堆，有现成的高温蒸汽，直接利用高温蒸汽还是方便、有利的。SOEC 的前景如何，还有待观察。

3.7　小型氢气发生器

常用的小型水电解氢气发生器只需电力和水，可以得到高纯氢。国产 IM 系列氢气发生器是气相色谱仪使用的理想氢气源。

(1) IM 系列氢气发生器的技术指标　IM 系列氢气发生器是小型水电解氢气发生器，其主要指标见表 3-3。

(2) IM 系列氢气发生器的特点　三种氢气发生器在性能、指标和构造上，有共同点，也有不同之处。下面以 IM-Ⅱ 型氢气发生器为例，介绍其特点。

表 3-3 IM-Ⅱ型、IM-Ⅲ型和IM-Ⅳ型三种氢气发生器的主要指标

项目 \ 特点 \ 型号	IM-Ⅱ型	IM-Ⅲ型	IM-Ⅳ型
	流量任意调节	全自动差压控制，稳定压力输出	复合电解池，全自动差压控制，数字显示流量
氢气纯度/%	>99.999	>99.999	>99.999
产氢速度/(mL/min)	210	300	500
输出压力/MPa	0.4	0.45	0.45
外形尺寸/mm×mm×mm	240×280×330	260×300×350	260×300×350
质量/kg	15	17	17

① 用了固体聚合物电解质（SPE）新技术，产氢无污染，纯度高，仪器使用寿命长。

② 无需加苛性碱，直接电解去离子水。无腐蚀，不冲液；加水不停机，工作不受干扰；储水量大，加满一次水能连续使用十天以上。

③ 采用了高精度稳流源，保证氢气流量稳定，电网电压变化10%，流量变化小于2.5mL/min，不会影响供气。

④ 氢气流量采用表头显示，读数直观，流量准确，调节方便，无需校正。

⑤ 操作简单，使用方便；选定流量后，日常工作只需开关电源，便于同定时电路或计算机配合，实现自动开、关机。

⑥ 仪器内装有过压自动报警装置。输出压力超过0.4MPa时，能立刻报警，同时停止电解。待压力降至0.4MPa以下时，又自动恢复产气，确保发生器和使用设备不致损坏。

⑦ 仪器通电产氢，断电停氢，本身又不储存氢，能保证安全生产。

⑧ IM-Ⅲ型为全自动差压控制，稳压输出。IM-Ⅳ型为复合电解池，全自动差压控制，数字显示流量。

（3）IM系列氢气发生器工作原理　氢气发生器的核心部分是电解池，它是由阴极集电器、离子交换膜和阳极集电器组成的。氢气发生器是由电源、电解池、储水槽、气体脱水器、干燥器和流量指示表等组成。

采用固体聚合物电解质（SPE）新技术。SPE是一种厚约0.3mm的全氟磺酸膜。SPE技术在前面章节已有介绍，此处省略。

（4）氢气发生器的供电及稳流器　供电单元，主要给电解池提供低电压、大电流电源，也为电扇、电磁阀、报警器等提供电源。

氢气发生器可直接放在用氢设备附近的工作台上，打开电源，通电2～

3min 就能转入正常供气，断电立刻停止制氢，仪器本身不储存氢，氢气不需通过净化系统，可直接进入设备或管道系统，操作安全。

3.8 重水电解

上面已经比较详细地介绍了普通水电解制氢过程。重水电解过程和普通水电解制氢过程一样，只是如果电解重水，则可得到氢的同位素氘。

为了获得高纯度氘气，通常采用含 D_2O 大于 99%的重水做原料。在重水电解过程中，发生如下反应：

$$H_2O \xrightarrow{\text{电解}} H_2(\text{阴极}) + \frac{1}{2}O_2(\text{阳极})$$

$$D_2O \xrightarrow{\text{电解}} D_2(\text{阴极}) + \frac{1}{2}O_2(\text{阳极})$$

这样，重水电解时阳极上产生氧气放出，阴极上分别产生氢气和氘气以及氢氘混合气。

研究表明当所用重水中含 D_2O 量大于 99%时，在阴极上产生的杂质氢主要为氢氘（HD）混合物。氘作为一种军用材料，用于氢弹、中子弹、氟化氘激光武器的制造。作为民用材料氘在可控核聚变反应、光导纤维材料制造、灯源以及核农业、核医学研究、制药等领域都有重要用途。

3.9 煤水电解制氢

普通水电解制氢耗电太多，每生产 $1m^3$ 氢气（标准状态）约需电力 4～5kW·h。20 世纪 70 年代末美国研究出一种低电耗制氢方法，耗电量只有普通水电解制氢的一半。这种方法的主要特点是以煤水浆进行水电解制氢，实际上是一种电化学催化氧化法制氢，即在酸性电解槽中，阳极区加入煤粉或其他含碳物质作为去极化剂，反应结果的产物为二氧化碳，而不是氧气，阴极则产生纯氢。这样能使电解的电压降低一半，因此电耗也相应降低。此外，煤中的 S、N 等元素在电解过程中被氧化成相应的酸，留在电解液中，所以不会有煤炭燃烧造成的 S、N 氧化物的环境污染。所以无论从煤炭的清洁利用还是廉价新能源氢的开发方面均为极具应用前景的一种新的制氢方法。

我国上海大学印仁和教授的团队对此技术进行较多的研究，并发表一系列基础研究论文。

3.10 压力水电解制氢

在较高压力下（0.6～20MPa）水电解生产氧气和氢气具有一系列优点：减小气体分离器尺寸，提高电流密度，降低电能消耗（约降低20%）。因为制得的气体一般要高压储存，因此用高压电解技术可以省略存储时的第一步压缩。

3.10.1 压力水电解的极限

在一个密封的容器内水电解时，析出的气体的压力将不断增高，理论计算表明这种压力可以达200MPa，在水电解制氢设备的实际运行上，我国天津市大陆制氢设备有限公司所生产的电解槽在4.0～5.0MPa压力下已安全稳定运行四年半，美国21MPa的Tedewell单极筒式高压电解槽从20世纪50年代起就安装于美国核动力潜艇上通过水电解方法给艇员提供呼吸用氧。

3.10.2 操作压力与槽电压的关系

实践数据表明，随操作压力增加，电解槽的槽电压变大，水电解槽总电压可以在约0.8V范围内升高。

为什么槽总电压随操作压力升高而升高？下面分析电解槽电压的变化

$$V=E+\eta+IR+\varepsilon$$

式中 V——电解槽实际槽电压；

E——理论分解电压；

η——超电压，$\eta=\eta_a+\eta_k$；

η_a，η_k——阳极与阴极超电压；

ε——浓差极化电压；

IR——电解槽中的电压降。

η、ε和操作压力虽然也有关系，但主要还是理论分解电压的增加而引起槽电压增加。操作压力变化时，理论分解电压的变化关系如下。

$$E-E^{\circ}=3/4\times0.0002T\lg(p/p^{\circ})$$

式中，$E-E^{\circ}$为操作压力从p降至p°时可逆分解电降低值，当$t=80℃$（$T=353K$）时

$$E-E^{\circ}=0.053\lg(p/p^{\circ})$$

3.10.3 工作压力与气体纯度的关系

水电解制氢装置操作压力的大小与气体纯度高低有一定关系。由实际操作可知，随操作压力的增加，气体纯度下降，这可以解释为随操作压力的提高，碱液内溶解的氢氧气体量增加，且与碱液难于分离。不同操作压力碱液澄清

（即气泡溢出）快慢相差甚大，低压时从过滤器放出的碱液气泡 3～4min 即可释放完毕，随操作压力提高，这种气泡释放完毕的时间逐步增长，在 3.0MPa 操作压力下，碱液澄清的时间将达 30min 以上。根据亨利定律，气体在液体中所溶解的质量和液体上的压力成正比。操作压力高，氢氧在碱液中溶解的量就高。另外，气体的溶解度随温度的升高而降低，故碱液由分离器进入电解槽后，由于槽温比分离器温度高出 10～30℃，气体溶解度降低，原先溶解右碱液中的气体会释放，这样进入氧侧小室的氢将使氧纯度下降，同样进入氢侧小室的氧将使氢纯度下降，这就解释了混合式循环电解槽随操作压力升高，气体纯度下降的原因。

3.10.4 操作压力与气体中湿含量的关系

气体中的湿含量、碱含量随操作压力的升高而下降，以氧气为例，氧气中碱含量由气液分离程度和水蒸气分压大小来决定。气液分离程度与气体流速有关。当分离器管道已定，操作温度一定情况下，随压力的增加气体的体积流速降低，气体“夹带”液体现象减少，气液分离越来越好，气体在碱液中的溶解度大幅下降。同样操作压力升高，水蒸气分压相对降低，气体中水蒸气含量减少，即随压力增高水蒸气中碱含量也相应下降。

3.10.5 采用压力电解槽的意义

首先是高压电解的总效率是节能的。水电解制氢设备的主要考核的指标是能耗，提高操作压力，将提高碱液的沸点，而提高操作温度的结果将提高电解液的电导率，降低电解液的电阻，从而降低能耗。实测表明通过提高操作温度由 85℃升高到 90℃所引起的电压下降大于由于操作压力的升高而引起水电解槽的电压增加值。故加压电解槽提高操作温度后还是降低能耗的。

使用高压电解槽的另一个理由是，在某些特定生产工艺要求，制氢部门绝大多数用户均是在压力情况下使用氢气，如某些化工厂的加氢工序，在 0.4～2.5MPa 运行，使用常压电解槽时必须在流程中配备常压湿式储罐和氢压机，这一方面是建厂投资大，另一方面，氢压机可靠性差，反复维修工作量大，这样势必增加生产中的工作量和产品成本。压力电解槽可以取代常压湿式储罐和氢压机。

压力电解多使用干式压力罐，干式储罐的存储量比常压的湿式气柜存储量大，一次性投资大幅下降，安全性提高。

3.11 电解海水制氢

电解海水是世界上最为丰富的资源，也是通过电解水制氢的理想资源。尤其是在沙漠又靠海的地区，比如中东，纯净的水难以获得，利用太阳能制氢只能通过电解海水来实现，例如在深海利用海水温差发电，就需要电解海水制氢，再将氢运输至大陆。

可以用光解水的办法从海水制氢，许多科学家正在研究中，如伍伦贡大学（University of Wollongong）、南京大学（邹志刚教授研究小组）等。这里仅讨论电解海水制氢。

3.11.1 海水电解的氯气析出

海水中含有NaCl，使得在电解过程中会有氯气在阳极析出，而抑制了氧气的产生，氯气的析出会严重危害人体健康，造成环境污染，因此需要绝对避免。

地球上100多种元素，在海洋中发现并测定80多种；其中常量元素的存在形式共11种：5种阳离子分别为Na^+、K^+、Ca^{2+}、Mg^{2+}、Sr^{2+}，5种阴离子分别为Cl^-、SO_4^{2-}、Br^-、HCO_3^-（CO_3^{2-}）、F^-，1种分子为HBO_3，这些元素总量占海水盐分的99.9%。这些元素性质稳定，各成分浓度间的比值基本恒定，称为保守元素。表3-4中给出了海水中常量元素含量及比值。

表3-4 海水中常量元素含量及比值

离子或元素	含量（S=35‰）/（g/kg）	与氯度比值/[g/（kg·Cl‰）]
Cl^-	19.344	
Na^+	10.773	0.556
SO_4^{2-}	2.712	0.14
Mg^{2+}	1.294	0.0668
Ca^{2+}	0.412	0.02125
K^+	0.399	0.0206
HCO_3^-	0.142	非保守
Br^-	0.0674	0.00348
Sr^{2+}	0.0079	0.00041
B	0.00445	0.00023
F^-	0.00128	6.67×10^{-5}

3.11.2 用特殊电极避免氯气析出

电解海水时，由于通常电解槽的电极电势超过了产生氯气所需的电势，这使得在电解海水时，往往是氯气从阳极析出，而非氧气。其主要反应如下：

阳极：$2Cl^- \longrightarrow Cl_2 + 2e$

$$4OH^- \longrightarrow O_2 + 2H_2O + 4e$$

阴极：

$$2H_2O + 2e \longrightarrow 2OH^- + H_2$$

虽然氢气的产生不会受氯气影响，但因氯气具有强烈的毒性，需要完全避免。人们设想，能否改变电极材料，可以在阳极产生氧气，而抑制氯气的产生。在所有常用的电极材料中，只有锰和锰的氧化物及其化合物在电解海水时有这一可能。有科学家分别制备了 MnMo，MnMo，MnMoFe 等氧化物电极，对此进行了研究，取得一定效果。Ghany 等人用 $Mn_{1-x}Mo_xO_{2+x}/IrO_2/Ti$ 作为电极，氧气的生成率达到了100%，完全避免了氯气的产生，使得电解海水制氢变得可行。国内针对电解海水析氧抑氯选择性电极的研究尚无相关报道。

3.11.3 海水电解制氢设备

有不少家厂商提供电解海水设备。

1964年成立的，哈维尔实验室公司（Howell Laboratories，Inc.）一直为美国海军和海岸警卫队服务。该公司提供直接从海水电解生产次氯酸盐（HOCl）的设备。HOCl是公认的对付生长在舰船条件的黏液、藻类、藤壶、蛤、水螅、贻贝等生物的防污剂。

1950年成立的美国 Electrocatalytic 国际公司在1972年获得电解海水或盐水制造次氯酸钠发生器的专利。次氯酸钠是用来抑制生长在不同设施包括发电厂和离岸平台海洋生物的最佳试剂。其采用管式电解槽。该槽耐压能力强，“自清洗”，电流效率高；但有效利用率低，体积大，维修繁琐。1999年，Electrocatalytic 被 USFilter 公司收购。

意大利 DENORA 公司（也制造质子交换膜燃料电池）为代表提供板式电解槽，有效电极面积大，体积小，维修方便；但是容易发生沉积现象，需要酸洗。

近30年来，美国的 Exceltec 公司一直用电化学技术制造的海水电解槽电解海水生产次氯酸钠。公司关键技术是该公司的前身 Eltech 系统公司和 Gruppo DeNora 合作发明尺寸稳定的阳电极涂层（DSA）。其电解槽具有以下特点：电解槽槽盖采用透明的有机玻璃加工制造，便于操作人员在运行过程中直接观察槽内反应情况，准确掌握电解槽维修和酸洗时机；电解槽壳体采用极耐次氯酸钠腐蚀的增强聚丙烯材料注塑而成，与联结法兰和壳体成一体，无泄漏，具有较高的安全性和稳定性；电解槽直立放置，海水由下向上一次性流过，电解产生的氢气顺着水流排出；自动化程度高，设备运行稳定。

韩国公司 WESCO 也提供电解海水设备。

还有许多有关电解海水的专利，如日本的 Shimamune，Takayuki，Nakajima，Yasuo 和 Kawaguchi，Yoshiyuki 于1998年申请“海水电解设备”美国

专利，美国专利号 US6113773。

3.11.4 海水电解制氢与淡水电解制氢区别

通过以上分析，海水电解与淡水电解制氢主要区别如下。

① 淡水电解需要添加电解质，以增强溶液的导电能力，工业上均采用碱性溶液。而海水本身含有大量离子、导电能力强，海水电解不需要添加电解质。

② 能耗不同，淡水电解一般不存在沉淀物。而海水电解时，由于海水中存在的 Fe^{2+}、Ca^{2+} 和 Mg^{2+} 与海水电解后产生的 OH^- 结合生成沉淀物会附着在电解电极上，造成电解电阻增大、能耗增多，同时需要定期清理附着在电解电极上的沉淀物，需要有专门的去污系统，使系统复杂并且降低制氢效率。

③ 淡水电解在电解阳极上只产生氧气，而海水电解则在电解阳极上另外产生氯气。

④ 电解槽不同。淡水电解使用碱性电解槽、聚合物薄膜（PEM）电解槽和高温固体氧化物电解槽（SOEC）；海水电解电解槽必须具有相应的高抗腐蚀性。

⑤ 阳极材料不同。目前淡水电解的阳极材料主要为 Raney-Nickel、Ni-Mo 和 NI-Cr-Fe 合金，PEM 电解槽使用多孔的铂材料作为电极材料。而海水电解时，常用钛做基板镀铂、铱、钌等复合材料。

现将碱水、食盐水和海水电解的技术比较列于表 3-5。

表 3-5 几种电解制氢技术比较

项目 \ 电解技术类型	碱水电解	食盐水电解	海水电解
发展阶段	大规模商业化	大规模商业化	实验室规模
电解池电压/V	1.84～2.25	3.0～4.5	>2.1
分解电压/V	1.47	2.31	2.1
电流密度/(mA/cm²)	130～250	—	25～130
温度/℃	70～90	60～70	23～25
阴极材料	镍、钢、不锈钢	钛镀铂	铂
阳极材料	镍	—	铂
电解池类型	H_2/O_2	H_2/Cl_2	$H_2/(Cl_2/O_2)$
电解质	25%～35% KOH	NaCl	海水
盐度水平	200～400ppm	35%	3.4%
热效率	—	95%～97%	75%～82%

续表

项目 \ 电解技术类型	碱水电解	食盐水电解	海水电解
主产品	H_2	Cl_2,NaOH	H_2
副产品	O_2	H_2	Cl_2,次氯酸钠(NaClO)
主要优点	技术简单、可靠	已经工业化证实	低成本
缺点	电流密度低、效率低	效率低	仅实验室规模

注：出处：H K Abdel-Aal，K M Zohdy，M Abdel Kareem. Hydrogen Production Using Sea Water Electrolysis. The Open Fuel Cells Journal，2010，3：1-7；http://www.benthamscience.com/open/tofcj/articles/V003/1TOFCJ.pdf。

3.11.5 海水电解现状及发展方向

海水电解已经有多年的工业应用经验，主要是海水电解生产次氯酸钠和氢气。而海水电解生产氢气和氧气则由于以前的需求少而发展缓慢。预计，随着这方面的要求增加，会得到快速发展。

在海水电解制氢气和氧气方面，主要需解决下列问题。

① 能耗：像淡水电解一样，在海水电解制氢中，如何降低水分解的能耗，一直是近年来研究的课题。影响能耗的主要因素，从电化学理论来看，一是由电极材料决定的电极的超电位；二是电解液及隔膜的电阻，后者是由电解液和隔膜材料的品种及电室的结构来决定的。

② 电极材料与结构：在电极方面采用新的电极材料，提高电极的催化活性、降低电极的超电位或者增大电极的表面积，从而降低电极的真实的电流密度。现阶段对阳极材料的研究主要集中在锰和锰的氧化物及其化合物，这样可以抑制氯气的析出，而更多地析出氧气。

③ 电解槽结构：电解槽组件是海水电解制氢装置的核心部件。研究人员开展不同形式电解槽的研究，如平板式、管式等。

④ 海水电解工艺：为了降低能耗，研究人员在工艺方面进行了大量的工作，提高工作温度，或是提高工作压力，采用加压水电解，以降低气泡的体积，同样也降低了电解液的电阻。

海水电解制氢气和次氯酸钠已经获得工业应用。海水制氢和氧气目前仍然处于示范阶段。但是随着制氢发展的需要，不久的将来一定会有突破。

参 考 文 献

[1] 毛宗强. 氢能——21 世纪的绿色能源. 北京：化学工业出版社，2005.

[2] 张文强，于波，陈靖，徐景明. 高温固体氧化物电解水制氢技术. 化学进展，2008，20 (5)：

778-787.

[3] 范慧，宋世栋，韩敏芳. 固体氧化物电解池共电解 H_2O/CO_2 研究进展. 中国工程科学，2013，15（2）：107-112.

[4] O'Brien J E，Stoots C M，Herring J S，et al. High-temperature coelectrolysis of carbon dioxide and steam for the production of syngas，equilibrium model and single-cell tests//International Topical Meeting on the Safety and Technology of Nuclear Hydrogen. Boston：Massachusetts，2007.

[5] 梁宝明，王耀军. 基于布朗气复合燃料的燃烧器. 工业加热，2006，35（3）：20-22.

[6] 王海燕，刘志祥，毛宗强，岳琪. SPE电解池催化剂载体的研究. 化工新型材料. 2009（1）.

[7] 王庆斌，薛贺来，马强. 中压SPE水电解制氢装置研究. 气体分离，2010（2）：54-57.

[8] Hartnig C，Koper M T M. Molecular dynamics simulation of the first electron transfer step in the oxygen reduction reaction. Journal of Electroanalytical Chemistry，2002，532（1-2）：165-170.

第 4 章

等离子体制氢

4.1 什么是等离子体

等离子体是一种由自由电子和带电离子为主要成分的物质形态，是继固态、液态、气态之后物质第四态。1879 年，克鲁克斯（Sir William Crookes）首先发现等离子体，1928 年欧文·朗缪尔（Irving Langmuir）和汤克斯（L. Tonks）首次使用“等离子体”（plasma）一词。等离子体和气体、液体、固体的关系可用图 4-1 表示。

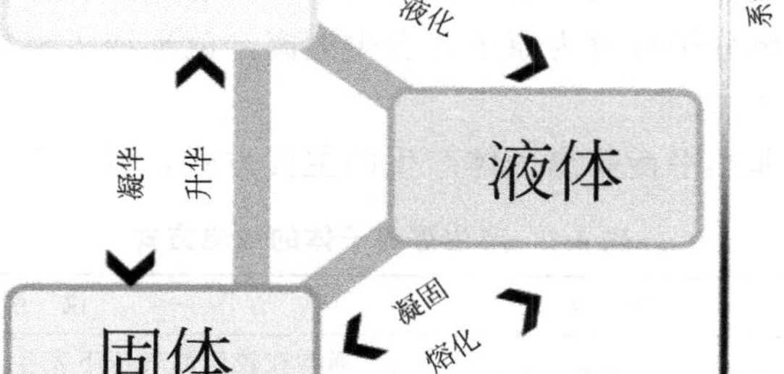

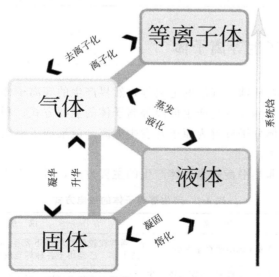

图 4-1 等离子体和气体、固体、液体之间的关系图
（http://zh.wikipedia.org/wiki/等离子体）

等离子体类似气体，具有流动性，没有确定形状和体积。但是，等离子体作为物质第四态，与其他三态的组成和性质均有本质的不同。主要表现为：

① 组成　等离子体包含两到三种不同组成粒子，即自由电子、带正电的离子和未电离的原子；

② 电性　由于存在大量的自由电子和带正、负电荷的离子，等离子体从整体上看是导电体。

等离子体科学技术是一门交叉学科，等离子体分类可参见表 4-1。

表 4-1　等离子体分类

分类依据	等离子体分类	说　明
产生方式	天然等离子体 人工等离子体	宇宙天体、大气层电离等 利用外加热、磁、电产生
电离度	完全电离等离子体 部分电离等离子体 弱电离等离子体	完全电离，电离度 $a=1$ 部分电离，$0.01<a<1$ 极少电离，$10^{-6}<a<0.01$
粒子密度	致密等离子体 稀薄等离子体	离子数 $n>10^{15\sim18}\text{cm}^{-3}$ $n<10^{12\sim14}\text{cm}^{-3}$
热力学平衡	完全热力学平衡等离子体 局部热力学平衡等离子体 非热力学平衡等离子体	也称为高温等离子体 热等离子体 冷等离子体
等离子体温度	高温等离子体 低温等离子体	裂解煤制乙炔、焊接金属 表面处理、涂层处理

4.2　如何产生等离子体

除宇宙天体及地球大气层的电离等自然界产生的等离子体外，人工利用加热、强电磁场、气体放电是产生低温等离子体的主要方式。利用热、磁、电等能量形式，使气体分子分解为原子并发生电离，就形成了由离子、电子和中性粒子组成的等离子体。

放电是目前非热平衡等离子体产生的主要方式，可用表 4-2 表示其分类。

表 4-2　产生等离子体的放电方式

放电方式	定　义	说　明
辉光放电	稀薄气体中的自激导电	通常在较低的气压下发生，难以产生大体积的等离子体。已经用于各种辉光发电管
电晕放电	在尖端电极附近，使气体发生电离和激励。有直流电晕放电和脉冲式电晕放电	利用电晕放电可用于静电除尘、污水处理、空气净化等

续表

放电方式	定 义	说 明
介质阻挡放电	有绝缘介质插入放电空间	装置简单,在常压即可产生稳定的等离子体
非热电弧放电	冷电弧放电。其代表过程是滑动电弧放电	等离子体温度很低
微波放电	利用微波使电极周围的空气电离	设备复杂和电源效率低
射频放电	利用高频高压使电极周围的空气电离	设备复杂和电源效率低

目前研究较多且被认为最具工业应用前景的低温等离子体为介质阻挡放电。其原理见图 4-2。

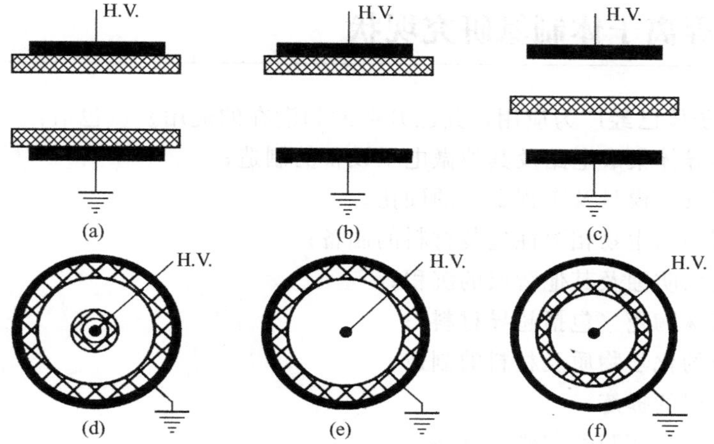

图 4-2 介质阻挡放电原理

电极；电介质；H. V. —高压

(http://www. coronalab. net/coldplasm/coldplasm. htm)

介质阻挡放电的缺陷在放电过程中对气体有很明显的加热，能量利用率有待于提高，同时对电极光滑度要求较高。

滑动电弧放电是非热电弧放电的主要形式，其原理如图 4-3 所示。过程为在两个弧形电极间施加高电压，在两电极最小距离处气体击穿产生放电电弧，由于气流或磁场作用，电弧向电极间距扩大的方向移动，电弧长度也随之变长直至熄灭。紧接着新的电弧又在两电极最窄处重新产生，重复上述过程，周而复始地循环。

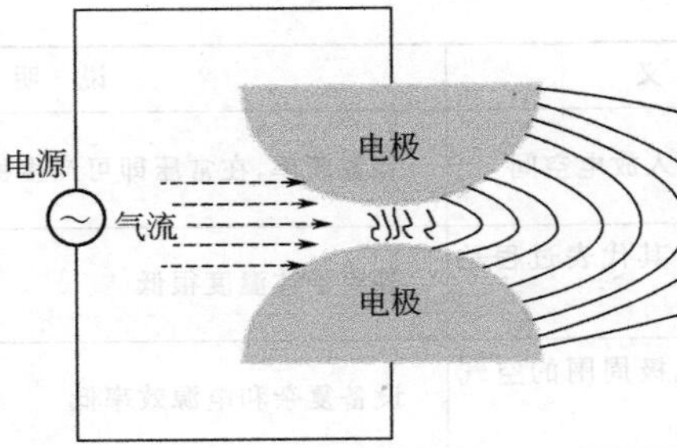

图 4-3　滑动电弧放电原理示意图
（http://www.coronalab.net/coldplasm/coldplasm.htm）

滑动电弧放电产生的低温等离子体为脉冲喷射，但其平均温度却比较低，即使将餐巾纸放在等离子体焰上也不会燃烧。

4.3　等离子体制氢研究现状

等离子体已经广为应用，其已开辟的和潜在的应用领域包括：

- 半导体集成电路及其他微电子设备的制造；
- 工具、模具及工程金属的硬化；
- 药品的生物相溶性包装材料的制备；
- 表面防蚀及其他薄层的沉积；
- 特殊陶瓷（包括超导材料）；
- 新的化学物质及材料的制造；
- 金属的提炼；
- 聚合物薄膜的印刷和制备；
- 有害废物的处理；
- 焊接；
- 磁记录材料和光学波导材料；
- 精细加工；
- 照明及显示；
- 电子电路及等离子体二极管开关；
- 等离子体化工（氢等离子体裂解煤制乙炔、等离子体煤气化、等离子体裂解重烃、等离子体制炭黑、等离子体制电石等）。

其中，等离子体化工与制氢最为密切。

美国磁性气体公司（MagneGas，http://magnegas.com/technology）是

成功地将等离子制氢技术商业化公司。其口号就是“Plasma Arc Technology Converting Liquid Waste to Hydrogen-Based Fuels ”。MagneGas 公司利用等离子弧技术将液体废液转化为氢基燃料。公司拥有专利的技术称为“等离子弧流”。“等离子弧流”过程将液体废物经等离子技术变为称为 MagneGas 气体燃料。(tm) MagneGas 燃料价格低廉、燃烧清洁，本质上可与天然气、也可以与现有的碳氢化合物燃料互换。Magnegas 系统占用空间小，运行在一个完全密封的环境。燃料可以用于金属切削、烹饪、加热或推动天然气双燃料汽车。该公司在×××上市，属于国际 DDI 工业集团，在中国有全资子公司。图 4-4 所示为该公司网站发布的橇装式等离子制氢装置。

图 4-4 美国磁性气体公司的橇装式等离子制氢装置
(http://magnegas.com/technology)

该公司在网站上公布了经等离子体处理得到的“磁性气体”(MG，即含氢气体)与常规燃料的燃烧排放物比较，见表 4-3。

表 4-3 “磁性气体”与常规燃料的燃烧排放物比较

项目	磁性气体(MG)	天然气	汽油	美国环境保护署(EPA)标准
碳氢化合物 数据/与磁性气体之比	0.026g/mile	0.380g/mile 2460% MG 发射	0.234g/mile 900% MG 发射	0.41g/mile
CO 数据/与磁性气体之比	0.262g/mile	5.494g/mile 2096% MG 发射	1.965g/mile 750% MG 发射	3.40g/mile

续表

项目	磁性气体(MG)	天然气	汽油	美国环境保护署(EPA)标准
NO_x 数据/与磁性气体之比	0.281g/mile	0.732g/mile 260% MG发射	0.247g/mile 80% MG发射	1.00g/mile
CO_2 数据/与磁性气体之比	235g/mile	646.503g/mile 275% MG发射	458.655g/mile 195% MG发射	无EPA标准
O_2 数据/与磁性气体之比	9%～12%	0.5%～0.7% 0.04% MG发射	0.5%～0.7% 0.04% MG发射	无EPA标准

注：1mile=1.609km。

公司强调测试数据的可靠性和公正性。获得的数据使用本田思域轿车分别运行在天然气、汽油和“磁性气体”的结果。

本书作者指出，从表中可见“磁性气体”燃烧后排放物非常好，远远低于美国环境保护署的标准。公司的技术基础来自著名科学家桑蒂利（Ruggero Maria Santilli）博士。桑蒂利是饱受争议的“科学狂人”。目前为Thunder冷聚变公司（Thunder Fusion Corporation）总裁和首席科学家，其简历见：http://www.world-lecture-series.org/santilli-cv。有兴趣的读者，可参看中文文章“陈一文. 研究桑蒂利教授强子力学应同时研究的相关信息（2011-05-26 14：41：48）”（http://blog.sina.com.cn/s/blog_4bb17e9d01017puu.html）。

Sarmiento等采用介质阻挡放电等离子体技术（DBD）对甲院、甲醇和乙醇进行了重整研究，放电电压区间为10～30kV，频率在1～6kHz之间，反应器压力为常压，温度为1100℃。电压和放电频率对转化率有较大影响，电压增加导致转化率增加，频率的影响较复杂。

德国B. Pietruszka与M. Heintze等采用DBD等离子反应器联合催化剂用于甲烷的氧气/蒸汽联合重整制氢。等离子反应器的有效体积为7cm^3，电压为10kV，频率为25～40kHz，催化剂为商用Sud-Chemie G90B镍催化剂，反应器压力为常压，温度低于400℃。实验发现当只采用等离子体反应器时，只有甲烷和氢气的转化，蒸汽没有参加反应。采用等离子体并联合催化作用时，蒸汽参加反应，甲烷的转化率不变，增加了氢气的产率。

东京工业大学T. Nozaki等人实验研究介质阻挡放电条件下，有无Ni/SiO_2催化剂时的甲烷制氢过程。发现催化剂的重要作用。在DBD条件下，在400～600℃时甲烷转化率超过平衡状态；当反应温度600℃，甲烷转化率为64%，能量效率为69%。甲烷转化率随比输入能的提高而增加。而气体组成、频率、温度对甲烷转化率和产物的影响相对较小。

Siemens公司研究用介质阻挡放电（DBD）反应器进行水蒸气重整甲烷反应。同样发现DBD反应器与催化剂联合作用可以获得较好的氧气产率和高能量效率。

美国麻省理工学院Bromberg和Cohn等人使用电弧等离子体发生器对甲烷、天然气及汽油的重整制氢进行了研究。试验表明，不用催化剂情况下，同样能耗，部分氧化反应比蒸汽-氧重整反应可以生产更多氢气。使用催化剂情况下，两种反应导致几乎相同氢产率，但产物组成不同。

Cormier等使用三级滑动电弧反应器研究甲烷制氢。当甲烷/水摩尔比大于1.5，流量大于100L/min，比能耗降到8～16MJ/kg H_2。

台湾中央大学Chang Moon-Bean等人研制的非热电弧等离子体联合催化剂反应器进行部分氧化重整甲烷制氢时，无需外部能量，只需电弧等离子体和反应本身产生的热量满足催化剂的活性温度。该反应器的积炭严重，炭黑产生率约为5%。研究人员将该反应器内置于摩托车中，反应器产生的氢气作为添加燃料与汽油混合后进入发动机燃烧。测试结果显示发动机尾气中CO和HC浓度分别降低了42%和20%，发动机性能提高14%，汽油消耗降低33%。

朱衍等对二甲醚部分氧化制氢进行了实验，结果表明：在标准大气压，空醚比为3时，H_2与CO的体积分数随温度的升高而增大；CH_4的体积分数随温度的升高而减小；二甲醚转化率随温度的升高而增大。

等离子制氢的工业利用实例很少。笔者有幸参观过北京一家公司，引进美国等离子制氢技术，成功地开发了污水制氢。大概出于商业需要，该公司出品一系列的固定式和橇装式燃气发生设备，产气量为20～1000m^3/h，耗电仅1.1kW·h/m^3燃气。

没有燃气热值和成分的数据，只是说“燃气密度比空气小，燃烧温度高，可以代替乙炔气、丙烷气进行金属切割、焊接、热处理等操作”。

4.4 等离子体制氢的优缺点

（1）等离子体制氢的优点　等离子体转化碳氢化合物制氢具有反应速度快、反应温度低、参数控制灵活等优点，与热化学方法相比，其装置体积小、启动快、能耗低、运行参数范围大，特别适合于以天然气为原料的车载制氢系统和小型分布式制氢系统。

（2）等离子体制氢的改进方向　尽管部分等离子体工业应用技术已经比较成熟，仍有诸多问题尚待解决。例如，对于具有工业化应用前景的常压放电，如何降低其击穿场强从而实现均匀放电、进一步降低成本。

等离子体源是等离子体应用的关键，而国内现存在的问题主要是实验装置结构比较复杂、微波功率比较低。

等离子体在制氢方面的应用仅限于科学研究，工业应用的例子极少。

参 考 文 献

[1] [俄] B.M. 弗尔曼，И.M. 扎什京编著. 等离子体的产生、工艺、问题及前景. 邱励俭译. 北京：科学出版社，2011.

[2] 宋凌珺，李兴虎，李聪，黄敏. 等离子体制氢技术在汽车中的应用//第七届全国氢能学术会议论文集. 武汉：2006.

[3] 周志鹏. 非平衡等离子体重整甲烷制氢的研究 [学位论文]. 合肥：中国科学技术大学，2012.

[4] Sarmiento B，Brey J J，Viera I G，et al. Hydrogen production by reforming of hydrocarbons and alcohols in a dielectric barrier discharge. J Power Sources，2007，169 (1)：140-143.

[5] Pietruszka B，Heintze M. Methane conversion at low temperature：the combined application of catalysis and non-equilibrium plasma. Catal Today，2004，90 (1-2)：151-158.

[6] Nozaki T，Muto N，Kado S，et al. Dissociation of vibrationally excited methane on Ni catalyst - Part 1. Application to methane steam reforming. Catal Today，2004，89 (1-2)：57-65.

[7] Hammer T，Kappes T，Baldauf M. Plasma catalytic hybrid processes：gas discharge initiation and plasma activation of catalytic processes. Catal Today，2004，89 (1-2)：5-14.

[8] Bromberg L，Cohn D R，Hadidi K，et al. Plasmatron natural gas reforming. Abstr Pap Am Chem Soc，2004，228 (U687-U687).

[9] Cormier J M，Rusu I. Syngas production via methane steam reforming with oxygen：plasma reactors versus chemical reactors. J Phys D-Appl Phys，2001，34 (18)：2798-2803.

[10] Chao Y，Lee H M，Chen S H，et al. Onboard motorcycle plasma-assisted catalysis system-Role of plasma and operating strategy. Int J Hydrog Energy，2009，34 (15)；6271-6279.

[11] 朱衍，马奎峰，苏金伟. 温度对二甲醚等离子体制氢影响仿真分析. 科技资讯，2012 (1)：8.

第 5 章

化石能源制氢

氢可由化石燃料制取，也可由再生能源获得，但可再生能源制氢技术目前尚处于初步发展的阶段。2004 年全世界氢生产情况见图 5-1，可以看出，世界上商业用的氢大约有 96%是从煤、石油和天然气等化石燃料制取。我国制氢原料中，化石燃料的比重要比世界的比重要高。我国生产的氢有 80%以上用于合成氨工业，而合成氨总体原料以煤为主，无烟煤、焦炭占 62%～65%，轻油和重油占 12%～16%，天然气占 18%～23%。

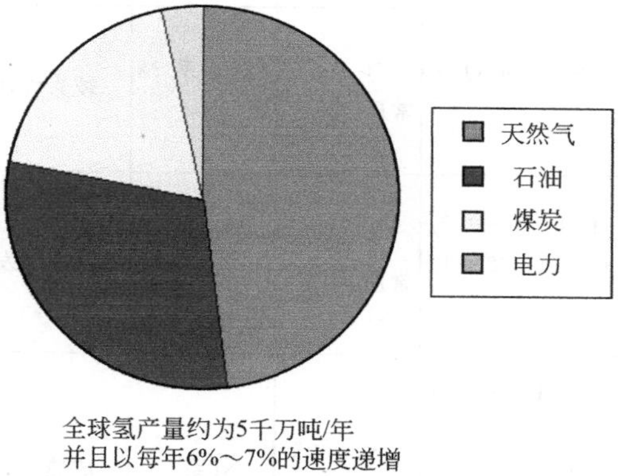
天然气
石油
煤炭
电力
全球氢产量约为5千万吨/年
并且以每年6%～7%的速度递增

图 5-1　世界产氢原料

尽管化石燃料储量有限，制氢过程对环境造成污染，但更为先进的化石能源制氢技术作为一种过渡工艺，仍将在未来几十年的制氢工艺中发挥最重要的作用。目前，化石燃料制得的氢主要作为石油、化工、化肥和冶金工业的重要原料，如烃的加氢、重油的精炼、合成氨和合成甲醇等。某些含氢气体产物，亦作为气体燃料供城市使用。化石燃料制氢在我国具有成熟的工艺，并建有许多工业生产装置。表 5-1 中列举了几类化石燃料制氢技术的基本原理及简要评价。

表 5-1　几类化石燃料制氢技术的基本原理及简要评价

制氢方法	理想反应方程	反应条件	催化剂	发展现状	方法评述
醇水蒸气重整	$C_nH_{2n+1}OH+(2n-1)H_2O \longrightarrow nCO_2+3nH_2$	≤300℃常压,中压	Cu系、Cr-Zn系	成熟	外供热,氢含量高,CO含量低,适合车载制氢,需原料供给稳定,活性、稳定性高的催化剂
醇分解	$C_nH_{2n+1}OH \longrightarrow nCO+(n+1)H_2$	约300℃常压,中压	Cu系	成熟	外供热、CO含量高,适合车载制氢,需原料供给稳定、活性高、稳定性高的催化剂,不适合车载制氢
醇自热重整制氢	$C_nH_{2n+1}OH+(n/2)H_2O+(3n/4-1/2)O_2 \longrightarrow nCO_2+(3n/2+1)H_2$	≤300℃常压,中压	Cu系、Cr-Zn系	国外成熟,国内研制	低温、自热、氢含量高,CO含量低,适合车载制氢,需原料供给稳定,活性、稳定性高的催化剂
甲烷重整	$CH_4+H_2O \longrightarrow CO+3H_2$	>800℃常压,中压	N系	商业化	温度高,需净化CO,不宜车载制氢
烃部分氧化重整	$C_nH_m+nO_2 \longrightarrow nCO_2+m/2H_2$	>500℃常压,中压	Cu系Ni系	较为成熟	原料来源丰富,供给方便,催化剂易失活,需活性、稳定性高的催化剂
烃自热重整	$C_nH_m+H_2O+(n-1/2)O_2 \longrightarrow nCO_2+(m/2+1)H_2$	<800℃常压,中压		研究开发	自热、原料来源丰富、供给方便、宜车载制氢,需活性好、稳定性高的催化剂
石脑油重整	$C_nH_m+2nH_2O \longrightarrow nCO_2+(m/2+2n)H_2$ $C_nH_mO_p+(n-p/2-1/2)O_2+H_2O \longrightarrow nCO_2+(m/2+1)H_2$	<800℃常压,中压	Ni系	成熟	原料来源丰富,需外供热,活性好、稳定性高的催化剂
汽油自热重整	$C_nH_m+H_2O+(n-1/2)O_2 \longrightarrow nCO_2+(m/2+1)H_2$ $C_nH_mO_p+(n-p/2-1/2)O_2+H_2O \longrightarrow nCO_2+(m/2+1)H_2$	<800℃常压,中压		报道很少,高度保密	自热反应,原料来源丰富、供给方便,宜车载制氢,需活性好、稳定性高的催化剂

续表

制氢方法	理想反应方程	反应条件	催化剂	发展现状	方法评述
煤气化	$C+H_2O \longrightarrow CO+H_2$	$>1000℃$ 常压,中压		成熟	反应温度高、CO含量高,有硫和氮氧化物生成,不宜车载制氢
氨分解	$2NH_3 \longrightarrow N_2+3H_2$		Fe 系	研究开发	无 CO,温度高,难储存,不宜车载制氢
肼分解	$N_2H_4 \longrightarrow N_2+2H_2$			研究开发	无 CO,自热反应,存在安全隐患,不宜车载制氢
柴油自热重整制氢	$C_nH_m+H_2O+(n-1/2)O_2 \longrightarrow nCO_2+(m/2+1)H_2$ $C_nH_mO_p+(n-p/2-1/2)O_2+H_2O \longrightarrow nCO_2+(m/2+1)H_2$	$<800℃$ 常压,中压		未见报道,高度保密	自热反应,原料来源丰富、供给方便、宜车载制氢,需活性好稳定性高的催化剂

5.1 煤制氢

我国是世界上开发利用煤炭最早的国家。2000 多年前的地理名著《山海经》(现代多数学者认为《山海经》成书非一时,作者亦非一人。大约是从战国初年到汉代初年楚和巴蜀地方的人所作,到西汉刘歆校书时才合编在一起)中称煤为"石涅",并记载了几处"石涅"产地,经考证都是现今煤田的所在地。例如书中所指"女床之山",在华阴西六百里,相当于现今渭北煤田麟游、永寿一带;"女儿之山",在今四川双流和什邡煤田分布区域内;书中还指出"风雨之山",在今通江、南江、巴中一带。显然,我国发现和开始用煤的时代还远早于此。在汉代的一些史料中,有现今河南六河沟、登封、洛阳等地采煤的记载。当时煤不仅用作柴烧,而且成了煮盐、炼铁的燃料。现河南巩县还能见到当时用煤饼炼铁的遗迹。汉朝以后,称煤为"石墨"或"石炭"。可见我国劳动人民有悠久的用煤历史。

煤制氢(CTG)技术发展已经有 200 年历史,在中国也有近 100 年历史。

以煤为原料制取含氢气体的方法主要有两种:一是煤的焦化(或称高温干馏),二是煤的气化。焦化是指煤在隔绝空气条件下,在 900~1000℃ 制取焦炭,同时每吨煤可得煤气 300~350m^3。煤的气化是指煤在高温常压或加压下,与水蒸气或氧气(空气)反应转化成气体产物。两种方法根本的不同在于,前者中焦炭是主产品，焦炉煤气为副产品；而后者的气体产物是全部的产品，没有主副产品之分。两种方法相同之处在于其气体产物中均含有可观的氢气。如焦炉煤气组成中含氢气55%～60%（体积分数，下同）、甲烷23%～27%、一氧化碳6%～8%等。煤气化的气体产物中含有较高氢气等组分，其含量随不同气化目的而异。气化的目的是制取化工原料或城市煤气。

我国煤炭资源较为丰富，目前，煤在能源结构中的比例高达70%左右，专家预计，即使到2050年，我国能源结构中，煤仍然会占到50%。如此大量的煤炭使用将放出大量的温室气体CO_2。现在我国已经是世界CO_2排放第一大国，受到巨大的国际压力。洁净煤技术将是我国大力推行的清洁使用煤炭的技术。在多种洁净煤技术中，煤制氢，可以简称为CTG（煤制气，coal to gas），将是我国最重要的洁净煤技术，是清洁使用煤炭的重要途径。

5.1.1 传统煤制氢技术

传统的煤制氢技术主要以煤气化制氢为主，此技术在国外已有200年历史，在我国也有近100年历史。传统的煤制氢过程可以分为直接制氢和间接制氢。煤的直接制氢包括：①煤的焦化（高温干馏），在隔绝空气条件下，在900～1000℃制取焦炭，副产品焦炉煤气中含氢气、甲烷、一氧化碳以及少量其他气体，其中氢气可高达55%～60%；②煤的气化，煤在高温、常压或加压下，与水蒸气或氧气（空气）反应，全部转化成为H_2+CO为主的合成气，再经变换反应得到H_2和CO_2。煤的间接制氢过程，是指煤发电，再电解水制氢，或将煤首先转化为甲醇、氨气等化工产品，再由这些化工产品制氢。

煤炭资源相对丰富，煤气化制造氢气曾经是主要制造氢气的方法。随着石油工业的兴起，特别是天然气水蒸气转化制造氢气方法的出现，煤气化制造氢气技术呈现逐步减缓发展态势。但是随着石油天然气资源的日益枯竭，煤炭资源利用仍具现实意义。

煤气化制造氢气主要包括三个过程：造气反应、水煤气变换反应、氢的提纯与压缩。气化反应如下：

$$C(S)+H_2O(g) \longrightarrow CO(g)+H_2(g)$$

$$CO(g)+H_2O(g) \longrightarrow CO_2(g)+H_2(g)$$

煤气化是一个吸热反应，反应所需的热量由氧气与碳氧化反应提供。

图5-2所示为传统的煤气化制氢技术工艺流程，首先将煤（分干法和湿法，干法为煤粉，湿法为水煤浆）送入气化炉，与空气分离得到的氧气反应，生成以一氧化碳为主的合成煤气，再经过净化处理后，进入一氧化碳变换反应器，与水蒸气反应，产生氢气和二氧化碳，产品气体分离二氧化碳、变压吸附后得到较纯净氢气和副产品二氧化碳。

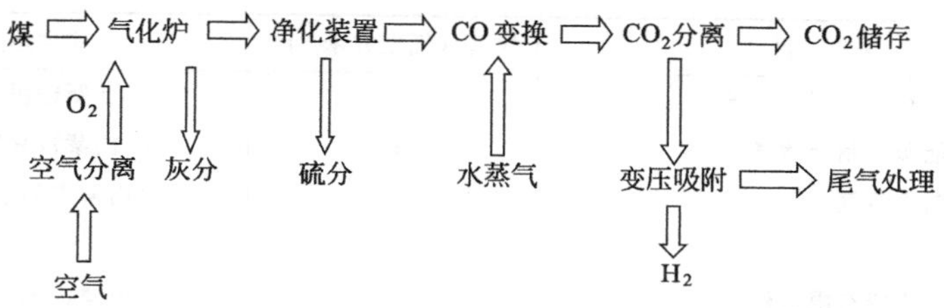

图 5-2 煤气化制氢技术工艺流程

由图 5-2 可以发现，传统的煤气化制氢不仅会排放灰分、含硫物质，而且生产过程繁琐，装置复杂，必然导致制氢投资大，制氢过程还会排放大量温室气体二氧化碳。

煤气化工艺有很多种，如 Koppers-Totzek 法、Texco 法、Lurgi 法、气流床法、流化床法。近年来还研究开发了多种煤气化的新工艺、煤气化与高温电解结合的制造氢气工艺、煤的热裂解制造氢气工艺等。

5.1.2 我国煤炭气化制氢现状

煤炭气化就是将固体煤炭在高温下通过与气化剂（空气/氧气和蒸汽）发生一系列化学反应转化成煤气的过程。煤炭气化技术在我国的应用已有一百多年的历史，它是煤炭洁净利用的核心技术和关键技术。每年在我国有约 5000 万吨煤炭用于气化，使用了固定床、流化床和气流床设备，生产的合成气广泛用作化工合成气、工业和民用燃料气。

煤气化制氢在中国是合成氨的生产主要原料气。从最近国内煤化工发展趋势看，煤气化的原料气的用途朝合成天然气、甲醇、二甲醚、醋酸等方向发展。目前我国的煤制天然气项目正如火如荼地展开。在建和拟建的煤制天然气项目大多位于内蒙古和新疆境内。表 5-2 为截至 2013 年 6 月我国获批的煤制天然气项目。

表 5-2 截至 2013 年 6 月我国获批的煤制天然气项目

项　　目	规模/(亿立方米/年)	建设地点
大唐克什克旗煤制天然气	40	内蒙古克什克旗
大唐阜新煤制天然气	40	辽宁阜新
内蒙古汇能煤制天然气	16	内蒙古鄂尔多斯
新疆庆华煤制天然气	55	新疆伊宁
同煤中海油煤制天然气	40	山西大同
中电投新疆煤制天然气	60	新疆伊犁霍城

续表

项　目	规模/(亿立方米/年)	建设地点
新汶矿业伊犁新天煤制天然气	40	新疆伊犁
内蒙古国电能源煤制天然气	40	内蒙古兴安盟
新蒙能源煤制天然气	40	内蒙古鄂尔多斯
北京控股集团 中海油新能源投资有限责任公司 河北省建设投资集团公司	3×40	内蒙古鄂尔多斯

与这些具有合法身份的项目相比，徘徊于审批门外甚至已经未批先建的项目数字更为庞大。据不完全统计，目前，全国拟在建的煤制气项目逾60个，合计年产能逾2600亿立方米。

5.1.2.1　煤炭气化制氢设备

煤炭气化技术制氢在我国的最大设备用户是合成氨生产，目前主要使用常压固定床水煤气炉、鲁奇（Lurgi）加压固定床气化炉和Texaco加压气流床气化炉。

（1）常压固定床水煤气炉　水煤气炉以无烟块煤或焦炭块作入炉原料，要求原料煤的热稳定性高、反应活性好、灰熔融性温度高等，采用间歇操作技术。从水煤气组成分析，H_2含量大于50%，如考虑将CO变换成H_2，则H_2含量约为84%～88%，加之技术成熟，投资低，因此该工艺在中国煤气化制氢用于化工合成生产合成氨中占有非常重要的地位。中国曾有约1500家中小化肥厂使用该技术，目前国内仍有约600多家中小化肥厂共计使用约4000台水煤气炉，典型的气化炉为UGI型和二段气化炉及国内改型炉。

（2）Lurgi加压固定床气化炉　该技术以黏结性不强的次烟煤块、褐煤块为原料，以氧气/水蒸气为气化剂，加压操作，连续运行。固定床加压气化煤气中H_2+CO含量较高，一般为55%～64%，而且煤气中含量约8%的甲烷可以经催化重整转换成氢气，因此使用加压鲁奇技术用于生产氢气是可行的。目前世界上最大的煤炭气化用户南非萨索尔公司使用了97台Lurgi炉，煤气用于费托合成生产燃料油和化工产品等。目前国内有云南解放军化肥厂采用11台第一代Lurgi气化炉和1台国产2.8m气化炉、山西化肥厂使用5台（1台国产）Mark Ⅵ型气化炉两家，年产约55万吨合成氨。粗略估计Lurgi加压固定床气化制氢量约为11.09亿立方米(H_2)/年（标准状态，余同）。

（3）流化床气化炉　我国在20世纪50年代末曾引进前苏联的盖依阿帕（ГИАП-4）型流化床气化炉，分别使用营城/舒兰煤及阿干镇煤为原料，采用富氧气化工艺用于合成氨生产，后因故停止。目前，在陕西建立了直径为2.4m的灰熔聚流化床气化示范装置，使用富氧连续气化生产用于合成氨的煤气，正常操作时产氢量约6100m^3/h。

（4）气流床气化炉　气流床气化技术是用气化剂将煤粉夹带入气化炉，进行并流气化。商业化的工艺主要包括干法加料的Shell、Prenflo和水煤浆加料的Texaco、E-gas等。目前我国已引进的Texaco气化炉有多台在运行，引进的Shell炉正在建设，表5-3为我国使用和拟引进用于合成氨生产的气流床气化炉的情况。

表5-3　我国使用和拟引进用于合成氨生产的气流床气化炉的情况

厂　址	炉型	使用煤种	单炉耗煤量/(t/d)	煤气用途及合成气产量	投产年份	备　注
鲁南化肥厂	Texaco	北宿煤等	360	8×10^4t/a合成氨、甲醇	1993	引进,2开1备
渭南化肥厂	Texaco	华亭煤	820	30×10^4t/a合成氨	1996	引进,2开1备
淮南化肥厂	Texaco	淮南煤	500	18×10^4t/a合成氨	2000	引进,2开1备
应城双环	Shell		900	$1.3\times10^6 m^3/d$	2004	引进1台
柳州化工	Shell		1200	$2.1\times10^6 m^3/d$	2004	引进1台
中石化洞庭化肥厂	Shell		2000	$3.4\times10^6 m^3/d$	2006	引进1台
中石化湖北分公司	Shell		2000	$3.4\times10^6 m^3/d$	2006	引进1台
中石化安庆分公司	Shell		1500	$2.5\times10^6 m^3/d$	2006	引进1台

① Texaco加压气流床气化炉　Texaco气化技术由美国德士古开发公司开发，它以水煤浆为原料，以氧气为气化剂，连续操作，它是目前商业运行经验最丰富的气流床气化工艺，煤炭气化时操作压力已达到6.5MPa，单台气化炉耗煤量已达到2000t/d。从Texaco气化炉的典型煤气组成看，$CO+H_2$含量约为85%，可用于制氢。目前国内3家使用Texaco气化炉的企业年生产合成氨约56万吨，则其产氢量约为12.03亿立方米(H_2)/年。

② Shell加压气流床气化炉　由Shell公司开发，它以干煤粉为原料，以氧气（和少量水蒸气）为气化剂，压力约3.0MPa下连续操作。目前在荷兰建立一座发电量为253MWe的IGCC（整体煤气化联合循环发电系统）示范厂，耗煤量约2000t/d。Shell气化炉出口煤气中有效成分$CO+H_2$可达90%以上，且其气化效率高于Texaco气化炉，因此许多化肥厂拟引进Shell气化炉，用

煤炭气化替代油制气，2003年有2台装置投产，每天可增加制氢量313万立方米，如每年按300天计，则相当于制氢量为9.39亿立方米(H_2)/年。

5.1.2.2　煤炭气化制氢与煤制油、煤制烯烃和煤制天然气

神华集团煤制油是我国能源安全战略技术储备项目。

所谓煤制油，就是将固体煤炭转化为液体油品和化工产品的过程。主要工艺有煤间接液化制油和煤直接液化制油。

煤直接液化制油是以煤炭为主要原料，通过加氢生产煤基液体燃料的煤炭加工利用技术。煤间接液化制油是以煤为原料经过气化生成合成气（H_2+CO），然而用合成气来制取液体燃料。2008年12月31日，神华集团百万吨煤/年的直接液化示范项目一次投料试车取得成功，使我国成为世界上唯一掌握百万吨级煤直接液化关键技术的国家；2009年年底，神华年产18万吨的间接液化装置也全面试车成功。此外，我国潞安矿业集团、伊泰集团分别进行的16万吨煤/年间接液化项目也取得试车成功。

当前甲醇制烯烃技术的突破，使得甲醇制烯烃（MTO）和甲醇制丙烯（MTP）已面临大型商业化。神华采用中科院大连化学物理研究所MTO技术，年产30万吨聚乙烯和30万吨聚丙烯的包头煤制烯烃示范工程已经试车成功。另外，神华宁煤和大唐都采用Lurgi公司MTP技术的年产50万吨聚丙烯项目，即将建成投产。通常聚烯烃来自石油化工，能以煤炭为原料的煤化工技术生产甲醇制烯烃，将是煤代油的重大突破。

煤制天然气是煤化工项目中，碳转化率（50%以上）最高的项目，所以备受各方关注。规划中的大规模煤合成天然气项目有大唐的内蒙古赤峰40亿立方米/年项目和大唐的辽宁阜新40亿立方米/年项目。以及位于内蒙古鄂尔多斯的神华20亿立方米/年项目、华银电力15亿立方米/年项目和汇能16亿立方米/年项目。我国天然气资源短缺，煤合成天然气可以成为天然气的重要补充。因此，煤制天然气有望成为我国现代煤化工领域的新的生长点。

不过，数据显示：150万吨/年油品的间接液化工厂日需原水供应量约为5万立方米；100万吨/年油品的直接液化工厂日需原水约2万～3万立方米。因此，现代煤化工产业发展应充分注重水资源条件。

5.1.3　地下煤炭气化制氢

地下煤炭气化技术近几年在中国也得到开发和利用。从制氢角度讲，显然煤气中的有效成分（H_2+CO）含量越高越好，因此下面的论述主要就化工合成方面的煤气化技术进行分析。

5.1.3.1 地下煤炭气化研究综述

地下煤炭气化（underground coal gasification，UCG）就是将处于地下的煤炭直接进行有控制的燃烧，通过对煤的热作用及化学作用而产生可燃气体的过程。该过程集建井、采煤、地面气化三大工艺为一体，变传统的物理采煤为化学采煤，省去了庞大的煤炭开采、运输、洗选、气化等工艺的设备，因而具有安全性好、投资少、效益高、污染少等优点，深受世界各国的重视，被誉为第二代采煤方法。

在技术研究上可分为以下三个方向。

① 地下气化方法类型 前苏联早期使用“有井式”，后逐渐过渡至“无井式”。“有井式”气化利用老的竖井和巷道，减少建气化炉的投资，可回采旧矿井残留在地下的煤柱（废物利用），气化通道大，容易形成规模生产，气化成本低。但其缺点是：老巷道气体易泄露，影响气压气量以及安全生产，避免不了井下作业，劳动量大，不够安全。而“无井式”气化，建炉工艺简单，建设周期短（一般1～2年），可用于深部及水下煤层气化，但由于气化通道窄小（因钻孔直径一般为200～300mm，钻孔间距一般为15～50m，最大为150m），影响出气量，钻探成本高，煤气生产成本高。

② 气化剂的选择 气化剂的选择取决于煤气的用途和煤气的技术经济指标，从技术上，煤炭地面气化所用的气化剂（空气、氧气与蒸汽、富氧与蒸汽等）都可以用于煤炭地下气化。

③ 地下气化的控制方法 影响地下气化工艺的因素很多（包括煤层的地质构造、围岩变化、气化范围位置不断变化等），因而要采取一定的控制措施。简单的做法是在每个进风管和出气管上都安装压力表、温度计、流量计。根据上述测量参数综合分析地下气化炉状况，用阀门来控制压风量、煤气产量，以达到控制气化炉温度和煤气热值的目的。

5.1.3.2 国外情况

前苏联是世界上进行地下气化现场试验最早的国家。1932年在顿巴斯建立了世界上第一座有井式气化站，到20世纪60年代末已建站27座。统计到1965年，共烧掉1500万吨煤，生产300亿立方米低热值煤气，所生产的煤气用于发电或工业锅炉燃烧。

1946年，美国试验煤炭地下气化，首先在亚拉巴马州的浅部煤层进行试验，获得煤气热值达到0.9～5.4MJ/m^3。20世纪70年代，美国组织了29所大学和研究机构，在怀俄明州进行了以富氧水蒸气为气化剂的试验，获得了管道煤气和天然气代用品，并用于发电和制氨。1987～1988年的洛基山-1号试验，获得了加大炉型、提高生产能力、降低成本、提高煤气热值等方面的成果，为煤炭地下气化技术走向工业化道路创造了条件。美国加强了检控方法的研究，例如采用热电偶测量地下温度，利用高频电磁波等测量方法来确定气化区的位置和燃空气区的轮廓等。为了了解气化过程中地表下沉等情况，利用伸长仪、倾斜仪、电阻仪、地角仪等仪表在气化区地表进行观测。美国政府资助项目集中于开发控制后退供风点法（CRIP）及急倾斜煤层法（SDB）。

日本、加拿大和欧盟国家也先后结合本国煤层特点，对 UCG 技术进行了试验研究，取得了丰富的成果。完成了 U 形炉试验，进行了单炉、盲孔炉等试验，建立了一系列物理和数学模型，并开展广泛的国际合作交流。

西欧国家浅煤层大部分已开采完了，在 1000m 以下还有大量资源，这一深度通常被认为是传统井工采煤的分界点。UCG 在废旧矿区和深于 2000m 不能用当前技术开发的煤层都可能应用。鉴于此，1988 年 6 个欧共体成员国组成了欧洲 UCG 工作小组，提出了 1991 年 10 月～1998 年 12 月新的开发建议书。该计划的长远目标是论证在典型欧洲煤层进行 UCG 商业应用的可行性。项目组在西班牙的 ALcon Cusi，S. A. 进行了现场联合试验。试验采用了定向钻孔以及后退进气系统，总共气化了 301h。从 UCC 实验得到的煤气热值与地面气化相似，该气化过程稳定。试验结果证明在中等深度（500～700m）欧洲煤层进行 UCG 是可行的。

2009 年上半年起，美国 Linc 能源公司地下煤炭气化（UCG）制油（GTL）验证装置在 Chinchilla 投产，自 5 月起成功运转，生产出高质量的合成烃类产品（Green Car Congress，2009-06-29）。

更多的一些国际地下煤炭气化项目见表 5-4。

表 5-4　当前世界主要 UCG 项目

地区	项目/研究	介　绍
澳大利亚	Linc Energy 公司	主要的 UCG 公司（原始技术来源于加拿大 Ergo Exergy 技术公司的 εUCG™ 技术，1999 年 12 月开始在澳大利亚 Chinchilla 进行商业示范，2003 年 6 月示范装置停运，期间气化了约 35000t 煤，最大产气量约达 $80000m^3/h$，以空气为气化剂，合成气低热值约 $5MJ/m^3$、压力 110kPa、300℃，2006 年 9 月 Ergo EXergy 技术公司终止与其合作，与位于莫斯科的 UCG 技术领先者 Scochinsky Institute of Mining 签有合作协议，后者早前也与印度 ONGC 签有开发 UCG 项目的合同） UCG-GTL 中试装置正在生产液体燃料（2009 年 5 月投运）。正在建设 20000 桶/天的 UCG-GTL 生产装置 技术正在转移到美国、越南和中国

续表

地区	项目/研究	介　　绍
澳大利亚	Linc Energy公司	宣布了在南澳大利亚取得的进展和中国协议的耽搁(2008年与中国新汶矿业集团签协议组建合资公司,在中国开发煤炭地下气化及煤气液化业务。双方还同意开发煤炭地下气化田用以生产煤气,并通过正在建设中的一个管道项目将煤气输往上海) 2009年12月与英国的燃料电池技术公司AFC Energy Plc签订独家协议,对使用煤炭地下气化生产的氢元素在AFC燃料电池技术上的应用进行测试 Chin chilla的4号UCG发生器的建设已经完工,现已运营生产合成气 在澳大利亚建设完全商业化的UCG装置仍然需要2年时间,建设较大规模的装置所需的费用(据说比北美大部分地区高40%)是其实现完全商业化的障碍,很可能寻找合作伙伴帮助建设在澳大利亚的首座工业化装置 收购了乌兹别克斯坦的Angren地下煤气化厂,并获相关知识产权
澳大利亚	Carbon Energy有限公司	从1998年西班牙试验之后的第一个CRIP试验 2009年2月完成100天的试验。2009年6月25日达到1PJ/(年·单元) 示范了空气和氧燃烧 结果将用于研究UCG气用作合成氨、甲醇原料的适用性
澳大利亚	Clean Global Energy Limited	正致力于通过转化全球大型次经济煤矿成为廉价、可用的资源、也称作"合成气"从而成为一家低成本能源的跨国供应商 使用线型受控伸缩注入点UCG工艺生产合成气。这一先进的工艺,能提高效率和可控度,并减少运行成本和资本成本 2010年3月21日开始EPC1506第一阶段的勘探钻孔工作,5月已成功钻探4个探测孔,总深度达1112m 维多利亚州UCG项目,一个5PJ商业运作的合成气工厂将在未来2年内首先投入使用,并计划在2015年扩大到20PJ。工厂的设计、预备工程和其他工作已经开始,公司将马上向维多利亚州政府提交开发申请和工作计划 其中国合资公司AuSino Energy Limited已经在香港注册。AuSino Energy决定通过挂牌前筹资筹得3千万美元,资助在内蒙古的7PJ富氧合成气商业化工厂的建设。生产的合成气可能最后由附近的国营发电站购买,具体情况视承购协议的商谈而定。未来计划将工厂扩大到30PJ,部分资金将通过AuSino Energy在香港首次公开募股以及银行贷款筹得。目前正审核在内蒙古收购一个煤矿租约的事宜

续表

地区	项目/研究	介　绍
澳大利亚	Cougar Energy Limited	与拥有UCG技术的加拿大Ergo Exergy技术公司签署有正式的许可协议，可向其及其英国子公司开发的所有UCG项目提供Ergo Exergy技术公司的UCG技术 2010年3月5MW的UCG发电中试项目点火产气，投资800万美元，预期投资回报200万美元 2009年12月，与总部在新加坡的Direct Invest Pte公司成立UCG合资公司Cougar Direct Invest China(CDIC) 2010年5月CDIC与中国内蒙古Qi De投资公司签署了合作开发内蒙古UCG项目的意向协议，项目计划2012年底投产 2010年7月澳大利亚环境与资源管理部(DERM)命令其关闭在Kingaroy附近的UCG装置，因为探井发现地下水含苯和甲苯。但DERM随后的检测显示水质符合标准，公司等待批准后重新运行该装置 有多个计划项目：①进行中的昆士兰Kingaroy 400MW项目，7300万吨JORC资源；②昆士兰Wandoan项目，目标资源8亿吨；③维多利亚Latrobe Valley项目，目标褐煤资源10亿吨，正在商谈合资；④巴基斯坦Thar煤田，目标资源提议租赁10亿吨；⑤与印度Essar Oil and Exploration公司签署合作详解备忘录
澳大利亚	Red River Resources公司	2010年7月下旬宣布，正在昆士兰州南部小镇试验地下煤炭气化(UCG)。将在2012～2013年进行进一步的地下煤炭气化(UCG)试验
新西兰	Solid Energy New Zealand Ltd	2005年已开始与Ergo Exergy技术公司一起工作对新西兰适用于UCG的煤和褐煤进行范围界定研究 2007年签订引进εUCG™技术协议 2010下半年开始中试装置($5000m^3/h$)设计和建设，2011年初点火 工业装置预期每年生产约20PJ合成气，用于发电
新西兰	L&M能源公司	已申请了怀卡托(Waikato)超过$2000km^2$的勘探权，据勘探这里有超过20亿吨煤，L&MEnergy计划在地下燃烧煤炭以产生气体(地下煤气化)，然后通过管道将气体输送到奥克兰
中国	内蒙古示范项目(新奥)	2006年开始建设，2007年点火，2009年1月通过鉴定 仍在运行
印度	GAIL(India)公司 Rajasthan项目	1999年启动项目，εUCG™-IGCC发电厂 埋深230～900m的不能经济开采的褐煤资源 分三期，总发电能力750MW

续表

地区	项目/研究	介　绍
印度	Abhijeet Group公司	与Ergo Exergy公司合作开发εUCG™项目 已开始执行商业化协议 计划用于发电，也可能生产液体燃料和化肥
印度	Coal India Ltd(国营)	与Oil and Natural Gas Corp(ONGC)达成一项协议联合进行UCG中试研究
巴基斯坦	Thar煤田项目	2007年已开始进行相关工作 Cougar Energy UK(CUK)(Ergo Exergy技术公司的澳大利亚技术许可者澳大利亚Cougar Energy有限公司占47.8%的股份)提供技术
日本	12家公司组成的团队	2008年包括Mitsubishi Materials公司和Marubeni公司在内的12家日本单位组成一个团队开始进行UCG技术的开发，目标是5年内实现工业化，所产合成气打算用于发电、燃料和生产化学品
亚洲	可行性研究和中试项目	在越南、巴基斯坦、日本、印度尼西亚、中国、印度、新西兰的各种努力
乌兹别克斯坦	Angren(安格连)UCG电站	UCG混烧电厂运行30多年 UCG用于专用的100MW蒸汽透平 Linc Energy公司收购了Yerostigaz公司(230名雇员，拥有UCG专项技术)的多数股数
欧洲	可行性和研究性质的研究	550m深度试验 两次成功点火，7次满意的CRIP可移动注入系统演习 在地下较深处气化增强甲烷生成和洞穴扩大 没有观察到污染物扩散到洞外或沉陷的迹象 工程运行令人满意，工艺可控(停止和重新启动)
欧洲	可行性和研究性质的研究	几个发电和合成天然气可行性研究在捷克、匈牙利、波兰、斯洛文尼亚、斯洛伐克、保加利亚、乌克兰和俄罗斯进行 Silesia Inst of Technology, Wrocklow, Cardiff, Cranfield, Delf, HeriotWatt, Imperial College, Leige, Keele, Nottingham, Newcastle, Stuttgard, Zaragoza, IST Lisbon, Kosice等大学的研究开发
英格兰和威尔士(英国)	可行性研究	盆地和煤藏特点，气化和二氧化碳埋藏地点选择 井设计和装置详细说明，环境影响评价 矿井操作和地下模拟 许可证发放要求，规范说明和风险管理 初步经济评价和存在的战略和商业机遇分析
英国	Clean Coal Ltd	2009英国煤炭局颁发给该公司在5个地区研究地下煤气潜力的许可证。在接下来的12～18个月的研究中如果证明是成功的，在2014/2015将进行工业化运行，那时地下煤气化可生产英国能源总需求的3%～5%

续表

地区	项目/研究	介绍
英国	Clean Coal Ltd	正在欧洲、亚洲、北美等英国以外地区寻找UCG项目 与印度煤矿公司签署合资开发UCG项目的谅解备忘录 与印度尼西亚公司签署审查UCG潜在前景的谅解备忘录
波兰	Hydrogen Underground Gasification for Europe项目	枯竭的油气储藏 使用二氧化碳强化油气开采 深盐湖形成(海上和陆地) 使用二氧化碳强化煤层气开采
美国	怀俄明州 Power River 盆地项目	突出的租赁位置(160亿吨不可开采的煤) 怀俄明州有关UCG的规章制度已准备就绪 BP和Gas Tech同意资助和管理该项目 挑选了5个地点继续进行开发 怀俄明州和怀俄明大学的协议,2100万美元,2~3年内产气,3年内形成模块,5MW电力 可能会将示范装置扩大为小规模的商业装置——IGCC或F-T 随着Linc Energy的进入着重转变为CTL
美国	阿拉斯加南部项目	Cook Inlet Region公司已与Laurus Energy公司(Ergo Exergy技术公司的北美技术许可者)结伴开发UCG项目 已着手进行相关工作,工业化装置计划2014年投运,最初规模100MW 该项目将设计和开发成具有捕集和储存二氧化碳能力
加拿大	UCG(GSC) Alberta项目	艾伯塔省场地特征 监管和环境批准 预可行性商业评价 资金主要来自风险投资和股份公司 筹措了850万美元用于UCG业务(2008年12月)
加拿大	Nova Scotia项目	Stealth风险投资公司于2009年12月24日宣布,与清洁煤公司签约,将在加拿大Nova Scotia开发地下煤气化(UCG)项目
加拿大	Laurus Energy公司	筹备在Alberta和Nova Scotia建设几个UCG项目,这些项目计划的总发电量超过1000MW 计划在加拿大建设其他几个生产化学品和液体燃料的UCG项目 拟采用Ergo Exergy和εUCG™技术
南非	Sasol的UGC(GSC)项目	地址位于Secunda CTL厂的边缘 深度160m 氧气进料 连接的垂直井布置 2008年9月开始建井

续表

地区	项目/研究	介绍
南非	Eskom Holdings 公司的 Majuba UCG 项目	Ergo Exergy 技术的 εUCG™ 技术，2007 年 1 月投产，初始 $3000m^3/h$，最终将提高到 $25\times10^4 m^3/h$ 非洲大陆第一个 UGC 装置。目的是增加煤资源 规模、地质复杂性和开创性超出预期 所产高质量合成气用于发电

注：当前世界主要地下煤气化（UCG）项目，出处：http：//wenku. baidu. com/link? url = SgVN9P1cQWxHPRIoF19j _ TIutfjBdilm _ e0ZZi9D7jglnQ1uMrYk9Fucsv17HXN _ GR5sxtbtdkn0wHR7JD4ZhF9UtJ7E4KhF-XwNW _ lMd4m。

5.1.3.3 我国的地下煤气化试验

1958～1962 年，我国先后在鹤岗、大同、皖南、沈北等许多矿区进行过自然条件下煤炭地下气化的试验，取得了一定的成就。鹤岗地下气化试验是在 1960 年进行的，首先是用电贯通方法建立一个 10m 的通道，然后通过火力渗透，建立一个 20m 的通道（包括电贯通的 10m），并连续采用此通道气化 20 余天，生产出可燃煤气。1985 年，中国矿业大学煤炭工业地下气工程研究中心针对我国报废矿井中煤炭资源多的特点。1987 年完成了徐州马庄煤矿现场试验，本次试验进行了 3 个月，产气 16 万立方米，煤气热值平均为 $4.2MJ/m^3$。

结合我国矿井报废煤炭资源多的特点，在总结国内外煤炭地下气化工艺的基础上，中国矿业大学煤炭工业地下气工程研究中心提出了："长通道、大断面、两阶段"煤炭地下气化新工艺，并进行了多次急倾斜煤层地下气化模型试验，在此基础上完成了国家"八五"重点科技攻关项目——徐州新河二号井煤炭地下气化半工业性试验和河北省重点科技攻关项目——唐山市刘庄煤矿煤炭地下气化工业性试验。到目前为止，已建成的地下气化炉 13 座：徐州马庄矿 2 座，河北唐山刘庄矿矿 2 座，山东孙村矿 3 座，协庄矿 2 座，鄂庄矿 1 座，肥城曹庄矿 1 座，山西昔阳矿 2 座。正筹建的地下气化炉 19 座。已建成地下气化炉的煤气组分见表 5-5。

表 5-5 已建成地下气化炉的煤气组分

项目 \ 矿区		新河	刘庄	新汶	肥城	昔阳
煤种		肥煤	气肥	气煤	肥煤	无烟煤
煤层	埋深/m	80	100	100	80～100	190
	厚度/m	3.5	2.5～3.5	1.8	1.3～1.8	6
	倾角/(°)	68～75	45～55	25	5～13	22～27

续表

项目 \ 矿区		新河	刘庄	新汶	肥城	昔阳
煤气热值/(MJ/m^3)		11.83	12.24	5.21	5.09	11.91
组分	H_2/%	58.29	47.14	54.79	17.4	54.30
	CO/%	8.59	13.36	9.72	3.83	5.10
	CH_4/%	9.28	12.38	8.75	6.22	12.20
	CO_2/%	19.63	20.48	20.75	22.90	20.20
	N_2/%	4.21	6.64	5.21	49.5	9.10
点火日期		1994年3月	1996年5月	2000年3月	2001年9月	2001年10月

2011年12月19日，山西省阳泉市首个煤炭地下气化产业项目在平定县张庄镇工业循环园区奠基。该项目将依靠中国矿业大学的技术支撑，开发建设国内首个矿区煤炭地下导控气化清洁能源循环经济产业示范园区。园区一期投资105亿元，规划建设规模为年气化地下原煤250万吨的生产设施。

5.1.4 煤制氢零排放技术

钙基催化剂对煤与水蒸气的中温气化有很大的催化作用，能显著提高气化反应速率。下面所介绍的两种零排放煤制氢系统基本上是利用钙基化合物来吸收 CO_2。

美国拉斯阿拉莫斯实验室（LANL）最先提出了一种零排放的煤制氢/发电技术（ZECA），其技术路线如下：将高温蒸汽和煤反应生成氢气和 CO_2，其中氢气即被用作高温固体氧化物燃料电池（SOFC）的燃料，产生电力，CO_2 则和 CaO 反应生成 $CaCO_3$，然后 $CaCO_3$ 在高温下煅烧为高纯度的 CO_2，其 CaO 则被过程回收利用。释放出来的 CO_2 则和 $MgSO_4$ 反应生成稳定的可储存的 $MgCO_3$ 矿物。目前，该技术正在联合开发中，参加单位包括8个美国煤相关公司和 LANL，还有加拿大的8个公司和机构。煤的热利用率可达70%，流程见图5-3。

该系统利用煤和水反应产生氢气，通过在水煤气化过程中加入 CaO 作为二氧化碳吸收剂，大大提高碳转化为氢的效率，并以产生的氢气为原料，与固体氧化物燃料电池（SOFC）结合产生电能，收集二氧化碳并实现对二氧化碳的无害处理。在该系统中，首先将煤粉与水制成的水煤浆送入气化器，在气化器中煤与水在一定温度和压力下反应生成复杂的气体混合物（主要成分是一氧化碳和甲烷），产生的灰渣在此排出；气化器中产生的混合气，即合成气经过净化后再进入氧化钙重整器，在这里进行水气重整和变换反应，CO 进一步与

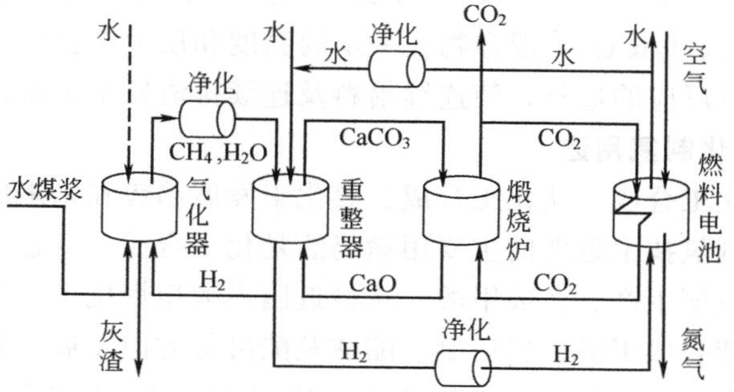

图 5-3　LANL 零排放煤制氢系统示意图

水反应生成 H_2 和 CO_2，同时 CH_4 转化成 CO 继而转化为 H_2 和 CO_2，产生的新混合气体，包括 H_2、CO、CO_2，其中产生的 CO_2 会与重整器中的 CaO 反应生成 $CaCO_3$，因为 CO_2 被 CaO 吸收，从而对推动反应器中发生的反应平衡朝生成 CO_2 的方向移动。促使更多的碳转化为 CO_2，提高了碳转化为氢的效率；在氧化钙重整器中最终产生富氢而贫碳的气体（主要成分为氢气），产物气除一部分进入气化器参与气化反应外，其余的会进入固体氧化物燃料电池（SOFC），产生电能和热量，氢气氧化成为水，可以循环利用；氧化钙重整器中产生的 $CaCO_3$ 在煅烧炉中利用固体氧化物燃料电池产生的废热煅烧，使 CaO 再生，实现 CaO 的循环利用，产生的纯 CO_2 气体可以收集利用，从而形成一个完整的物料和能量的循环系统：输入煤和水，产生电能和热，整个制氢过程几乎不产生污染物，达到近零排放的目的。

综上所述，美国 LANL 实验室主要思路是用 CaO 来吸收 CO_2，CaO 循环使用，且制氢系统与燃料电池相结合。但由于 $CaCO_3$ 分解需要大量的热量，在该系统中用经燃料电池加热后的 CO_2 来作为热源，这就需要 CO_2 气流具有很高的温度。如果换热采用非直接接触方式，对材料要求较高，如采用直接换热方式，$CaCO_3$ 中混入了大量的 CO_2，使化学反应平衡向左移动，打破原有的化学平衡。再有在该系统中，由于碳水反应与水气反应单独进行，中间需复杂的气体净化设备。

日本煤炭利用研究中心（Center for Coal Utilization，Japan；CCUJ）新型气化过程制氢计划是正在实施的六种煤的洁净利用计划之一。它的工艺原理与美国 LANL 相似。

日本 CCUJ 提出将碳水反应与水气反应置于一个反应器中，这样碳水反应的吸热由水气反应的放热来部分提供。同时加入氧化钙，其与水的反应放热也供给碳水反应吸热。但由于 $Ca(OH)_2$ 和 $CaCO_3$ 在常压高温下吸热分解，所以为使反应顺利进行，必须提高反应系统的压力。由于反应产物中含有煤灰、CaO、$Ca(OH)_2$、$CaCO_3$，混合物在一定的温度和压力下会产生共熔，形成大块共熔体，阻碍反应的进行，使连续给料及连续排渣发生困难。

5.1.5 煤炭气化制氢用途

(1) 用于化工合成　从化工合成、煤化工发展趋势和未来能源需求角度分析，煤炭气化制氢技术近期的主要用途仍然是化工合成，这包括前面介绍的制取氢气用于合成氨生产、合成甲醇。从最近国内大型煤化工项目规划来看，煤气化化工合成朝合成甲醇、二甲醚、醋酸及醋酐等方向发展。目前，我国的甲醇生产企业共有 200 多家，总生产能力已达到 400 万吨以上，但 2001 年，甲醇实际产量为 206.48 万吨，表观消费量为 357.65 万吨，进口了 150 多万吨。另外一个重要煤化工方向是用于煤炭液化过程，在煤炭直接液化过程中使用煤炭气化工艺生产氢气，用于煤加氢反应。据估算，一般直接液化需要消耗的氢气量约为液化用煤质量的约 10%，以年合成 250 万吨的直接液化厂为例，年耗氢气量约 33.24 万吨，折合 37.23 亿立方米（H_2）/年。在间接液化过程中，煤炭气化生产的煤气经费托合成得到汽油、柴油及液化气等产品，据估算百万吨间接合成油用氢气量达 50 亿～60 亿立方米。随着我国神华煤炭直接液化和其他间接液化以及大规模煤气化多联产项目的陆续投产，煤炭气化制氢能力将迅猛增加。

据 2012 年文献报道，我国惠州炼油分公司天然气制氢装置的天然气原料平均价格为 4.2 元人民币/m^3 时，所生产的氢气成本为 18600 元/t；煤炭价格以到厂价 950 元/t 计算，煤制氢的产氢价格应为 14000 元/t。可见，煤制氢成本远远低于天然气制氢。

(2) 作为氢能源　随着氢燃料电池的逐步商业化和推广使用，煤炭气化在制氢方面将得到广泛应用。从现有煤化工合成工艺分析，煤炭气化制氢工艺将包括气化、煤气净化、CO 变换、脱硫、氢气分离和提纯等单元。而对固体氧化物和熔融碳酸盐两种型号燃料电池，在煤气除尘和脱硫后，可直接将含 H_2 和 CO 的煤气送入燃料电池发电。高温燃料电池对氢的要求不高，这与目前我国煤炭气化制气所产氢气是作为合成氨、甲醇等的原料气，显然不同。因此，应尽快开展煤炭气化制氢的基础研究和系统中各单元的耦合优化集成研究工作，以提高系统效率，降低运行成本。

5.2 天然气制氢

天然气和煤层气是重要的气体形态化石燃料。中国是世界上较早发现天然气的国家之一。最早在《周易》（约公元前11世纪～前771年）中有“泽中有火”之说。有资料表明，最迟在秦汉时期，我国的陕西和四川已经发现了天然气。《汉书·地理志》有西河郡鸿门县城“天封苑火井祠，火从地出”的记载。这说明，在今陕西省神木县西南、榆林县东北地区，很早就发现天然气。在“鸿门火井”出现前后，我国四川地区也发现“火井”。西汉著名文学家扬雄（公元前53年～公元18年）在《蜀都赋》中，曾把“火井”的奇特景色与“龙湫”的壮丽画面相媲美，并把它和风光秀丽的名山并列。

四川三星堆出土许多精美的青铜器，有的铜壁最薄处仅有2mm，经历了近3000多年仍然没有裂缝。铜的熔点为1083℃，要铸出如此精美的青铜器，燃烧温度须达到1200℃，柴薪作为燃料达不到如此高的温度，据此可以推测距今2800年前，生活在我国四川三星堆的人们就可能使用天然气了。

天然气的主要成分是甲烷。天然气制氢的方法主要有：天然气水蒸气重整制氢，天然气部分氧化重整制氢，天然气水蒸气重整与部分氧化联合制氢，天然气（催化）裂解制造氢气。

气体能源载体如氨气也是重要的制氢原料，本章也予以介绍。

5.2.1　天然气水蒸气重整制氢

20世纪20年代后期开始甲烷蒸汽转化法制氢的研究。到30年代，在美国建立了以天然气为原料的蒸汽转化炉，初期的氢气都是用于石油催化加氢。

5.2.1.1　国外天然气水蒸气重整制氢

英国帝国化学工业（ICI）化学工业法，丹麦托普索法，美国西拉斯法、凯洛格法、福斯特-惠勒法等是目前世界工业界中普遍采用的蒸汽转化法。这些方法的工艺流程基本相同。一般含有甲烷75%～85%与一些低碳饱和烃、二氧化碳等的天然气配入一定比例的氢气，现将混合气预热到一定温度，再经钴、钼催化剂加氢、氧化锌脱硫、再进入蒸汽转化炉进行甲烷水蒸气重整制氢反应。

20世纪70年代，英国帝国化学工业（ICI）公司又开发了弱碱催化剂用于天然气水蒸气转化制氢工艺。该工艺至今仍被广泛应用，在该工艺中所发生的基本反应如下：

转化反应　　$CH_4 + H_2O \longrightarrow CO + 3H_2 - 49.3\text{kcal}$

变换反应　　$CO + H_2O \longrightarrow CO_2 + H_2 + 9.8\text{kcal}$

总反应式　　$CH_4 + 2H_2O \longrightarrow CO_2 + 4H_2 - 39.5\text{kcal}$

二反应均在一段转化的管式炉内完成，反应温度为650～850℃，反应管出口温度为820℃左右。

若原料是按下式比例进行混合，则可得到CO：H_2=1：2的合成气：

$$3CH_4 + CO_2 + 2H_2O \longrightarrow 4CO + 8H_2 + 157.7\text{kcal}$$

可见，天然气水蒸气重整反应是强吸热反应，反应过程需要吸收大量的热量。因此，该过程具有能耗高的缺点，其中，燃料成本占生产成本的52%～68%。另外，水蒸气重整是慢速反应，需要昂贵的耐高温不锈钢管制作反应器；由于化学平衡及空速限制的原因，一段转化不能将天然气全部转化，通常反应后的气体中残甲烷约为3%～4%，有时高达8%、10%，因此需进行二段转化。残余的甲烷在二段转化炉中进行氧化反应。因而该法有装置规模大和投资高的明显缺点。

5.2.1.2 国内天然气制氢技术

我国大多数大型合成氨、合成甲醇厂均采用天然气水蒸气重整制备合成原料气，并建有大批工业生产装置。但在特大型装置的技术核心蒸汽转化工序仍需要采用国外的先进工艺技术，而在变换和变压吸附（PSA）工艺技术方面，则采用国产化的先进技术。

在中小型规模上，国内在以天然气为原料制氢气技术主要运用的有我国曾开发采用的间歇式天然气蒸汽转化制氢工艺、加压蒸汽转化工艺和换热式两段蒸汽转化工艺，现分别介绍如下：

（1）间歇式天然气蒸汽转化制氢工艺　该法为20世纪60年代中期国内开发的工艺技术，用于制取小型合成氨厂的原料，这种方法其工艺流程为常压间歇催化（CCR），加压中、低变，铜碱洗或甲烷化流程，该装置投资成本低。我国以此流程建设的小型合成氨厂有上百个，该法除用于建合成氨装置外，也有用于建甲醇和氢气的工厂。80年代中期，CCR流程渐渐由于工艺陈旧、技术落后带来高能耗而陷入困境。用此法的小氮肥厂综合能耗高，针对这种情况，我国根据生产实践，结合各个厂的具体情况进行优化组合，自主改造并开发了天然气转化的各种工艺流程，并投入工业运行，这类流程之多，居世界之首。各种改造工艺流程配备各具特点，根据生产实践经验，结合具体情况进行优化组合，它们都达到了显著的节能效果。由于该法投资低、操作简单、国内小型装置中仍有使用。但由于技术水平所限，新建厂一般不选择该工艺。

（2）加压蒸汽转化工艺

① 转化反应原理和操作条件　该法是在有催化剂存在下与水蒸气反应转化制得氢气。主要发生下述反应：

$$CH_4 + H_2O \longrightarrow CO + 3H_2 - Q$$

$$CO + H_2O \longrightarrow CO_2 + H_2 - Q$$

$$C_nH_{2n+2} + nH_2O \longrightarrow nCO + (2n+1)\ H_2 - Q$$

从上面转化反应式可以看出，一个体积的甲烷可转化成4个体积的CO、H_2混合气，组分中的CO还可以进一步变换成一个体积的H_2，反应结果为氢多碳少，因此用这种转化方法制取氢是高效、经济和理想的。由于反应达到一定的深度就达成平衡，转化过程的平衡决定了最终的水蒸气转化气组成。

② 工艺流程 加压蒸汽转化制氢工艺流程见图 5-4。

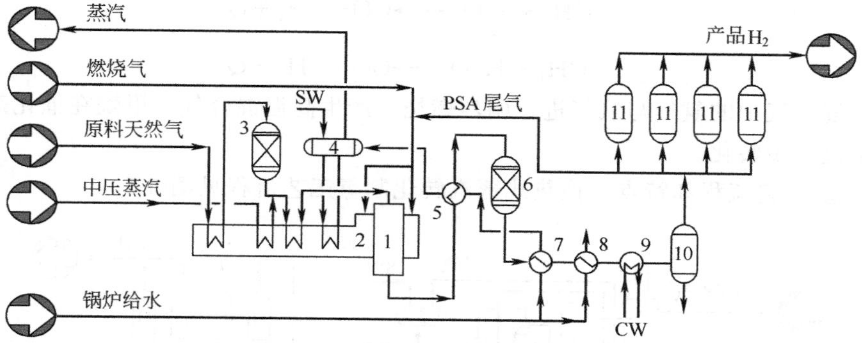

图 5-4 加压蒸汽转化制氢工艺流程

1—转化炉管；2—对流段；3—脱硫器；4—汽包；5—废热锅炉；6—中温变换炉；7—锅炉给水预热器；8—预热器；9—冷却器；10—分离器；11—变压吸附器

CW—冷却水；SW—蒸汽

天然气中通常含一定的有机硫是转化催化剂的毒物，要求进入转化炉的气体中硫和氯含量小于 0.2μg/g。根据天然气含硫的多少来选择脱硫精制方案，并需采用钴钼加氢转化 ZnO 在高温下脱除有机硫，因此天然气首先经转化炉对流段加热后进入脱硫反应器，使总硫脱除至 0.2μg/g 以下，脱硫后的原料气与预热后的蒸汽进入辐射段转化反应器，在镍催化剂条件下反应，转化管外用天然气或回收的变压吸附（PSA）尾气加热，为反应提供所需的热量，转化炉的烟气温度较高，在对流段为回收高位余热，设置有天然气预热器、锅炉给水预热器、工艺气和蒸汽混合预热器等，以降低排气温度，提高转化炉的热效率。转化气组成为 H_2、CO、CO_2、CH_4，该气体经过废热锅炉回收热量产生蒸汽，然后进入中温变换炉。在此转化气中的大部分的 CO 被变换为 H_2，变换后的气体 H_2 含量可达 75%以上，该气体进入 PSA 制氢工序进行分离。得到一定要求的纯氢气产品。

加压蒸汽转化工艺参数为：反应的操作压力 1.5～3.5MPa，操作温度 750～880℃，水碳比 2.75～3.5（mol/mol）。转化炉设备的类型有顶烧炉、侧烧炉等，常用的是顶烧炉。设置各种用途的换热单元回收热量，使转化炉总热效率可提高到 90%。

(3) 换热式蒸汽转化法

① 转化反应原理 换热式蒸汽转化的转化过程分两段进行，一段转化原

理与前述相同，在第二段转化中，一段反应气体与纯氧主要进行如下反应：

$$H_2+\frac{1}{2}O_2 \longrightarrow H_2O+Q$$

$$CH_4+\frac{1}{2}O_2 \longrightarrow CO+2H_2+Q$$

$$CH_4+H_2O \longrightarrow CO+3H_2-Q$$

混合气中的氢气与氧气进行剧烈燃烧，产生高温混合气，甲烷在催化剂作用下进一步转化。

② 工艺流程和特点　换热式蒸汽转化制氢工艺流程见图 5-5。

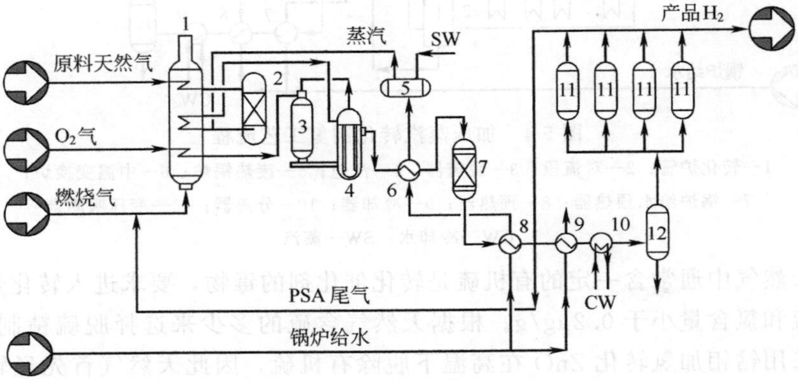

图 5-5　换热式蒸汽转化制氢工艺流程

1—预热器；2—脱硫器；3—二段炉；4—换热式反应器；5—汽包；6—废热锅炉；7—变换炉；8— 锅炉水加热器；9—软水预热器；10—冷却器；11—变压吸附器；12—分离器

原料天然气、工艺蒸汽混合气、纯氧气在一个常规的前置直热式加热炉内进行预热，天然气预热至脱硫温度后，再与蒸汽混合预热后进入换热式反应器，换热式反应器实际上是一个管式换热器，其管内填充催化剂。工艺原料气在预热到一定温度后进入管内，管外由来自二段炉出口的工艺高温气体（温度约 1000℃）加热管内气体到烃类转化温度，并在换热反应器内发生转化反应。换热反应器出口含甲烷约 30%的气体与氧气进入二段炉，在此，纯氧和氢发生高温放热反应，以提供一、二段所需的全部热量并继续进行甲烷蒸汽转化反应。二段转化后的转化气经过废热锅炉回收热量并副产蒸汽，再进入变换工序和 PSA 分离氢工序。后工序过程与前述加压蒸汽转化工艺后工序相似。

5.2.2　天然气部分氧化重整制氢

天然气部分氧化重整制氢分为直接部分氧化重整制氢和催化部分氧化重整制氢。因天然气直接部分氧化反应在高温下进行，不适合低温燃料电池，故此处仅讨论天然气催化部分氧化法制氢。

天然气与氧进行部分氧化反应的生成物随氧含量、反应条件变化而不同。当氧含量为 10%～12%，在 50～300atm 下主要生成甲醇、甲醛和甲酸；当氧含量为 35%～37%时，可以得到乙炔；氧含量再增加时，则主要是一氧化碳和氢气；如果过量氧参与反应，得到的产物仅为二氧化碳和水蒸气。

天然气部分氧化制氢反应及反应平衡如下。

主要反应为：

$$CH_4+0.5O_2 = CO+2H_2+8.5kcal$$

反应平衡常数：

$$K_p=\frac{p_{CO}p_{H_2}^2}{p_{CH_4}p_{O_2}^{0.5}}$$

为防止天然气部分氧化过程中析炭，需在反应体系中加入一定量的水蒸气。此时，除上述主反应外还会有以下反应：

$$CH_4+H_2O = CO+3H_2-49.3kcal$$

$$CH_4+CO_2 = 2CO+2H_2-59.1kcal$$

$$CO+H_2O = CO_2+H_2+9.8kcal$$

同传统的水蒸气重整方法相比，天然气部分氧化重整能耗低、装置规模小和投资少。另外，天然气催化部分氧化可以实现自热反应，反应器可采用廉价的耐火材料堆砌，反应器投资小。但该反应条件苛刻、不易控制；另外，需要大量纯氧，增加了空分装置投资和制氧成本。初步技术经济评估结果说明，同常规生产过程相比，其装置投资将降低 25%左右，生产成本将降低 30%～50%左右。

将天然气水蒸气重整与部分氧化重整联合应用制取氢气，比起部分氧化重整，蒸汽重整与部分氧化重整的结合具有氢浓度高、反应温度低等优点。

美国能源部已经投入 8600 万美元，重点研究开发天然气 ITM 制氢工艺，即采用高温无机陶瓷透氧膜作为天然气催化部分氧化的反应器。高温无机陶瓷透氧膜仅允许空气中的氧气进入反应体系，氮气不能进入反应体系，因此，可将廉价制氧与天然气催化部分氧化制氢相结合同时进行。

5.2.3　天然气热裂解制氢气

热裂解法是一种以气态烃为原料让燃烧和裂解分别进行的一种间歇式的方法。传统的制造氢气过程都伴有大量的二氧化碳排放。每转化 1t 天然气，要向大气中排放二氧化碳约 2.75t。天然气高温裂解制造氢气技术得到氢气和炭产品，其显著优点在于制取高纯氢气的同时，得到炭，不向大气排放二氧化碳，减轻了环境的温室效应。甲烷的裂解制氢反应为

$$CH_4 \longrightarrow 2H_2 + C$$

首先将天然气和空气按完全燃烧比例混合，同时进入炉内燃烧，使温度逐渐上升，至1300℃时，停止供给空气，只供应天然气，使之在高温下进行热分解生成炭黑和氢气。由于天然气裂解吸收热量使炉温降至1000～1200℃时，再通入空气使原料气完全燃烧升高温度后，又再停止供给空气进行炭黑生产，如此往复间歇进行。该反应用于炭黑、颜料工业已有多年的历史，反应在内衬耐火砖的炉子中进行，常压操作。该方法制氢技术简单，比较经济。

5.2.4 天然气催化裂解制氢气

CH_4 可以在一定条件下发生如下裂解反应：

$$CH_4(\text{催化剂}) = C + 2H_2 (\Delta H^\circ_{298} = +75\text{kJ/mol})$$

催化剂在 CH_4 裂解反应中具有降低反应活化能，加快反应速率的作用。

采用天然气裂解方式生成炭和氢气，产物气中不含或含少量碳氧化合物，不需要进一步的变换反应，其分离设备也比天然气水蒸气重整简单，对于缩短流程、简化操作单元和减少投资的现场制氢来说非常有吸引力。许多学者研究了天然气裂解制氢。发现催化剂种类、反应温度、压力、物料空速、接触时间等对天然气催化裂解反应都有显著影响。如 Shaikhutdinov 等人发现在催化剂 Co（60%）/Al_2O_3 上，随着温度升高，CH_4 的转化率增大，但催化剂的碳容量和寿命下降。Goodman 等人在催化剂 Ni（88%）/ZrO_2 上发现高温有利于 CH_4 的裂解。

目前，天然气催化制氢工艺可分为分步制氢工艺和一步流化床工艺。分步制氢工艺在两个反应器分别进行甲烷在催化剂上裂解和催化剂的除碳再生，交替使用。一般采用金属催化剂。一步流化床工艺则采用炭黑做催化剂，在流化床中完成催化裂解甲烷制氢。

不少研究天然气催化裂解反应的最初目的是制备碳纳米材料，随着燃料电池应用前景的普遍看好，甲烷的催化裂解制氢逐渐成为研究热点。中科院成都有机所、清华大学都进行了工业规模的碳纳米材料生产开发。

5.2.5 天然气制氢气新方法

据《世界能源导报》2000年8月15日报道，日本开发成功天然气制氢催化剂，这是日本北海道大学催化剂化学中心教授市川胜和日钢铁公司合作开发成功的一种能从天然气中制取大量氢气的新型催化剂，其制造成本比石油制取法降低约40%。这种新型催化剂是用沸石和钼等化合物制作的。它使天然气中的主要成分甲烷等碳氢化合物发生催化反应，生成苯和氢气，但不产生温室气体二氧化碳。目前日本钢铁公司正建造日产能力为1kg的催化剂生产设备。1kg新型催化剂可制取氢气 $12m^3$、苯8kg。苯是重要的化工原料。

天然气制氢的新进展主要表现在新的膜分离方法。详见本书的氢气提纯章节。

小规模天然气制氢的新技术有：天然气重整反应器采用流化床技术，在床层中耦合了钯膜分离组件，将制氢反应与氢气提纯耦合为一体。同时，钯这种耦合打破了反应平衡，使反应在较低温度下进行，向有利于生产氢气的方向移动。

5.2.6 天然气制氢反应器

陈恒志等总结了在制氢研究中常用的固定床反应器、流化床反应器、膜反应器、等离子反应器、太阳能反应器和微通道反应器等在天然气制氢中的研究，得到表 5-6。

表 5-6 几种制氢反应器的比较

项目	固定床反应器	流化床反应器	膜反应器	等离子反应器	太阳能反应器	微通道反应器
温度梯度	大	小	较小	较小	大	很小
反应器结构	较简单	简单	较复杂	较复杂	复杂	复杂
操作难易程度	简单	简单	复杂	简单	复杂	复杂
积炭影响	大	较小	大	大	大	较小
主要优点	操作较简单，易于控制	温度均匀，传热传质效率高	氢气纯度高，反应条件较温和	原料适应性强，生产规模易调	过程无污染，提高原料热值	传热传质阻力小
主要问题	温度梯度大，后处理复杂	反应温度高，后处理复杂	膜的成本高，膜的制备困难	选择性差，耗电量大	能量利用率低，受制天气变化	单通道处理能力太小

注：摘自参考文献 [5]。

应该指出，传统的固定床反应器是目前应用最广也是目前制氢成本最低的一种反应器，但其所适用水蒸气重整制氢的工艺流程长，仅适合于大规模的工业制氢，而并不适用于分布式能源制氢。

一些新型反应器，如膜反应器、等离子体反应器、太阳能反应器以及微通道反应器等研究时间相对较短，技术还不成熟，还存在许多的问题，离开规模化生产应用有很大距离。

5.3 液体化石能源制氢

液体化石能源主要指石油。石油是从地下开采的棕黑色可燃黏稠液体，是重要的液体化石燃料。公元 977 年中国北宋时所著的《太平广记》最早提出“石油”一词。在“石油”一词出现之前，国外称石油为“魔鬼的汗珠”“发光的水”等，中国称“石脂水”、“猛火油”、“石漆”等。公元 512～518 年北魏时所著的《水经注》介绍了从石油中提炼润滑油的情况，说明早在公元 6 世纪我国就萌发了石油炼制工艺。

没有直接用石油制氢，通常用石油初步裂解后的产品，如重油、石脑油制氢。重油原料包括有常压、减压渣油及石油深度加工后的燃料油。重油与水蒸气及氧气反应制得含氢气体产物。部分重油燃烧提供转化吸热反应所需热量及一定的反应温度。气体产物组成：氢气 46%（体积），一氧化碳 46%，二氧化碳 6%。该法生产的氢气产物成本中，原料费约占 1/3，而重油价格较低，故为人们重视。我国建有大型重油部分氧化法制氢装置，用于制取合成氨的原料。

重油部分氧化包括碳氢化合物与氧气、水蒸气反应生成氢气和碳氧化物，典型的部分氧化反应如下：

$$C_nH_m + n/2O_2 \longrightarrow nCO + m/2H_2$$

$$C_nH_m + nH_2O \longrightarrow nCO + (n+m/2)\ H_2$$

$$H_2O + CO \longrightarrow CO_2 + H_2$$

该过程在一定的压力下进行，可以采用催化剂，也可以不采用催化剂，这取决于所选原料与过程。催化部分氧化通常是以甲烷或石脑油为主的低碳烃为原料，而非催化部分氧化则以重油为原料，反应温度在 1150～1315℃。与甲烷相比，重油的碳氢比较高，因此重油部分氧化制氢的氢气主要是来自蒸汽和一氧化碳，其中蒸汽贡献氢气的 69%。与天然气蒸汽转化制氢气相比，重油部分氧化需要空分设备来制备纯氧。

5.4 化石能源制氢成本

不同化石能源制氢的成本的比较见表 5-7。

表 5-7 不同化石能源制氢的成本对比

成本项目	原料单价 /(元/t)	煤制氢		天然气制氢		重油制氢	
		单价 /(元/t)	成本构成比例/%	单价 /(元/t)	成本构成比例/%	单价 /(元/t)	成本构成比例/%
一、原材料		4530	42.0	9103	68.0	13188	70.0
天然气	2.5 (元/m³)			9103			

续表

成本项目	原料单价/(元/t)	煤制氢		天然气制氢		重油制氢	
		单价/(元/t)	成本构成比例/%	单价/(元/t)	成本构成比例/%	单价/(元/t)	成本构成比例/%
渣油	3000					13188	
干气	2850						
原料煤	600	4530					
二、辅助材料	89	1.0	100	1.0	34	0.2	
三、燃料及动力	3731	35.0	2982	22.0	3440	18.0	
四、直接工资	149	1.0	149	1.0	149	1.0	
五、制造费用	2622	25.0	1109	8.0	2099	11.0	
制造成本合计	11121		13443		18910		
六、扣除副产品	−446		0		−517		
七、单位生产成本/(元/t)	10675		13443		18393		
单位生产成本(元/m^3)		0.96		1.21		1.66	

注：出处：内部资料。

参　考　文　献

[1] 毛宗强．氢能——21世纪的绿色能源．北京：化学工业出版社，2005.

[2] 谢继东，李文华，陈亚飞．煤制氢发展现状．洁净煤技术，2007 (2)：77-81.

[3] 李摇瑶，郑化安，张生军等．煤制合成天然气现状与发展．洁净煤技术，2013，19 (6)：62-66，96.

[4] 史云伟，刘瑾．天然气制氢工艺技术研究进展，化工时刊，2009 (3)：59-61.

[5] 陈恒志，郭正奎．天然气制氢反应器的研究进展．化工进展，2012，31 (1)：10-18.

[6] 张富江，阳泉市首个地下煤气化项目奠基，中国煤炭报，2011年/12月/23日/第003版．

[7] Avdeeva L B，Kochubey D I. Cobalt catalysts of methane decomposition：accumulation of the filamentous carbon. Appl Catal A：General，1999，177 (43)：51.

[8] Choudhary T V，Goodman D W. CO-free production of hydro gen via stepwise steam reforming of methane. J Catal，2000，192 (316)：321.

第 6 章

太阳能制氢

6.1 什么是太阳能

在地球上，没有太阳能（日光），所有的植物和动物都会死亡，地球上的生命也就完结了。

太阳能除了来自太阳的阳光；还有太阳间接创造的能量。比如，在白天，陆地要比海洋热得快，结果陆地上的空气被加热，变轻上升。陆地空气上升后海上的冷空气吹过来进行填补，形成气流或风。到了晚上，这个过程反了过来，陆地比海洋要冷得快，陆地上的空气吹向海洋，在相反的方向上形成风。

水力发电是另一个间接太阳能的例子。太阳的辐射使水从海洋、湖泊和江河蒸发，形成云。风使云飘向陆地区域。当飘过平原，遇到高山，云彩上升得越来越高，然后当它们冷下来，水蒸气浓缩，并以雨、雪、冰雹或露的形式降下。一些降水最后形成溪流和江河，流入湖泊和海洋，另一些降水会渗入地下，形成地下水。在过去，一旦发现流得较快的溪流或江河，人们都会让它们流过水车，以利用水的能量。现在则修建起高高的水坝，蓄积大量的水，然后推动巨大的涡轮发电。

再如海洋热能、海流和波浪，前两种由海洋中的温差产生，而波浪则由风产生。潮汐也被认为是间接太阳能的形式，因为它是由月亮的引力引起的，而月亮是太阳系的一部分。

太阳所释放的能量为 3.8×10^{26} J/s，但是真正到达地球表面的能量极小，年总量仅为 5.5×10^{26} J，但也为现在全人类一年所消费能源总和的一万倍以上。如果能够利用起这一“免费”的、用之不竭的能量，将终极解决人类的能源供应，保障人类持续发展。

尽管太阳能是环境友好的，它也有不足之处，即受时间和地域性的限制。

只有在晴朗的白天，才能利用太阳能。只有在有太阳的地方，人们才能得到太阳能，这就是地域的限制。

太阳能还有另一个缺点，即太阳能用户和太阳能产地的矛盾。太阳能在热带和亚热带地区最强，而能量的主要消费地却在温带。风能在北极和亚北极地区最强，而在温带则要少些。水力发电、海洋热能、波浪、海流和潮汐能也是同样的情况，利用它们最方便的地方，却不是最需要它们的地区。城市是集中使用能源的地方，却没有足够的空间收集太阳能。

可见，有些时候、有些地方无法利用太阳能，所以，不得不设法存储太阳能，在太阳能和用户之间搭起一座桥梁。氢就是最好的选择，氢可以非常好地储存太阳能，太阳和氢能的“联合”被称为太阳-氢能系统（图 6-1）。在这个系统中，可以根据当时、当地的具体条件，采用任何一种最有效的方式生产氢、储存氢和利用氢。目前，太阳-氢能系统的主要任务是如何高效、廉价地利用太阳能制氢。在该领域主要开展的研究工作有直接利用太阳能的热化学制氢、光化学制氢、直接光催化制氢、高温热解水制氢和光合作用制氢，间接利用太阳能的电解水制氢等。

6.2 如何用太阳能制氢

太阳能是种重要的可再生能源，也是制氢途径最多的可再生能源。太阳能制氢可分为间接制氢技术和直接制氢技术。太阳能间接制氢技术指太阳能先发电，然后再电解水制氢。太阳能的直接制氢技术则包括光热化学制氢、光电化学制氢、光催化制氢、人工光合作用制氢和生物制氢等技术。太阳能制氢技术路线可以用图 6-1 表示。

上述大多数太阳能制氢方法目前还处在研究阶段，离实际应用还有很多难点需要克服、解决。

6.2.1 太阳能水电解制氢

水电解制氢（也称电解水制氢）是获得高纯度氢的重要工业化方法。其原理已在第 3 章中详细介绍过。目前，世界上许多电解水制氢装置在运行，我国制造的最大的电解槽，单槽每小时可制氢 1000m^3（标准状态，余同），电-氢的转化效率可达 65%以上。

常规的太阳能水电解制氢分为两步，第一步是将太阳能转换成电能，第二步是将电能转化成氢。第一步的太阳能发电，既可以用光伏电池，也可以用太阳能热发电。不论哪种方法，太阳能发电的价格非常昂贵，致使在经济上太阳能电解水制氢至今仍难以与传统电解水制氢竞争，更不要说和常规化石能源制

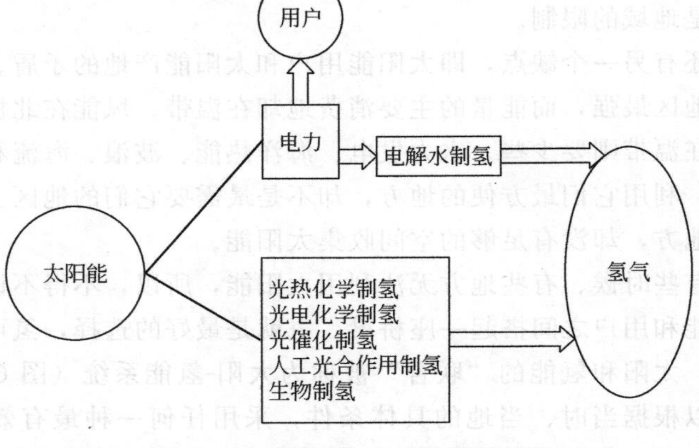

图 6-1 太阳能制氢技术路线示意图

氢相竞争了。

最近，人们提出太阳能直接电解水制氢，其基本原理见图 6-2。它基于光电化学池和半导体光催化法，即通过光阳极吸收太阳能并将光能转化为电能，同时在对极上给出电子。光阳极通常为光电半导体材料、纳米感光微粒，通过密集有序组装，形成高密度受光体，受光激发可以产生高电压和电子、空穴对。由于有序结构和电池外电路，电子与空穴不再直接复合。这样光阳极和对极-阴极组成光电化学池，在电解质存在下光阳极吸光后，在半导体导带上激发产生的电子通过外电路流向对极，水中的质子从对极上接受电子产生氢气。

6.2.2 太阳能热化学制氢

太阳能热化学制氢与核能热化学制氢的过程相似。有关热化学制氢的说明请见本书第 2 章。这里，太阳能只是替代核能热源而已。

6.2.3 太阳能光化学制氢

目前太阳能光化学制氢中，常用有机物做牺牲剂，如乙醇。这样太阳能直接分解水中的乙醇制得氢。乙醇可以大规模工业生产，也可以从农作物发酵中提取。在催化剂存在时，一定波长的太阳光可使乙醇分解成氢气和乙醛。其反应式如下：

$$C_2H_5OH \xrightarrow{+41.2\text{kJ/mol}} CH_3CHO + H_2$$

式中，乙醇需要吸收大量的光能才会分解。因为乙醇透明而几乎不直接吸收光能，故需添加光敏剂。目前，二苯（甲）酮是主要的光敏剂。二苯（甲）酮吸收可见光，再通过催化剂—胶状铂使乙醇分解成为氢。不过，二苯（甲）酮只能吸收可见光谱中约 12% 的能量，因此科学家正在研究能提高二苯

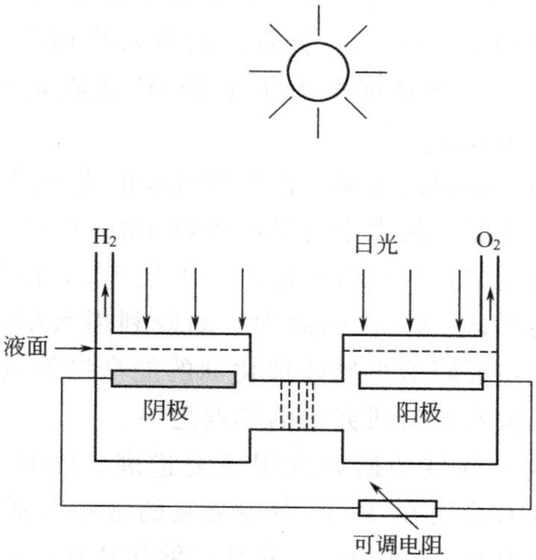

图 6-2　太阳能直接电解水制氢原理示意图

（甲）酮吸光率的新催化剂。

6.2.4　太阳能直接光催化制氢

水是一种非常稳定的化合物。在标准状态下若要把 1mol 水分解为氢气和氧气所需要的能量为 237kJ，水分解的反应式如下：

$$H_2O \xrightarrow{+237kJ/mol} H_2 + 0.5O_2$$

太阳辐射的波长为 0.2～2.6μm，对应的光子能量为 400～40kJ/mol（以每个水分子吸收一个光子计算），因为水对于可见光至紫外线是透明的，不能直接吸收光能，上述反应不能自然发生。需往水中加入光敏剂，通过光敏剂吸收光能并传给水分子，使水光解。

直接利用太阳能分解水制氢是最具吸引力的制氢途径。1972 年日本科学家藤屿（Fujishima）和本多（Honda）在《科学》杂志上报道 TiO_2 电极上的光解水产氢论文，说明光照 TiO_2 电极可以导致水分解从而产生氢气，首次揭示将太阳能直接转换为氢和氧的可能性。现在光电化学分解水制氢以及随后发展起来的光催化分解水制氢已成为全世界关注的热点。太阳能光催化分解水制氢目前离实用化较远，需要解决两个关键问题：研制高效的可见光催化剂和构建稳定的光催化反应体系。

（1）研制高效的可见光催化剂　光催化分解水制氢就是在半导体粉末或胶体水溶液系统中，作为催化剂的半导体价带中的电子吸收一定波长的光子后被激发到导带上，当半导体导带的底边高于氢的还原能级 H^+/H_2（更负）时，电子在半导体和水溶液的界面处将氢离子还原为氢气，同时当半导体价带的顶边低于氧的氧化能级 OH^-/O_2 时，价带上的空穴将相应的氢氧根离子氧化为氧气的过程。理论上，半导体能垒大于 1.23eV 就能光解水，由于存在过电位，最适合的能垒为 1.8eV。

实现光分解水制氢过程的前提条件是被吸收的光子能量必须大于或等于半导体的能垒，而半导体能垒的大小与其可吸收光波的波长成反比。太阳能谱中紫外光的波长短，能量高，但仅占总能谱的不足 5%，能量相对较低的长波长的可见光占到了总能谱的 43%。因此为了高效利用太阳能，必然要实现可见光条件下分解水制氢，要降低半导体催化剂的能垒以使其能充分吸收可见光。这是太阳能光催化分解水制氢研究中的热点之一。

近年来国际上这一领域的研究取得重要进展。2001 年 7 月美国《科学》杂志报道了 Asahi 等人采用在 TiO_2 中掺杂氮的方法合成的化合物 $TiO_{2-x}N_x$ 在可见光区有吸收（波长<500nm），并具有催化活性；同年 8 月美国《科学》杂志又报道美国的 D. G. Nocera 等以钌的双核配合物做催化剂实现了可见光光解卤化氢制氢；2001 年 11 月《自然》杂志报道了邹志刚博士等在日本以 $NiO_y/In_{0.9}Ni_{0.1}TaO_4$ 和 $RuO_2/In_{0.9}Ni_{0.1}TaO_4$ 做催化剂实现了可见光催化分解水制氢；2002 年 9 月美国《科学》杂志报道了美国 Shahed 等在天然气气氛中煅烧金属钛片得到 $TiO_{2-x}C_x$ 碳化物，该化合物在可见光作用下对分解水有很好的活性；最近，Y. Bessekhouad 等采用新型不含贵金属的氧化物 $CuMnO_2$ 做催化剂，实现可见光条件下 0.95×10^{-2} mL/(mg·h) 的产氢速率。这些研究成果预示光催化制氢可能会有突破性的进展。2013 年中国科技部再次在《国家重点基础理论研究》（973）中立项研究光解水。2013 年，以色列阿夫纳·罗斯柴尔德教授在《自然材料》上报道了用超薄铁氧化物薄膜，也就是用比办公用纸还薄 5000 倍的铁锈，即三氧化二铁来储存光。氧化铁是一种常见的半导体材料，生产成本低，在水里不易氧化、耐腐蚀、耐分解，比其他半导体材料表现更稳定。阿夫纳的论文引起广泛的关注。

如何利用催化剂抑制光催化制氢的逆反应是需要解决的另一关键问题。逆反应主要包括电子-空穴的再结合、氢和氧结合成水两大类型。前者降低引发光解水反应的有效电荷数从而降低催化剂的效率，后者直接影响氢的产率。研究发现在催化剂的制备过程中采用冲击波、微波处理等方法，可给催化剂带来更多的缺陷成为电子或空穴的捕获中心，抑制电子-空穴的再结合。通过金属修饰半导体、合成复合半导体等手段以减小半导体粒子大小产生的量子尺寸效应，可进一步降低电子-空穴对的复合率，使催化剂的活性显著提高。研究发现，通过合成层状结构催化剂使氢和氧在不同位置的反应点产生，可有效抑制分子氧和氢在脱附时的重新组合。通过减小液膜厚度，及时除去生成的气相产物等方式可抑制氢氧在催化剂表面的再吸附，从而可有效提高产氢效率。

目前大部分有关催化体系的研究主要集中在微光研究，如何快速合成筛选催化剂是另一关键问题。组合化学方法非常适用于从大量可变因素中确定一个具有优良特性的物质，适用于寻找优良的催化剂。1996 年 Hill 等人首次报道了组合化学在无机固体催化剂研究中的应用。2001 年 11 月起圣芭芭拉加州大学的 Mc Farland 研究小组利用组合化学方法进行太阳能光解水制氢催化剂的筛选与研究工作，目前该研究小组已进行了两个催化剂库（$W_{1-x}Mo_xO_3$ 和 ZnO 基二元化合物）的设计、合成与性能研究，结果表明 $W_{0.5}Mo_{0.5}O_3$ 具有最佳的光电转换效率，在 ZnO 中引入 Fe、Ni、Ru、Mg 可以提高其在可见光条件下的催化活性，这些都为下一步催化剂的研究奠定了基础。

（2）构建稳定的光催化反应体系　目前人们已研究过的光催化制氢体系主要有纯水体系、复合光催化体系、光生物催化反应体系、Z 型光催化反应体系及双床反应体系等。这些催化体系的研究可分为微观研究与宏观研究两个方面。目的在于如何提高体系中光生产电荷产生与利用率，包括如何提高催化剂的光能利用率及有效抑制逆反应两个方面。通过加入光敏剂可以提高催化剂对可见光的利用效率，产生更多的光生电荷从而提高光催化制氢效率。在水中加入适当的电子给体作牺牲剂，不可逆地消耗氧、空穴或 OH 自由基，用以提高放氢效率并抑止光生电子和空穴及氢氧复合等逆反应的发生。废水中许多污染物本身就是良好的电子给体，如果将其用于制氢过程作牺牲剂不但能降低成本，而且一举两得，实现制氢与治污的双重目的，值得进一步深入研究。宏观方面的研究主要集中在对光催化分解水制氢体系中能量与物质传递规律的认识与控制，包括产氢与产氧过程的完全分离及体系中光能及催化剂颗粒的最优化分布等。1996 年以来，美国佛罗里达太阳能研究中心的 Linkous 等人在美国能源部氢能计划资助下研究以 Z 型光催化体系为基础的双床反应体系，该体系由还原反应床和氧化反应床组成。采用不同的光催化剂使还原反应床产氢而氧化反应床产氧。整个体系处于流动联通状态以保证体系的电中性，阻止了氧与氢的复合，也使光生电荷与空穴有效分离，在较长波段下实现了光解水制氢，提高了太阳能的利用效率。

尽管光催化分解水制氢研究取得了不少进展，但要实现低成本太阳能光分解水制氢商业化，还很遥远。

太阳能光电化学与光催化耦合制氢被证明是提高制氢效率的一种有效手段。从 1997 年起美国 Hawaii 大学与 Toledo 大学联合进行了三结非晶硅锗太阳能电池制氢的研究。他们在高开压的三结非晶硅锗太阳能电池的外测制备了氢催化电极和氧催化电极。使用 Fe：NiO_x 作为阳极，CoMo 作为阴极，光解水产氢。这样做一方面可制成透明催化电极，另一方面可取代 Pt 电极以降低成本。在光电转化效率为 12％的三结非晶硅锗太阳能电池的基础上，应可达到 6％～8％的光-氢转换效率，但目前室外实际转换效率仅达 2.5％，有待提高。利用太阳能电池分解水制氢的另一条途径是使用Ⅲ～Ⅴ族太阳电池，这项研究主要在美国可再生能源国家实验室进行，Turner 课题组采用聚光型半导体光电化学装置实现 16.3％的太阳能分解水制氢效率，效率比水的二步分解法提高 1 倍多，制氢成本降低到电解法的 1/4。日本理化研究所以特殊半导体做电极，铂做对极，硝酸钾做电解质，在阳光照射下制氢，光能转换效率达到 15％。德国和以色列学者通过在光电化学制氢体系中加入二硫化钌半导体光催化剂达到了 18.3％的光能转化率。由于高性能太阳能电池的成本相对较高，使制氢成本增加，因此如何在保持高效的同时降低制氢成本为研究的一大难点。

6.2.5 太阳能热解水制氢

热解水制氢，要求温度高于 2000℃，因此用常规能源是不经济的。若采用高反射高聚焦的实验性太阳炉可以实现 3000℃左右的高温，从而能使水产生分解，得到氧和氢。但这类装置的造价很高，效率较低，因此不具备普遍的实用意义。如果将此方法与热化学循环结合起来，形成“混合循环”，也许可以制造高效、实用的太阳能产氢装置。请参阅第 2 章。

6.2.6 光合作用制氢

6.2.6.1 光合色素

在光合作用中，参与吸收、传递光能或引起初始光化学反应的色素分子叫做光合色素分子。

光合色素主要分为以下三类。

(1) 类胡萝卜素类　主要包括胡萝卜素和叶黄素。胡萝卜素是含有 *n* 个双键的不饱和化合物，胡萝卜素分为 α-胡萝卜素、β-胡萝卜素和 γ-胡萝卜素。它们是分子式相同的立体异构体，β-胡萝卜素最常见。叶黄素是 β-胡萝卜素衍生的二元醇。胡萝卜素和叶黄素总是与叶绿素 a 和叶绿素 b 一起存在于叶绿体中，它们吸收蓝光，并把吸收的光能传递给叶绿素 a 用于光合作用；它们还可防止强光破坏叶绿素，起到保护叶绿素的作用。类胡萝卜素普遍存在于高等植物、藻类和细菌中。

(2) 藻胆素类　藻胆素是一种开环的四吡咯化合物，并以硫醚键与多肽链以共价键相连。藻胆素有收集和传递光能的作用，广泛存在于红藻和蓝藻中。

(3) 叶绿素类　叶绿素是叶绿体的主要色素，也是光合作用最重要的光合色素。叶绿素可分为叶绿素a、叶绿素b、叶绿素c和叶绿素d。叶绿素a或叶绿素b能进行光合作用。叶绿素a存在于绿色植物和绿藻的叶绿体中；叶绿素b总是伴随叶绿素a存在；叶绿素c存在于硅藻、鞭毛藻和褐藻中；叶绿素d存在于红藻中。这些藻类均含有叶绿素a，但不含叶绿素b，蓝藻只含叶绿素a。

叶绿素对波长640～660nm的红光部分和430～450nm的蓝紫光部分吸收最强，对橙光、黄光吸收较少，对绿光的吸收最少。叶绿素a和叶绿素b的吸收光谱很相似，但叶绿素b吸收短波长蓝紫光的能力比叶绿素a强。类胡萝卜素的吸收带在400～500nm的蓝紫光区，它们基本不吸收红、橙、黄光，从而呈现橙黄色或黄色。在藻类的吸收中，藻蓝蛋白的吸收光谱最大值是在橙红光部分，而藻红蛋白则是在绿光部分。

照射到地球的太阳光80%以上都被第二类和第三类光合色素所吸收，这两类卟琳类光合色素分子主要存在于绿色植物、藻类和细菌中。

6.2.6.2 含有卟琳类光合色素的两类光合反应系统（光合系统Ⅰ和光合系统Ⅱ）

高等植物进行光合作用的主要场所是光合系统，这些光合系统由镶嵌在类囊体膜中的多亚基蛋白复合物组成。根据发现时间，光合系统可以分为光合系统Ⅰ（PSⅠ）和光合系统Ⅱ（PSⅡ）。其中光合系统Ⅱ（PSⅡ）主要利用吸收的光能使水裂解放出氧气和质子，并从水分子中提取电子，电子传递到PSⅠ复合体。而光合系统Ⅰ（PSⅠ）主要负责将电子从PSⅡ还原的质体蓝素向外传递到铁氧还原蛋白（Fd）。

可以设想光合作用制氢类似于电解水制氢。电解水得到的是氢分子和氧分子，光合作用得到的是氢原子并最后以生物质的形式保存。

光合作用制氢目前尚处于探索阶段。许多问题有待科学家们进一步探索，寻找突破。

6.3 太阳能-氢能系统

6.3.1 太阳能-氢能系统简介

前面已经介绍了太阳能的突出优点，即廉价、清洁和无穷无尽。但是太阳能同样也有很显著的缺点，即能量密度低，有时间性和地域性的限制，不能及时稳定地向用户提供能量。在前面的章节里，大量介绍了氢能的特点，其中心就是其可储性，即氢能可以像天然气那样储存起来，这样氢能在太阳能和用户之间就可以起到一个桥梁作用，这样构成的太阳能-氢能-用户的能源链，如图6-3所示。

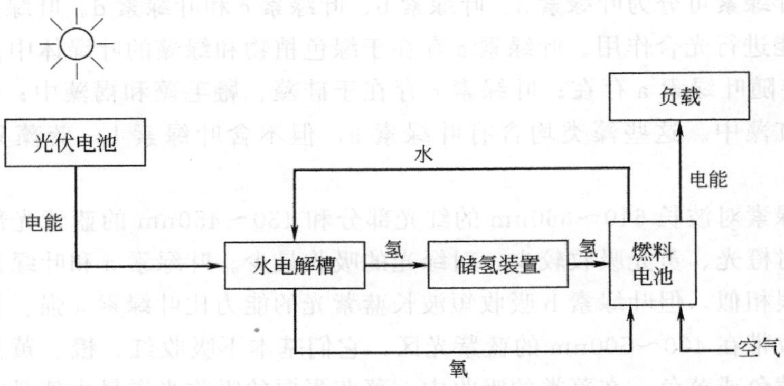

图 6-3　太阳能-氢能-用户系统

6.3.2　太阳能-氢能系统案例

美国加州洪堡州立大学莎茨能源研究中心开发了太阳能制氢系统，该系统于 1989 年开始筹建，由莎茨通用塑料制造公司投资。系统如图 6-4 所示。光伏电池为 9.2kW，碱性电解槽 7.2kW（电），最大制氢量为每分钟 25L。当有日照时，光伏电池发出的电能直接供给用户，多余的电能供给电解槽制氢。当没有日照时，由 1.5kW 的质子交换膜燃料电池，用储存的氢发电，供给用户。光伏电池由 192 块光电池组成，分成 12 个子阵列，形成 24V 直流电源。计算机每隔 2s 记录各子阵列的电流及其他参数，并在用户和电解槽之间分配能量。试验表明，尽管日照有变化，但在运行期间输送给用户的功率却很稳定。

莎茨太阳能系统对 30 个运行参数进行连续监测，如果有一个参数超出规定范围，系统就会安全关闭。该系统中空气用户不是一个模拟负载，必须连续进行。若断电，用户就会自动连接电网，如果电网也断电，它就会自动启动备用电源。从 1993 年 1 月～1994 年 6 月，该系统的平均制氢效率为 6.1%。

德国一座 500kW 的太阳能制氢试验厂目前已经投入试验运行，生产的氢气被用做锅炉和内燃机燃料或用于燃料电池的运行。在沙特阿拉伯也建成了一个 350kW 的太阳能制氢系统，这一系统是德国航天局和阿布杜拉科学城的试验研究和培训基地。德国戴姆勒-克莱斯勒汽车公司和 BMW 公司正利用这一设施进行氢气用作汽车燃料的试验研究。德国已经投资 5000 万马克进行工程的可行性研究，该工程计划在北非沙漠地带建造太阳能光伏发电站，用其发出的电生产氢气，然后把产出的氢气利用管道经意大利输送到德国。

2008 年，清华大学实验运行了中国第一个太阳能-氢系统。它由一个 2kW 光电池阵列、48V/300A · h 铅酸电池、0.5m^3/h 制氢容量碱性水电解槽、10m^3 $LaNi_5$ 合金储氢储罐和 200W H_2/空气 PEM（质子交换膜）燃料电池组

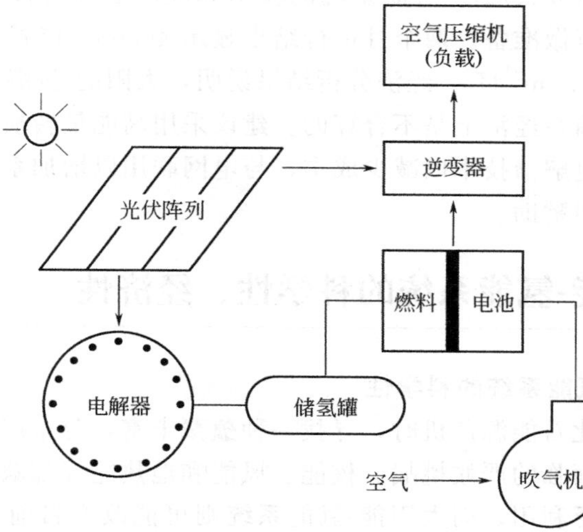

图 6-4　美国加州洪堡州立大学莎茨能源研究中心的太阳能制氢系统

（江涛．太阳能制氢．太阳能，1995-06-28）

成。系统安装在清华大学核能与新能源技术研究院（INET）并成功运行了几个月。其装置如图 6-5 所示。

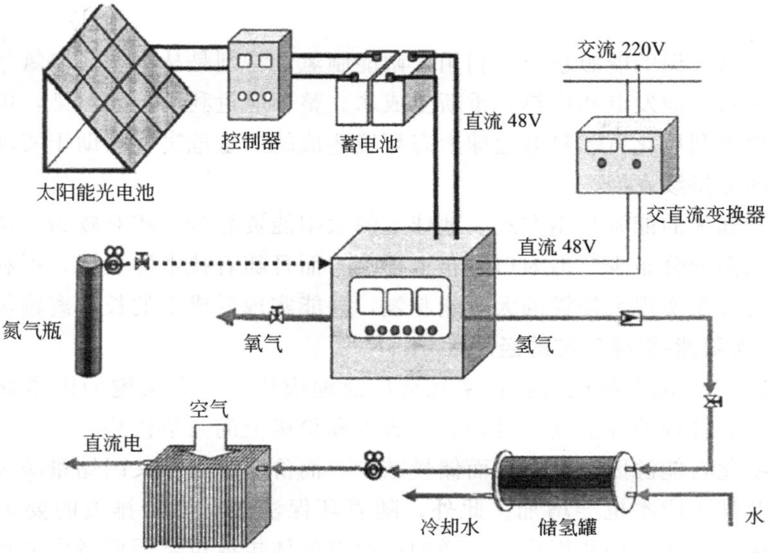

图 6-5　清华大学太阳氢系统装置示意图

实验目的是研究太阳能-氢能系统的技术和经济的可行性，为将来大规模的可再生能源制氢做准备。两个月运行结果显示40.68%能量转化为氢，氢气耗能为7.21kW·h/m^3 H_2。经济分析结果说明，太阳能-氢能系统可以很好地运行。不过，目前在经济上是不合算的。建议采用高能量转换效率、低成本的太阳能电池板和电解槽技术以减少成本，与电网联用以增加系统产出。该项目是由壳牌石油公司赞助。

6.4 太阳能-氢能系统的科学性、经济性

6.4.1 太阳能-氢能系统的科学性

在人类处于化石能源危机时，寻找一种蕴藏丰富，分布广泛，环境友好的替代能源是人类面临的严峻挑战。核能、风能和地热能等都缺乏成为主要能源的条件，不能广泛利用。而太阳能-氢能系统则可能改变目前主要依赖化石能源的状况，解决未来发展的能源需求难题。太阳能-氢能系统的科学性主要体现在以下方面。

（1）长久地提供人类所需的足够能量　太阳正源源不断地向地球提供光和热。每年到达地球表面的能量是全人类目前一年所消费能量的一万倍。以目前技术水平，太阳能-氢能系统的效率最高可达20%，大规模应用后定能满足发展需要。

（2）最环保的能源系统　利用太阳能制氢，特别是从水中获取氢气，再将氢用于燃料电池发电和供热，重新生成水。整个能量利用均无污染，可以避免当前大规模利用化石燃料对地球生态环境造成的严重危害，有助于实现人类在地球上的可持续发展。

（3）和平的能源利用方式　地球上的太阳能资源分布相对较为均匀，高纬度地区太阳能分布少，但人口分布也稀疏。而且随着技术的发展，可利用大面积的公海日照实现大规模的太阳能制氢，并能实现低成本的长距离输氢。

6.4.2 太阳能-氢能系统的经济性

太阳能-氢能系统能否在将来社会广泛地应用，一个关键的因素就是该系统是否具有合理的经济性，是否具有成本和价格上的竞争优势。

传统化石能源因大量开采而储量减少、而价格上涨。又因储量减少，相应的开采及加工成本也会增加。此外，随着环保法规对燃烧排放的要求更加严格，污染控制和治理费用将显著增加；温室气体排放也是需要考虑的环境影响成本。

推动太阳能-氢能系统趋于经济、适用化的因素主要有：

① 随着研究的深入，太阳能-氢能系统的效率将进一步提高，达到实用化程度；

② 工艺和材料的改进，以及规模化生产，可降低太阳能-氢能系统的建造成本；

③ 建立低成本、超长距离输氢系统，在太阳能丰富的地区建立太阳能-氢能系统，制备廉价的氢；

④ 储氢、用氢技术的成熟，可促进太阳能-氢能系统向规模化和产业化方向发展；

⑤ 随着化石能源的资源减少，其价格必然不断升高；

⑥ 随着环境保护的要求提高，对化石能源的社会成本的估算会提到议事日程。

参 考 文 献

[1] 毛宗强．氢能——21世纪的绿色能源．北京：化学工业出版社，2005.

[2] Zhixiang Liu，Zhanmou Qiu，Yao Luo，Zongqiang Mao，Cheng Wang. Operation of first solar-hydrogen system in China，International Journal of Hydrogen Energy，2010，35（7）：2762-2766.

[3] 刘洋，刘建国，李星国．d^{10}和d^{0}电子构型半导体光催化制氢研究进展．化学通报，2013，76（11）：969-975.

[4] 林克英，马保军，苏暐光，刘万毅．光催化制氢和制氧体系中的助催化剂研究进展．科技导报，2013，31（28/29）：103-106.

[5] 李灿．太阳能光催化制氢的科学机遇和挑战．光学与光电技术，2013，11（1）：1-6.

[6] 杨仁凯，张立武，夏龙．光催化裂解水制氢的研究进展，化工新型材料，2013，41（1）：143-145.

[7] Horber J K H，Gobel W，Ogrodnik A，et al. In Antennas and Reaction Centers of Photosynthetic Bacteria. Berlin：Springer Verlag，1985：292.

[8] Horber J K H，Gobel W，Ogrodnik A，et al. Time-resolved measurements of Fluorescence from reaction centres of Rhodopseudomonas viridis and the effect of menaquinone reduction. FEBS Lett，1986，198：268-272.

[9] 任彦亮．几种生物光合色素分子体系电子激发光谱的理论研究［学位论文］．武汉：华中师范大学化学学院，2007.

第 7 章 生物质制氢

通常所说的生物质，是指由植物或动物生命体而衍生得到的物质的总称，主要由有机物组成，在它生命周期中吸收的 CO_2 和作为能源使用时排出的 CO_2 相当，故称为今天的“洁净能源”。据统计，热带天然林生物质的年生长量为每公顷 0.9～2toe（吨标准油）（1toe＝42GJ），全世界每年通过光合作用储藏的太阳能，相当于全球能耗的 10 倍，如果能通过恰当的方式，将其释放，即使 1％的生物能对人类也是一个巨大的贡献。

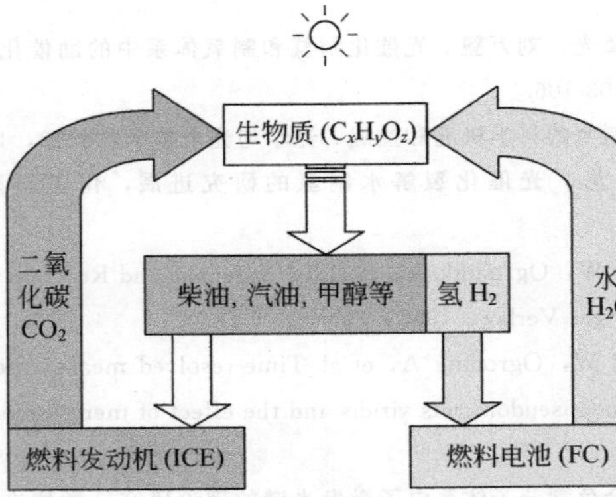

图 7-1　生物质能在能量循环中的关系

如图 7-1 所示，太阳能经光合作用变成生物质能，再经过处理变成气态氢能或液态生物柴油、甲醇之类。氢气可以直接用于燃料电池发电，生成的水被生物再一次利用生成新的生物质。由生物质能变成的液态燃料可以供给发动机输出能量及 CO_2，这些生成的 CO_2 在生物的光合作用过程中被吸收，在燃烧时生成的 CO_2 与其生长过程吸收的 CO_2 相当。从整体看，生物质能在利用的过程中并不排放额外的 CO_2。

生物质能研究开发工作主要集中于生物质的气化、液化、热解、固化和直接燃烧等方面。生物质能源，从被人们认识到今天已经取得了很大的进步，科学家和工程师一直在探索用什么样的方法、什么样的工艺、什么样的设备，才能将生物质能更好、更多地释放出来以及用什么样的方式利用这些被释放出的能量。

生物质能直接燃烧供热或发电，再利用这些热和电制氢，为生物质间接制氢。本章由于篇幅的限制，没有讨论生物质能的固化和直接燃烧的间接制氢方法，只涉及生物质能的气化、液化和热解的直接制氢方法。

图 7-2 给出生物质制氢的主要方法。

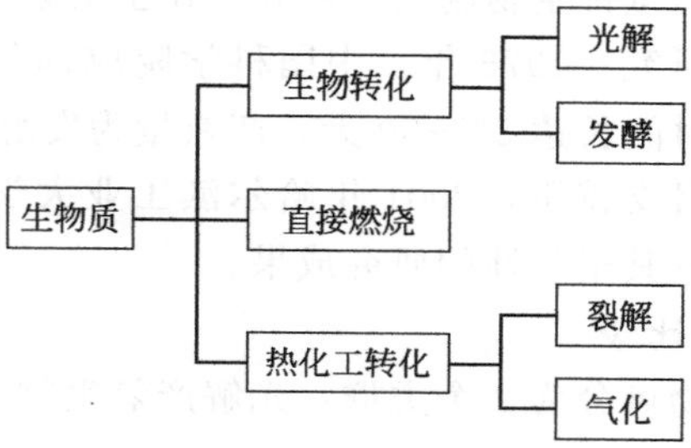

图 7-2　生物质制氢主要方法

总的来说，生物质能的利用主要有微生物转化和热化工转化两大类方法，见图 7-2，前者主要是产生液体燃料，如甲醇、乙醇及氢（发酵细菌产氢、光合生物产氢、光合生物与发酵细菌的混合产氢）；后者为热化工转化，即在高温下通过化学方法将生物质转化为可燃的气体或液体，目前广泛被研究的是两大类，生物质的裂解（液化）和生物质气化。严格来说，后者生产含氢液体燃料或气体燃料。

生物制氢技术具有环境友好和不消耗化石能源等突出优点。生物体作为一种可再生资源，能进行自身复制、繁殖，还能通过光合作用将太阳能和 CO_2 转换为生物质能。这光合作用在常温、常压下通过酶的催化作用得到氢气。从战略的角度来看，通过生物体制取氢气是很有前途的方法。许多国家已经投入大量人力、物力开发研究生物制氢技术，以期早日实现该技术产业化。

7.1　微生物转化技术

7.1.1　生物制氢发展历程

早在 100 多年前科学家们就发现微生物可以从水中制取氢气。1931 年，斯蒂芬森（Stephenson）等人首次报道了氢酶（hydrogenase），它可以催化氢的可逆氧化还原反应：$H_2 \rightleftharpoons 2H^+ + 2e^-$。1937 年，纳卡穆拉（Nakamura）首次报道了光合细菌（photosyntheticbacteria，PSB）在黑暗中放氢的现象。1942年，加夫罗（Gaffron）和鲁宾（Rubin）发现蓝绿色海藻——栅藻（*Scendesmus*）能在一定的条件下通过光合作用产生出氢气。1949 年，盖斯特（Gest）等研究并建议利用紫色光合细菌制氢。经过全世界科学家多年研究证明，产氢是普遍存在于光合营养生物中的一种生理性状。目前，已经发现从原核生物到真核生物的不同属中都有能产氢的生物，有几百种之多。

1966 年刘易斯（Lewis）最先提出利用生物制氢的想法开始，20 世纪 70 年代能源危机使得人们重视生物制氢。研究工作主要集中在寻找产氢量高的光合细菌和产氢工艺的研究。1976 年，中国科学院成都分院生物所孙国超等人分离的产氢菌，产氢时间长达 30～50 天，产氢量为发酵体积的 2～6 倍。在我国第一个氢能 973 项目支持下，2001 年哈尔滨工业大学任南琪等人报道了筛选厌氧高效产氢细菌及其耐酸性的研究成果。

7.1.2 生物制氢方法比较

能够产氢的微生物可分为 2 个类群：光解产氢生物（绿藻、蓝细菌和光合细菌）和发酵产氢细菌。

加夫罗和鲁宾最早提出并开展了以光解产氢生物为基础的生物制氢技术。根据许多科学家多年来的研究结果，认为蓝细菌已经没有研究与开发价值，因其产氢能力仅是绿藻的 1/1000。绿藻的氢生产率仍然较低，而且工业化生产设备和光源的诸多问题制约了光解产氢技术的发展。

发酵法生物制氢技术比光解法生物制氢技术有更多的优越性：①菌种优势，发酵产氢菌种的产氢能力和生长速率都要高于光合产氢菌种；②工艺优势，发酵法生物制氢无需光源，故反应装置简单、容易实现；③价格优势，发酵法生物制氢生产的原料来源广且成本低廉。所以，和光解法生物制氢技术相比，发酵法生物制氢技术更容易实现产业化生产。

7.1.3 生物制氢技术现状

早在 19 世纪，人们就开始有关微生物产氢的研究。迄今为止，已报道的产氢生物类群包括了光合生物、非光合生物和古细菌类群，见表 7-1。

表 7-1 细菌产氢效率

生物类群	产氢效率/(mol H_2/mol 底物)
严格厌氧细菌	2/葡萄糖
兼性厌氧细菌	0.35/葡萄糖
固氮菌	1.05～2.2/葡萄糖

续表

生物类群	产氢效率/(mol H_2/mol 底物)
瘤胃细菌	2.37/葡萄糖
好氧菌	0.7/葡萄糖
嗜热古细菌	4/乙酸
光合细菌	7/琥珀酸
光合细菌	6/苹果酸
纤维素分解菌	6.2/纤维素
蓝细菌	20mL/(g·h)

表 7-2 列出了主要的一些研究小组对发酵产氢细菌的研究状况，可以看到不同菌属最高产气率差别较大。

表 7-2 典型发酵产氢细菌的底物及氢气转化率

菌种	底物	氢气转化率
阴沟肠杆菌	葡萄糖、淀粉、纤维二糖、蔗糖	2.2mol 氢气/mol 葡萄糖 6mol 氢气/mol 蔗糖 5.4mol 氢气/mol 纤维二糖
产气肠杆菌	糖蜜、葡萄糖、麦芽糖、甘露糖、乳糖、果糖、甘露醇	1.58mol 氢气/mol 葡萄糖
梭菌 No. 2	纤维素、半纤维素、木聚糖、木糖	2.06mol 氢气/mol 木糖 2.36mol 氢气/mol 葡萄糖
类腐败梭菌	几丁质、虾壳	1.9mol 氢气/molGlcAc
丁酸梭菌	葡萄糖、淀粉	2.3mol 氢气/mol 葡萄糖

传统的产氢菌种已不能满足生物制氢的需求，发现、筛选高转化率和更广底物利用范围的菌株是发酵制氢研究的重要方向。例如 Ueno 等筛选的 *Thermoanaerobacterium thermosaccharolyticum* KU001，氢气转化率为 2.4mol 氢气/mol 葡萄糖；Oh 等筛选的 *Citrobacter* sp Y19 的氢气转化率为 2.49mol 氢气/mol 葡萄糖。

科学家还利用现代分子生物学和生物信息学的手段培养产氢菌株。Oh 等通过 PCR-GGE 的方法从污泥中发现了大量产氢菌株，包括好氧菌 *Aeromonas* spp，*Pseudomonas* spp 和 *Vibrio* spp；厌氧菌 *Actinomyces* spp，*Clostridium* spp 和 *Porphyromonas* sp。这些菌株的氢气转化率都达到 1.02～1.22mol 氢气/mol 葡萄糖。研究者还对产氢污泥菌株开展分子生物学鉴定，以期获得高效的目标产氢菌。

7.1.3.1 光解产氢生物

（1）细菌和绿藻　细菌和绿藻可利用其光合机能裂解水产生氢气，但产氢机制却不相同。加夫罗（Gaffron）就报道了珊藻（*Scenedesmus*）可光裂解水产氢。1974 年，贝内曼（Benemann）观察到柱胞鱼腥藻（*Anabaena cylindrica*，异形胞种类）可光解水产生 H_2 和 O_2。不过它们伴随氧的释放，产氢效率较低而且放氢酶遇氧会失活。

（2）蓝细菌产氢　蓝细菌的产氢分为固氮酶催化产氢和氢酶催化产氢两类。

① 固氮酶催化产氢　固氮酶催化产氢同时放氧，遇氧失活，其固氮放氢机制因种而异。如丝状好氧固氮菌 *Anabaena cylindrica* 的细胞具有营养细胞和异形细胞两种类型。营养细胞含光合系统Ⅰ和光合系统Ⅱ，可进行 H_2O 的光解和 CO_2 的还原，产生 O_2 和还原性物质。该还原性物质可传输到异形细胞作为氢供体，用于异形细胞的固氮和产氢。异形细胞只含有光合系统Ⅰ和具有较厚细胞壁，可形成局部厌氧或低氧分压环境，使固氮产氢过程顺利进行（图 7-3）。异形细胞的产氢也由固氮酶催化，细胞固定 CO_2、储存多糖并释放氧气。在黑暗厌氧条件下，储存的多糖被降解为固氮产氢所需电子供体。这样，*Anabaena cylindrica* 细胞在光照和黑暗交替情况下可产氢。

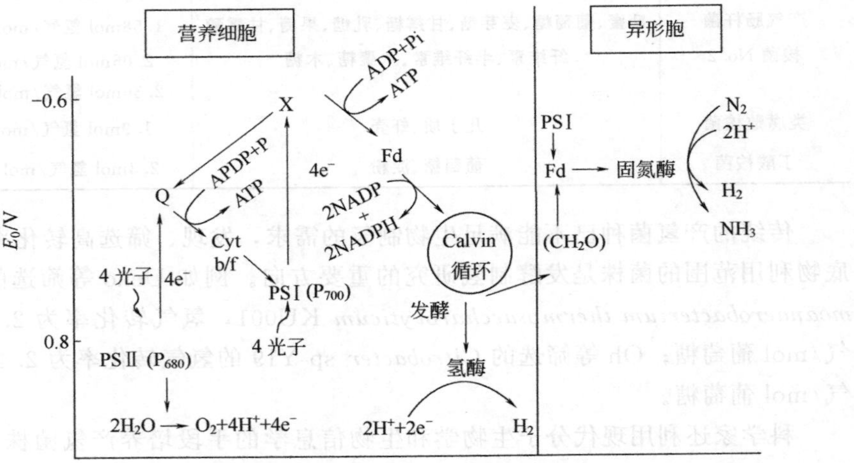

图 7-3　蓝细菌的固氮产氢与氢酶产氢

② 氢酶催化产氢　对其产氢机理研究相对较少。认为沼泽颤藻（*Oscillatoria limnetica*）是好氧固氮丝状蓝细菌，其光照产氢过程由氢酶催化，白天经光合作用积累的糖原在光照通氩气或厌氧条件下水解产氢；钝顶螺旋藻（*Spirulina platensis*）可在黑暗厌氧条件下通过氢酶产氢。

7.1.3.2　厌氧光合细菌

厌氧光合细菌放氢过程只产氢、不产氧。而且产氢纯度和产氢效率高、工艺简单，故研究较多。1949年，盖斯特（Gest）首次证明光合细菌可利用有机物光合放氢以来，各国科学家对之进行了大量研究，集中在高活性产氢菌株的筛选或选育、优化和制氢工艺优化以提高产氢量，处于实验室或示范水平。

紫色非硫细菌光合产氢需要提供能量和还原力，由固氮酶催化。但光合细菌的光合作用并不提供还原力（图7-4），其还原力是有机物经氢化酶（HD）得到的组分。与产氢有关的甲酸脱氢酶（FDH），催化非产能反应，受 O_2、NO^{3-} 和MB的阻遏。另外一种反向电子传递产生。在限氮或提供产氢条件下，有机物光合氧化产生的电子传递给Fd使之还原，固氮酶的铁蛋白（固氮酶还原酶）在接受还原型Fd传来电子的同时将之氧化再生。在ATP和 Mg^{2+} 的作用下，铁蛋白活化形成还原型的固氮酶还原酶—— ATP-Mg^{2+} 复合物。该复合物再将电子转移给固氮酶的铁蛋白使之成为有活性的固氮酶，在没有合适底物之时，固氮酶将 H^+ 作为最终电子受体使其还原产生分子 H_2：

$$2H^+ + 4ATP + 2e^- \longrightarrow H_2 + 4(ADP + Pi)$$

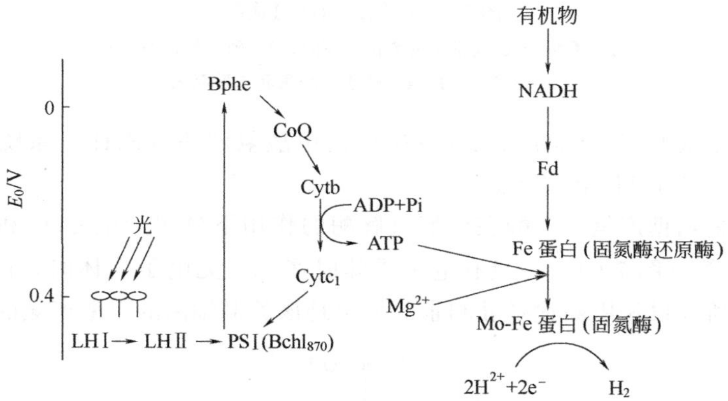

图7-4　光合细菌的光合产氢途径

在黑暗条件下，光合细菌可利用葡萄糖和有机酸包括甲酸厌氧发酵产生 H_2 和 CO_2，发酵休止细胞在暗处的产氢活性较高，光照时产氢活性会下降25%左右。CO能抑制发酵休止细胞的放氢，20% CO几乎完全抑制放氢，这种现象说明黑暗条件下的产氢与固氮酶无关，而可能是由氢酶催化。

7.1.3.3　非光合生物

该类微生物可降解大分子有机物产氢的研究始于20世纪60年代，其中Suzuki和我国任南琪的产氢研究最具有代表性。Suzuki的琼脂固定化 *Clostridium butyricum* 菌株的产氢试验表明，随搅拌速率的提高，产氢速率也由7mL/min增加到10mL/min，固定化细胞颗粒遭到破坏会导致产氢速率下降；

另外，副产物有机酸的积累也是导致产氢下降的主要原因。任南琪对碳水化合物废水制氢的研究表明，在良好运行条件下，生物制氢反应器最高持续产氢能力达到 $5.7m^3/m^3$ 反应器。

（1）厌氧发酵产氢　梭菌属（*Clostridium*）的产氢研究最为典型。研究认为有机物氧化产生的 $NADH+H^+$ 一般可发酵过程相连而使 NAD 再生，但当 $NADH+H^+$ 的氧化过程慢于形成过程时，细胞则释放 H_2，避免 $NADH+H^+$ 的积累，保持体内氧化还原的平衡。丙酮酸经丙酮酸-铁氧还蛋白氧化还原酶作用后，当环境中无合适的电子受体时，氢化酶将接受铁氧还蛋白（Fd）传递的电子，以 H^+ 作最终电子受体而产生分子氢（图 7-5）。

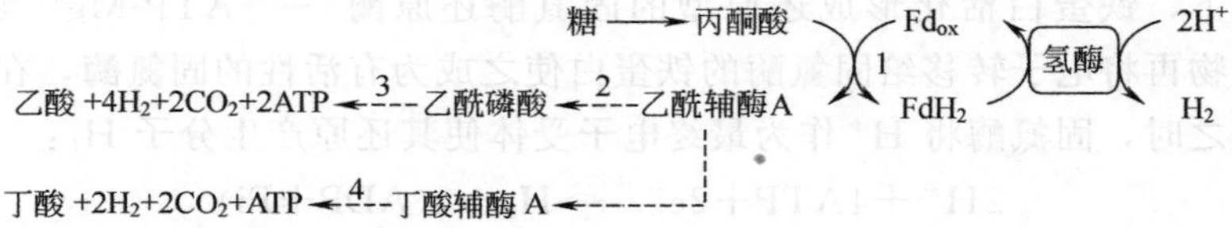

图 7-5　厌氧细菌产氢途径

1—丙酮酸-铁氧还蛋白氧化还原酶；2—磷酸转乙酰酶；

3—乙酸激酶；4—磷酸丁酸酶和丁酸激酶

（2）甲酸产氢　*Escherichia coli* 可由甲酸氢解酶（FHL）系统催化、厌氧分解甲酸产生 H_2 和 CO_2。

（3）葡萄糖产氢　甲酸在甲酸氢解酶的作用下分解产生 CO_2 和 H_2、酸、醇和 CO_2 等（图 7-6）。一般有电子受体时产氢，无电子受体时，产 NO_2^- 或琥珀酸，所以设法阻断途径Ⅱ和Ⅲ的发生是该类群细菌的甲酸产氢的要点。

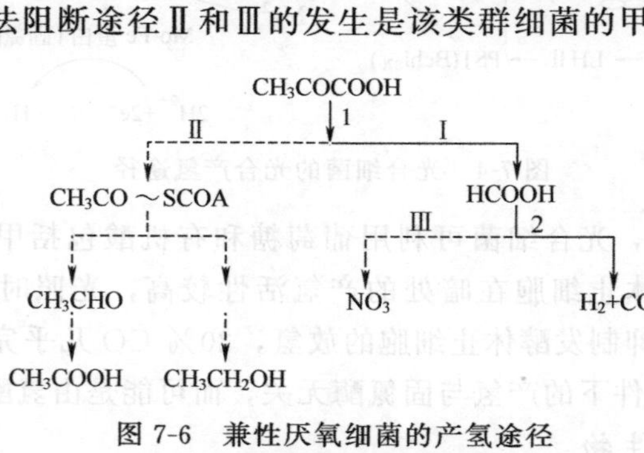

图 7-6　兼性厌氧细菌的产氢途径

1—丙酮酸甲酸裂解酶；2—甲酸氢解酶

（4）古细菌产氢　古细菌是性质很特殊的细菌类群。它可在 100℃高温条件下进行异养生长并产氢。该菌含有性质独特的氢酶，活性中心含有可溶性金属 Ni，电子供体不是 NADH（还原型辅酶Ⅰ）而是 NADPH（还原型辅酶Ⅱ)。

研究表明，丙酮酸首先在丙酮酸-铁氧还蛋白氧化还原酶参与下，电子从还原性的Fd传递给NADP（氧化型辅酶Ⅱ）使其被还原为NADPH，然后硫氢酶在接受来自NADPH的电子的同时将NADPH氧化，而产生分子氢。

(5) 光合细菌产氢系统 光合细菌产氢和蓝、绿藻一样都是太阳能驱动下光合作用的结果，但是光合细菌只有一个光合作用中心（相当于蓝、绿藻的光合系统Ⅰ)，由于缺少藻类中起光解水作用的光合系统Ⅱ，所以只进行以有机物作为电子供体的不产氧光合作用。光合细菌光分解有机物产生氢气的生化途径为：$(CH_2O)_n \rightarrow Fd \rightarrow$ 氢酶 $\rightarrow H_2$，以乳酸为例，光合细菌产氢的反应的自由能为8.5kJ/mol，化学方程式可以表示如下：

$$C_3H_6O_3 + 3H_2O \xrightarrow{\text{光照}} 6H_2 + 3CO_2$$

此外，研究发现光和细菌还能够利用CO产生氢气，反应式如下：

$$CO + H_2O \xrightarrow{\text{光照}} H_2 + CO_2$$

光合细菌产氢如图7-7所示。

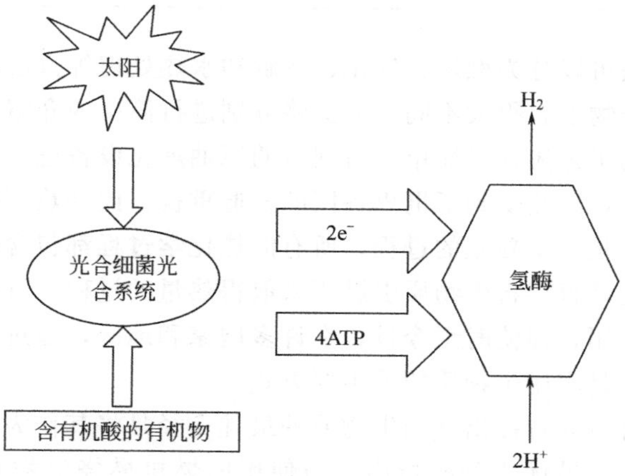

图7-7 光合细菌产氢示意图

目前的研究利用了猪粪进行试验，这项技术的最大优点是可以实现废物的资源化。

7.1.4 生物制氢前景

人类面临资源短缺和环境多重压力，开发清洁的生物制氢技术就十分必要。和其他制氢方式相比，生物制氢的优势体现在：①原料极为广泛、成本低廉，原料包括废弃的生物质、秸秆，城市和工业有机废弃物，高浓度有机废水等；②所需要的能量多来自太阳能，清洁、可再生；③生物反应条件温和，在常温、常压下进行，所需设备和操作费用低；④反应气体产物为 H_2 和 CO_2 或 O_2，生产过程清洁、安全。

可以预见，生物制氢技术将为人类实现可持续发展提供支撑，发展前景十分光明。有理由相信在不远的将来，生物制氢的产业化生产就会成为现实，该项技术的研究开发及推广应用，将带来显著的经济效益、环境效益和社会效益。

我国生物制氢有很大的进展，国家 863 项目给予支持。中国科学院，厦门大学都开展相关的研究。哈尔滨工业大学任南琪已经完成中试规模的生物发酵制氢示范工程。

美国大力推进生物制氢的研究，每年用于生物制氢技术研究的费用平均达到几百万美元，而日本在这一领域的年投资则是美国的 5 倍左右。欧盟也成立了相关的组织机构，开展生物制氢研究，并计划在 2020 年实现生物制氢市场化。

7.2 生物质热化工转化技术

热化学方法可以分为燃烧、气化、热解和水热处理等方法。各种方法在使用条件和目标产物上有很大不同，下文将分别进行简单的介绍。在这些热化学方法中，热解的工艺流程最简单，对现有的原油炼化设备进行某些改进即可用于生物质的热解，因此受到了世界各国的普遍重视。此外热解的另一个重要性体现在，它并不是一个独立的过程，所有的热化学过程都包含热解阶段。

直接燃烧就是直接将生物质引燃用来取得热量的过程，可以说是人类对生物质的最原始应用，即使时至今日，在许多国家和地区，通过燃烧木柴来取暖或者加热食物也是应用生物质的最主要方式。

近年来，有研究者提出利用生物质的最佳途径是将其作为燃料产生电能供给电池动力汽车。最优化分析指出，与使用内燃机燃烧生物基燃料的车辆相比，纯电动汽车（BEV）在一级能源使用、温室气体排放、用水量和百公里耗能的成本上都具有优势。

通常，燃烧过程是燃料与氧气之间的一种化学反应，产生热量、水、二氧化碳以及其他气体。根据燃料的热值和含水量、过量空气量、炉型等因素的不同，火焰的温度最高可以超过 1650℃。直接燃烧的优势在于它采用了商业上已经成型的技术。

生物质的直接燃烧技术的显著不足之处在于：①高含水量的燃料会消耗大

量额外能源；②高碱金属含量引起的凝聚和积灰问题；③生物燃料的运输问题。除了直接燃烧外，热解和气化是两种最重要的热转化技术，并且长期以来一直受到广泛重视。

生物质的气化是在较高温度和贫氧环境下将含碳的固体转化为合成气（一氧化碳、氢气、甲烷、氮气、二氧化碳和某些低分子量碳氢化合物的混合物）的技术。气化技术本身已经发展了将近200年，该技术最初是用于将煤气化以生产所谓的“人造煤气”用来加热或者照明。煤气化技术也被用于大规模生产液化运输燃料（liquid transportation fuels），第二次世界大战期间的德国首先开发了这种方法，而后南非由于种族隔离政策在一段时间内也曾大规模采用。

常见气化途径气化方法可以用于将任何固体或液体燃料转化为小分子量的气体混合物。事实上，生物质的高挥发性成分使得它相比于煤更易于气化。在林业废弃物充足或者化石燃料稀缺的地方非常适用生物质气化技术，而这早在1933年就已经有相关的应用。便携式的木材气化设备在第二次世界大战期间就已经应用到了汽车上。在20世纪中后期天然气开采技术的进步和石油化工行业的发展使得气化技术曾经一度沉寂，而最近10年，由于化石能源的价格不断上涨，气化技术开始重新受到重视。

气化技术的应用范围很广，最简单的是产生热能用于窑、炉等。如果副产物中的焦油含量不高或者经过有效脱除，气化产物可以用于内燃机或者燃气轮机，其中后者对于气体的清洁程度要求较高。混合气还可以用于生产多种化学制品，包括有机酸、酒精、酯类和碳氢燃料，但是这些应用通常需要催化剂参与，而催化剂对于焦油类物质极其敏感，因此对于脱除焦油的技术要求更高。

热解是指有机成分在无氧环境下发生的快速热降解过程，生成焦炭和液态、气态产物。产物的分布依赖于生物质组成、比例以及加热时间。按照热解的升温速率不同，又可以细分为慢速热解、快速热解和闪速热解等，三种热解形式分别对应于固态、液态和气态的目标产物，其中，快速热解可以生成生物油，而生物油目前是最合适的石油替代品，因此最受关注。

7.2.1 热化工转化技术发展史

热化工转化技术发展史要比人类的历史还要长。在人类出现之前，自然现象引起的森林、草原的大火，就是生物质的热化工转化。人类掌握使用火的方法，第一种燃料就是树枝、茅草之类的生物质。

快速热解是一种以热解产生的液体为目标产物的技术，在合适的条件下，热解生成的液体产量最高可达72%。这种方法产生的生物油（bio-oil）是一种由多种含氧有机物组成的复杂的混合物，包括有机酸、醇、醛、酯、糖类、芳香化合物和木质素的低聚体等。虽然存在价格较高、腐蚀和不稳定等问题影响了商业应用，这些生物油仍然被认为是值得信赖的替代能源，并且逐渐应用于锅炉和汽机。相比于生物质原材料和气化产物，快速热解产出的生物油便于运输和储存。结合轻汽油的蒸汽重整（steam reforming）工艺，还可以将生物油改良为高品质燃料，副产品还可以获得氢气、加氢裂化的木质素低聚物和某些碳水化合物，这些产物又可以用于合成生物柴油或汽油。

加氢裂化生产的生物油适合运输，非常接近从石油提炼出来的燃料。加氢裂化方法具体来说包含两个程序：①水热处理（hydrothermal processing)，对于石油来说，这个程序用于脱除硫、氮、氧和其他杂质，对于生物油来说，氧是最主要的杂质，因此生物油的氢化热处理实际上也是脱氧的过程；②加氢裂化（hydrocracking processing)，是用氢气和有机成分进行反应，使长链分子断裂成为较小分子量的组分。在快速热解过程中作为副产物会出现一些碳水化合物和木质素降解物，在催化剂的作用下，通过加氢裂解可以生成一些更有用的化合物，例如石蜡和环烷烃，一些学者也在尝试通过催化剂作用直接获得碳氢化合物。

气化和快速热解这两种途径各有优劣，但都面临着热化学方法共同的问题，即产生某些不必要的副产物的问题。对热解过程来说，含氧组分（醛、酮、酚类和有机酸）会使热解生成的生物油变得不稳定，而且有机酸成分会降低生物油的 pH 值，对输油和提炼系统造成威胁。而对于气化，在其过程中产生的焦油同样会带来各种各样的问题，具体包括催化剂失活、堵塞通道和损坏压缩机等，会造成问题的并不仅仅是焦油，其他的副产品，如胺、含硫组分、酸性物质和金属化合物等，也会对上述过程产生影响。

除此之外还有一种生物质的热化学应用方法得到了广泛关注，即生物质的水热处理。水热处理是最近几年兴起的一项技术。这项技术是在加压状态下对潮湿的生物质原料进行热处理，根据反应条件的不同可以生产碳水化合物、液态碳氢化合物，或者某些气态产物。水热处理中必须小心地控制温度和压力，避免潮湿生物质中的水沸腾。在不同的温度下产物有所不同：100℃左右，可以提取松脂、脂肪、酚醛树脂和植物固醇等。在200℃和20atm 的条件下，会生成纤维类生物质（纤维素、木质素和半纤维素）的低聚物，例如糠醛，进一步也可能出现葡萄糖。在 300～350℃和 120～180atm，生物质会发生更广泛的化学反应，生成一些富含碳氢化合物的液体物质——生物质原油(biocrude)。生物质原油与上文提到的生物质油非常相似，但是相比之下，生物质原油的含氧量更低，与水的互溶性更差，从而更容易进行加氢处理。当温度提高到600～650℃，压力提高到 300atm 以上，主要产物就变为气体，其中甲烷的产量最为可观。

7.2.2 固体燃料的气化

固体燃料的气化就是利用空气中的氧气或与水蒸气一起将固体燃料（煤、木料或农业剩余物等生物质）中的碳氧化生成可燃气体的过程。在此过程中，还伴随有碳与水蒸气的反应及碳与氢的反应。

在原理上，气化技术与燃烧都是有机物与氧发生反应，但两者有很大的区别。燃烧主要是将原料的化学能转变为热能，燃烧产品二氧化碳不能再放出化学能。气化是将物质由固态转换为气态，气化产品，如合成气则可进一步燃烧而释放出其化学能。固体燃料的气化工艺有高温氧化-还原反应以及干燥-干馏过程。煤气发生炉和生物质气化炉是气化固体燃料所用的设备。两种炉子的工作过程基本一致，只是气化的原料不同时，炉的结构、运转参数以及气化产物的组成等会有所不同。下面以煤气发生炉的基本工作过程进行介绍。

（1）煤气发生炉的工作过程　煤气发生炉是一直立的圆桶，外面是钢板，里面砌耐火材料。原料由炉子上方的料斗加入，炉栅上陈放燃料，炉栅下鼓风。得到的煤气由出气口引出，渣与灰经过炉栅上落下后除去。

通常，发生炉中的燃料可以分成四层：

① 燃烧层或氧化层　氧气在这里反应完毕，生成大量 CO_2，为强放热反应，温度最高可达 1200～1500℃或更高。其反应式为：

$$C+O_2 \xlongequal{} CO_2+408567kJ$$

同时，有一部分碳，由于氧气（空气）的供应量不足，便生成 CO，为放热反应：

$$2C+O_2 \xlongequal{} 2CO+246270kJ$$

在燃烧层内主要是产生 CO_2，CO 的生成量不多，在此层内水分也很少分解

② 还原层　CO_2 及 H_2O 在这里还原成 CO 和 H_2，为吸热反应，温度一般在 700～900℃。

$$C+CO_2 \xlongequal{} 2CO-162297kJ$$

$$H_2O+C \xlongequal{} CO+H_2-118742kJ$$

$$2H_2O+C \xlongequal{} CO_2+2H_2-75186kJ$$

$$H_2O+CO \xlongequal{} CO_2+H_2-43555kJ$$

③ 干馏层　燃料中挥发物质进行蒸馏得到挥发物，温度为 450℃左右。

④ 干燥层　燃料中的水分蒸发，为吸热过程。使煤气温度降到 100～300℃。

气化层为氧化层及还原层的总称。干馏层和干燥层则称为燃料准备层。必须指出，上述的划分只是粗略的，因为炉内层与层之间参差不齐。

煤气中CO和H_2的含量愈多煤气质量愈好，CO和H_2主要产生在还原层。试验表明，还原区的温度应保持在700～900℃，可使CO_2还原成CO的过程进行彻底；CO_2与碳的接触时间长，对生产CO有利。

（2）煤气发生炉的种类　煤气发生炉通常分为固定床和流化床两类。固定床又可细分为上吸式、下吸式、平吸式以及流化床式；以上几种炉型还可构成复合式煤气发生炉。

① 固定床反应器上吸式煤气发生炉　炉内原料由上而下，生成的煤气由下而上被吸至炉外。该炉特点是，启动容易、煤气热值高、灰分少。上吸式煤气发生炉一般适用于含焦油较少的燃料。煤气炉运转中，不能添加燃料。

② 下吸式煤气发生炉　燃料自上部加入，空气自炉壁或炉中央送入，煤气从炉栅下吸出。下吸式煤气发生炉的特点是工作稳定性好、可连续加料，但存在煤气中灰尘较多、煤气的出炉温度增高等缺点。

③ 平吸式煤气发生炉　气体从位于炉身一定高度处的风嘴以高速送入炉内，所生煤气由对面炉栅处被吸到炉外。此种炉子优点是燃料燃烧层的温度可高达2000℃，可用较难燃烧的燃料。主要缺点是容易造成结渣，使煤气质量不高。平吸式煤气发生炉仅适用于含焦油很少及含灰分不大于5%的燃料，如无烟煤、焦炭、木炭等。

④ 流化床式煤气发生炉　流化床式煤气发生炉是用热砂作为流动介质的，燃烧与气化在热砂上发生。由于砂子能保温较长时间，流化床操作难度大，生成的煤气中含有灰分，故需有分离和滤清系统。

（3）生物质原料气化产物比较　生物质原料的不同，对生成煤气品质有较大影响。表7-3列出几种农业剩余物气化时所得的煤气成分。

表7-3　几种农业剩余物气化时所得的煤气成分

种类	煤气组成/%						
	CO	H_2	CH_4	C_nH_m	CO_2	O_2	N_2
木材	18～21	12～17	2.5～3.5	—	8～12	0.1～0.2	50.5～55.3
新收的麦秆	15.4	14.8	3.2	0.1	13.3	0.2	53.0
干燥畜粪	16.1	13.2	1.8	0.21	12.8	0.4	55.49

注：摘自参考文献［11］。

（4）气化技术的发展　空气是所有气化技术中最简单最普遍的气化剂。但由于空气中80%氮的存在，使产生的可燃气体发热量较低，通常为5439～7322kJ/m^3（标准状态，余同）。气化树叶、畜粪而产生的可燃气体，其发热量更低，只有4184kJ/m^3左右。因而这种可燃气体不适宜于用管道输送至远方，而适合用作近距离的锅炉或内燃机燃料。

为了提高煤气的发热量，发展了用氧气作为气化介质。与空气气化比较，它的特点是由于产生的气体不被氮所稀释（氮含量只有1%），故具有中等的发热量（10878～18200kJ/m^3），它可用于管道输送，并可用作热化工合成的原料，如用于制造甲醇等。由于使用氧气而使得气化成本大幅增加，只有处理城市固体垃圾时才用。

(5) 我国的几种实用的生物质气化装置　近年来，我国各地有关研究单位和生产单位分别研制了多种生物质气化装置，同时，又为我国气化技术积累了经验，为进一步发展提供了依据。

① 中国农机院能源动力研究所研制的ND-900型农林残余物生物质气化装置。

该装置是下吸式气化炉，其结构见图7-8。气化室直径900mm，气化室中布置两排圆周风嘴和一个中央风嘴，以减小空气流动的穿透距离；可摇动炉栅，具有较好的排灰碎渣作用；灰仓和气化室设空气夹层使空气在进入气化室氧化层前能够充分预热。

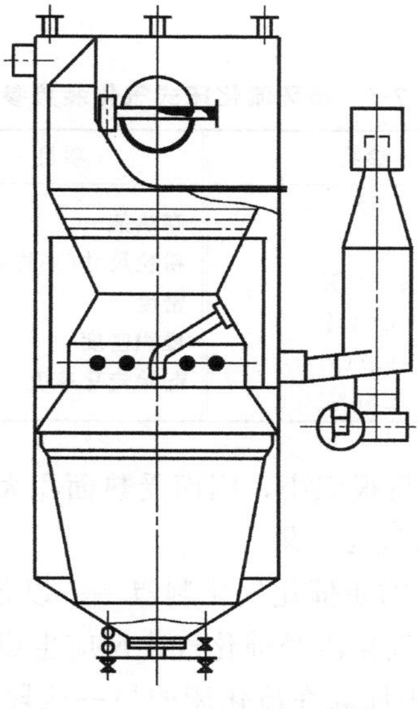

图7-8　ND-900型气化炉

ND-900型气化炉可燃烧玉米芯、薪柴、茶壳、木块、机刨花、木屑、稻壳等多种农林剩余物，产气稳定，气化、燃烧都比较完全，气体质量较好。以茶壳为燃料时气化炉性能指标如下：输出热功率388kW，燃气低热值5298kJ/m^3，气化效率 76.5%，气化强度 610W/m^2，产气量 263.65m^3/h，产气率 2.43m^3/kg 燃料（绝干）。不同的生物质燃料气体成分测定见表 7-4。

表 7-4 不同生物质燃料气体成分

燃料	平均尺寸/mm	组成/%							低热值/(kJ/m^3)
		H_2	CO_2	O_2	CH_4	CO	C_nH_m	N_2	
玉米芯	150	12.21	8.54	0.2	1.75	21.76	0.34	55.4	4575.2
茶壳	15	13.01	7.90	2.2	3.75	22.4	0.2	50.59	5298.5
机刨花	10	13.76	10.5	0.4	4.04	23.4	1.0	46.9	6085.7
木炭	50～250	12.38	9.6	0.4	2.86	21.1	0.3	53.36	4864.6

注：摘自参考文献［11］。

气化炉产生的可燃气可代替煤驱动小型蒸汽锅炉；经滤清、冷却后亦可应用于驱动大、中型煤气机。

② 中国科学院广州能源研究所在广东湛江为一家木料厂设计并运行了一套循环流化床式生物质气化装置。

设立该装置的目的是要回收能源并防止木粉对环境造成污染。气化反应器的直径 410mm，高度 4000mm。使用橡木粉为气化原料，原料的特性参数见表 7-5。

表 7-5 循环流化床式气化装置参数

项目	参数	项目	参数
湿含量	5%	高热值	18320.5kJ/kg
元素分析		粉粒尺寸(平均)	0.329mm
C	47.25%	密度	430kg/m^3
H	6.04%	堆积密度	215kg/m^3
O	46.71%	起始流化速度	0.12m/s
灰分	2.46%		

这套气化装置的原料粉很细小，因而受热面积大，热阻小，加上快速流动(1.4m/s)，故具有良好的气化效果。

目前正在研究：a. 生物质催化气化制氢——以各种生物质废弃物为原料，首先在流化床反应器中的气化段经催化气化反应生成含氢的生物质燃气，燃气中的 CO、焦油及少量的固体碳在流化床的另一区段与水蒸气分别进行水蒸气变换及改质等催化反应，从而减少污染物含量、提高转化率及氢气的产率，然后产物气进入固体床焦油裂解器，在高活性催化剂上进一步完成焦油裂解反应，最后经 PSA（变压吸附）制得高纯度的氢气；b. 二甲醚合成——生物质燃气经固定床催化水蒸气变换及 CO_2 与 CH_4 的活性化反应进行组成调整与净化，得到适当 CO/H_2 比例的合成气，通过压缩机增压后，在新型浆态床反应器中完成二甲醚的合成反应，得到液体燃料二甲醚。

③ 山东省能源研究所在胶州市前石龙村建立了一个生物质气化系统。

该系统供应该村 100 户居民的炊事燃气，系统示意图见图 7-9。

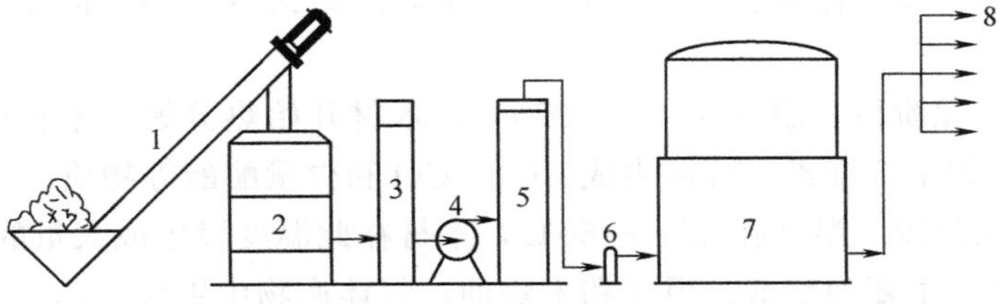

图 7-9　乡村燃气生物质气化系统示意图

1—给料器；2—气化反应器；3—净化器；4—风机；
5—过滤器；6—水封器；7—气柜；8—燃气供应网

气化反应器为下吸式，由上、中、下三段组成。原料由上而下移动，连续加料，依次完成干燥、热解、氧化和还原反应。气化反应器设计为负压操作，防止在加料时燃气溢出。下部采用水封密闭，通过炉排，灰分落入水封池内，然后除去。气化反应器及产生气的性能见表 7-6。

表 7-6　气化反应器及产生气的性能

燃料品种	产气量 /(Nm^3/h)	低热值 /(kJ/m^3)	输出热量 /(MJ/h)	气化效率 /%	原料产气率 /(m^3/kg)	气化强度 /[MJ/($m^3\cdot h$)]	表征速度 /(m/s)
玉米芯	135	5302.8	715.9	76.9	2.33	5176.4	0.271
棉柴	109	5585.2	608.8	77.46	1.94	4402	0.219
玉米秸	116	5327.7	618	73.92	1.90	4468.7	0.233
麦秸	113	3663.5	413.9	72.6	2.51	2993.4	0.215

该燃气系统供应 100 户居民约 450 人炊事用燃料，气柜 $45m^3$，保持出口压力 2000Pa，灶前压力 800Pa，每天供气 5h，日供气量约 $600m^3$。

7.2.3　生物质热解

在前面生物质气化中曾说过，生物质热解（热分解）过程是指在隔绝空气或只通入少量空气的条件下使生物质（植物质）受热而发生分解的过程。一般说来，在这样的条件下，生物质的热解产物有三种，即气体、热解油和炭。

（1）木材干馏　下面以木材干馏为例，说明生物质热解的基本过程。

木材干馏是把经过干燥后的原料，置于干馏釜（窑）内，在隔绝空气的条件下对釜加热，使釜内的木材受热分解。木材受热分解得到挥发气体，气体经冷凝而获得木焦油和木醋液；不能冷凝的气体是木煤气，剩在釜（窑）内的是木炭。

根据木材热分解过程的温度变化和生成产物的情况等特征，可以把木材干馏过程大致划分为4个阶段。

① 干燥阶段　温度在120～150℃以下，木材失水干燥，但化学组成几乎不变。

② 预炭化阶段　温度在150～275℃，木材开始热分解，木材中比较不稳定的组分（如半纤维素）分解生成CO_2、CO和少量醋酸等物质。

③ 炭化阶段　温度在275～450℃，木材在此温度段生成大量的分解产物。其液体产物中主要为醋酸、甲醇和木焦油；气体产物中甲烷、乙烯等可燃性气体逐渐增多，此阶段放出大量的反应热。

④ 煅烧阶段　温度上升到450～500℃，这个阶段继续排出残留在木炭中的挥发物质，木炭中固定碳含量提高。

(2) 温度和加热速度的影响　反应温度的高低和加热速度的快慢对产品组成的影响很大。温度较低，加热速度慢，生成炭的量较大；而在500～800℃范围内，快速或闪速加热生物质，则可最大限度地取得气体和液体产物。表7-7和表7-8表示以木片为原料时，温度和加热速度对热分解产物的影响。

表7-7　温度对热分解产物的影响

温度/℃	产物(质量分数)/%			气体产物							
	气体	液体(焦油酸)	固体(炭)	产量/(m^3/kg燃料)	组成/%						热值/(kJ/m^3)
					H_2	CH_4	CO	CO_2	C_2H_4	C_2H_6	
500	12.3	61.1	24.7	0.11	5.56	12.4	33.5	44.8	0.45	3.03	12050
650	18.6	59.2	21.8	0.18	16.6	15.9	30.5	31.6	2.18	3.06	15062
800	23.7	59.7	17.2	0.22	28.6	13.7	34.1	20.6	2.34	0.77	13330
900	24.4	58.7	17.7	0.20	32.5	10.5	35.5	18.5	2.43	1.07	14644

注：摘自参考文献[11]。

表7-8　加热速度对热分解产物与成分的影响

原料	加热速率/[kcal/(cm^2·s)]	最高温度/℃	在高温停留时间/s	有机物(质量分数)/%						
				炭	焦油	气体	CO	CO_2	H_2O	其他挥发性气体
木片	1.5	—300	10	33	19	48	3	9	32	3
	11.0	>600	4	3	51	46	13	11	16	6
	3000	>600	0.5	1	0	99	17	4	28	50

注：摘自参考文献[11]。

（3）生物质热解生成燃料油（热解油）　虽然生物质热解的产物可燃气、油和炭都是有用的物品，但是现阶段的交通燃料以液体为主，故希望热解产物中液态产物的比例尽量大。为此，已经研究和正在研究着许多热解的新工艺。表 7-9 列出了世界上部分研究单位采用的热解工艺和设备性能。

表 7-9　不同的热解工艺和设备性能

热解工艺	研　制　者	设备容量/(kg/h)	期望产物	气/油/炭(质量分数)/%	温度/℃
固定床	Bio-Alternative	2000	炭	55/15/30	500～800
流化床	TNEE	500	气	80/10/10	650～1000
辐射炉	Zaragoza 大学	100	气	90/8/2	1000～2000
常规型	Alten(KTI+Italenergie)	500	油		
循环流化床	Ensyn Engincering	30	油	25/65/10	450～800
快速流体输送	Georgia 技术研究所(GIT)	50	油	30/60/10	400～550
真空炉	Laval 大学	30	油	15/65/20	250～450
旋涡式反应器	太阳能研究所(SERI)	30	油	35/55/10	475～725
低温型	Tubingen 大学	10			
闪速流化床	Waterloo 大学	3	油	20/70/10	425～625
旋转锥形反应器	Twente 大学	10	油	20/70/10	500～700

一般而言，1t 干生物质原料可制得 200kg 生物油，800 多千克可燃气，其物料衡算见图 7-10。生物质制备液化油的过程中，其热量平衡情况参见图 7-11。

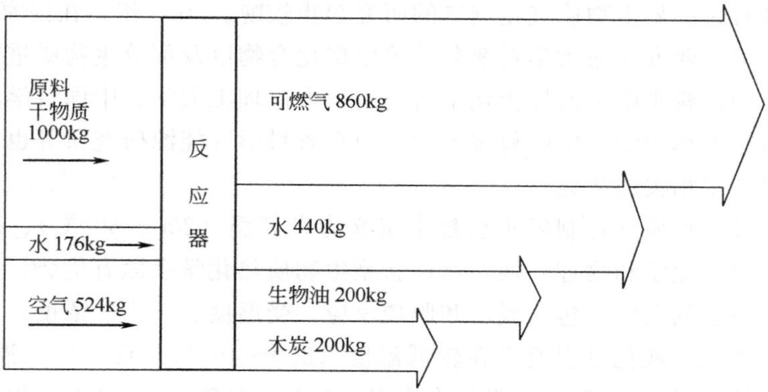

图 7-10　生物质热解工艺过程的物料衡算

7.2.4　生物质水热解制氢

所谓超临界流体（super critical fluid，SCF）是指温度及压力处于临界温度及临界压力以上的流体。超临界流体是非气体、非液体的单一相态物质。它

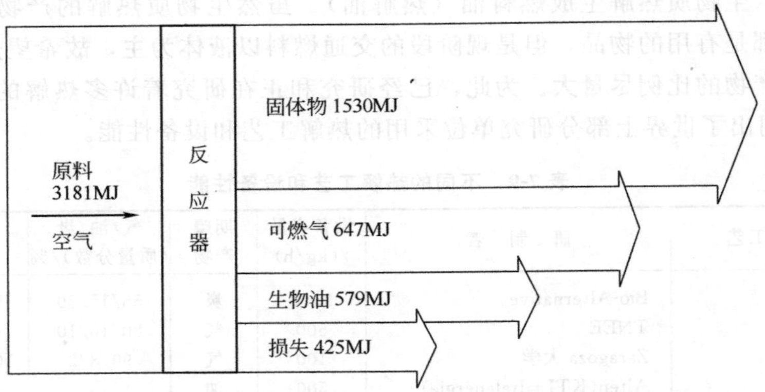

图 7-11　生物质热解工艺过程的热量平衡

黏度小、扩散系数大、密度大、溶解度大、传质好，是一种良好的分离介质和反应介质。

1993 年，美国夏威夷大学的 Antal 等人最早研究超临界水中由生物质转化成 H_2 的技术，20 世纪 90 年代，人们用催化剂提高 H_2 的产率，并取得一定的进展；例如用 KOH 作为催化剂，使葡萄糖的气化产 H_2 率从 13%提高到 28%。日本资源与环境国立研究所（MRE）研究了 Ni/Pd/Pt 等催化剂得到的气相产物中，H_2 的含量达 50%以上，引起人们对超临界水中生物质气化制氢的重视。

我国对超临界生物质气化制氢的研究起步较晚。2000 年，在国家氢能 973 项目支持下，西安交通大学对葡萄糖等模型化合物以及部分生物质进行了大量的实验；中国科学院山西煤炭化学研究所、大连理工大学、中国科学院广州能源研究所、天津大学、中国科技大学、山东省科学院能源研究所等也对多种物质气化进行了相关的研究。

超临界生物质气化制氢水热技术定义为在高温（200～600℃）、高压液体或超临界水的化学和物理转换。这种新型生物质热化学手段有优势。生物化学物质经过一系列反应，包括脱水和脱羧反应，受温度、压力、浓度、催化剂影响。一般来说，液化过程通常在较低温度（200～400℃）反应生产液体产品，如“生物油”。气化过程一般发生在高温（400～700℃），并能产生甲烷和氢气气体。

7.2.5　热化工转化优缺点

生物质热化工转化的优点是：①过程为化学工程过程，可以大规模地生产，有规模才有效益，热化工转化可以从再生能源获取更大量的可用能源，提高可再生能源在能源领域的比例；②热化工过程不受外界干扰，与生物过程相比，热化工过程容易控制，不像微生物过程那样“娇气”。

生物质热化工转化的缺点是热解过程及产品易造成环境污染。

目前用于生物质气化的反应器，总体上还是固定床和流化床两大类，当然具体还有上吸、下吸，交错固定床，快速，循环流化床等。此两类设备广泛应用于热化工生产，而对于生物质气化而言，流化床与固定床相比，产气中的氢含量更多，热值更高，生产能力更大，而且还可以方便加入多种不同的气化介质；而固定床则规模小，成本低，设计操作相对简单的特点。因此，应根据不同的条件选择最适宜的设备。

不同气化过程的产物及用途见表 7-10。

表 7-10　不同气化过程的产物及用途

气化过程	产物与组成	用途
空气气化	低热值气体(5440～7322kJ/m³)，15% CO，15% H_2，15% CO_2，40%N_2，10%H_2O，5%CH_4 及不饱和烃	作锅炉、干燥、发电等的燃料
氧气气化	中热值气体(10878～18200kJ/m³)，44% CO，31% H_2，13%CO_2，6%H_2O，1%N_2，5%CH_4 及不饱和烃	①区域性工业管道输送燃料 ②合成燃料
热分解	① 中热值气体(12.5%～24%)，12552kJ/m³ ②焦油及液态有机物(58%～65%)，24267kJ/kg ③固体炭(17%～25%)，50920kJ/kg	在需要气、液、固燃料的场合下使用
慢速热分解气化	中热值气体 10878kJ/m³，CO，H_2，CH_4，CO_2	燃料与发电
快速热分解气化	高热值气体(80%～99%)，25104kJ/m³，31%C_2+47% CO，1%H_2，16%CO_2，1%～20%炭	制造汽油与酒精的原料
蒸汽热分解	中热值气体(70%)，13388kJ/m³，20.7%CH_4，32.3% H_2，33.6%CO_2，13.4%CO	合成燃料

注：摘自参考文献 [11]。

7.3　生物质制氢方法比较

生物制氢的两种主要方法为生物化学方法和热化学方法，表 7-11 中比较了这两种生物质制氢方法的特性。

表 7-11 生物化学方法和热化学方法的比较

项目	生物化学方法	热化学方法
产物	主要为酒精、沼气	多种燃料的混合物
反应条件	低于 70℃，1atm	100～1200℃，1～250atm
反应时间	2～5 天	0.2s～1h
选择性	选择性较好	较差，依赖于反应条件
灭菌	所有原料需灭菌	不需灭菌
催化剂循环使用	困难	固相催化剂可循环
规模(生物原料供给)	2000～8000t/天	5～200t/天(快速热解)

7.4 国际生物质制氢简况

在发达国家中，生物质能研究开发工作主要集中于气化、液化、热解、固化和直接燃烧等方面。目前，用生物质直接制氢研究有一些，但示范很少，更谈不上应用了。

世界各国高度重视秸秆发电项目的开发，电可以电解水制氢。丹麦已建有 130 多座秸秆发电站；英国坎贝斯的生物质能发电厂是目前世界上最大的秸秆发电厂，装机容量 3.8 万千瓦；奥地利推行燃烧木材剩余物供电计划，目前已有 80～90 个容量为 1～2MW 的区域供热站，年供应 10×10^9 MJ 能量；1999 年，瑞典地区供热和热电联产所消耗的能源中，26%是生物质；美国有 350 座生物质发电站，总装机容量达 7000MW，2010 年美国生物质能发电达到 13000MW 装机容量。

由生物质能加工制取液体燃料如乙醇、甲醇、液化油等，这些都可以裂解制氢。生物质制液体燃料是国际热门的研究领域。美国、新西兰、日本、德国、加拿大等国都先后开展了研究开发工作。加拿大用木质原料生产的乙醇年产量为 17 万吨；比利时每年用甘蔗为原料，制取乙醇量达 3.2 万吨以上；美国国会自 1978 年开始推动鼓励乙醇汽油生产消费计划，2000 年达到了 600 万吨；巴西酒精燃料计划始于 1975 年，1995～1996 年间巴西全国酒精产量 126 亿公斤（约合 980 多万吨）用于做汽车燃料。欧盟组织资助了三个项目，以生物质为原料，利用快速热解技术制取液化油，已经完成 100kg/h 的试验规模，并拟进一步扩大至生产应用。

7.5 我国生物质利用设想

我国生物质利用要两条腿走路，一条腿是着眼广大农村，发展小生物质能，解决农民的燃料问题；另一条腿是着眼整个国民经济，发展大生物质能，增强我国的能源安全。

7.5.1 农村的生物质利用

我国是一个农业大国，在广大农村地区，传统的耗能方式仍然以烧饭取暖为主，大量的农作物秸秆被用来直接燃烧，热效率低，有些地方的农作物秸秆在田头就地焚烧，浓烟滚滚，遮天盖地，造成严重的环境污染，以致影响飞机的正常飞行。如何结合我国国情和气化技术水平走出自己的生物质洁净能源之路，以下的做法对广大的农村应是行之有效的。

（1）利用生物质中氢能做饭、取暖　前面提到的直接燃烧→发电→合成液体燃料，是利用生物质中氢能的三个阶段，燃烧最低，合成液体燃料最高。利用生物质中氢能的级别的高低，要和技术发展水平相一致。目前来说，气化技术并没有达到制备甲醇的水平。据了解，国内流化床气化产物中的氢气含量都不到 5%，用这样的产气合成甲醇有不小的困难。而且，前面提到的甲醇合成路线中间净化和分离的工艺较多，而每一步都将提高成本。也就是说，国内利用生物质制氢合成液体燃料无论从技术上还是从成本上都还不成熟。但是不是仍然让大量的秸秆被烧掉，当然不，可以尝试前两种利用的方式。如果能让秸秆更高效率地来做饭、取暖，甚至发电，那广大农村将节约不少的能耗，而且还能减少对环境的污染。

（2）采用小型、分散、简单的固定床设备　相对于流化床，固定床产气的热值偏低，氢含量也很难用来合成液体燃料，但是如果用来取暖、发电却恰好可以。中国农村地域广大，农作物也多半分散种植，因而宜分散不宜集中。流化床相对规模较大，可能需要将多处产地的生物质集中处理，而生物质密度较小，运输效率低，这带来的成本增加对于本来就谈不上多少经济效益的气化来说是致命的。但是，小规模的固定床却可以避免能量的长途运送，这也提高了能源利用效率；另外，固定床投资小，也许一个村就可以建起一个，操作也比较简单，同时不需要像流化床那样的连续进料装置。

（3）生物质发电　我国的秸秆发电项目有 136 个，分布在河南、黑龙江、辽宁、新疆、江苏、广东、浙江、甘肃等多个省市。根据我国新能源和可再生能源发展纲要提出的目标和国家发改委的要求，至 2020 年，五大电力公司清洁燃料发电要占到总发电的 5%以上，生物质能发电装机容量要超过 3000 万千瓦。

想建立生物质气化发电装置，就要选择农业生产相对较集中的地方，发电可以供居民使用，也可以就地消耗，比如电解水制氢，这样可以克服电较难储存的缺点。当然技术要求高，投资大，风险也就大。我国已经建立若干生物质发电厂，但是经济性很差。根据国外生物质发电厂运行实绩统计以及我国权威部门测算，生物质燃烧发电成本远高于常规燃煤发电成本，约为煤电的1.5倍。生物质发电厂之所以能存在，主要是得到政府补贴；也有大的发电公司以生物质发电做示范，以传统的煤电作为实际盈利手段。

(4) 落叶归根　气化除去生物质中的有机成分，剩下的无机盐类可以撒回田地，以供植物来年生长所用。

对于生物质气化发电或生物质制油，由于技术含量和成本都偏高，可能短期内不容易实现，但是固定床气化取暖、做饭则相对容易实现，如果9亿农民有一半的家庭可以每天用这种方式做一顿饭，如果他们原来是用电饭锅做饭，就相当于为国家多发了3亿~4亿度电。

当人们还不能开上氢能汽车的时候，没有理由坐在那儿干等着那一天的到来，为什么不行动起来呢？因为人们现在所用的能源，几乎全部来自不可再生资源，用一点其他方式的可再生资源，就相当于为后代多留了一点石油、一点煤，同时也就是为人类找到新的能源多争取了一点时间。对于我国这样的一个化石能源储备本来就不高的国家，这似乎更显得有意义。

7.5.2　国民经济中的大生物质能

如果考虑让生物质能在国民经济中发挥更大的作用，那么思路就会不一样了。可以针对生物质能的缺点，提出行之有效的解决办法。

(1) 大力种植能源农作物　针对生物质能的能量密度低的问题，专门设立所谓的“能源农场”种植能源农作物，然后用大工业化的方式加以处理。“能源农场”的概念是1973年，石油危机时，美国的卡尔文教授提出的，到现在已经40多年了，目前这个设想已在不少国家开始试验。能源农作物主要是速生的柴薪林木和高含油脂的植物果实，前者可以直接用本章介绍的方法处理，对后者可以压榨提油后再用上述的方法处理。

我国植物资源丰富，其中产油植物有400余种，除了常见的花生、油菜、芝麻、向日葵、芥菜、棉花、大豆、蓖麻等草本产油植物外，还有油茶、油桐、乌桕、油棕、小桐子、麻疯果、光皮树等木本产油植物。其中油茶广泛分布在南方14个省、区，茶籽仁含油43%~59%；油桐遍布南方各省，桐籽仁约含油62%；乌桕产地有10多个省、区，其籽含油43.3%~55.5%；小桐子是一种小灌木，四川、云南等地盛产，种子含油60%。我国也有很好的速生林木，如速生杨树作为一种常见的绿化树种，具有适种区域广、见效快、效益大等优点。我国杨树适生地域广阔，热带、亚热带、暖温带气候区都可生长，适种于平原、丘陵及中等肥水以上的各类土壤。再如红麻，红麻对种植条件没有苛刻的要求，温带、亚热带、涝地、沙地、盐碱地均可种植，只要每年有

90天的无霜期即可。在热带可种植2～3季，在温带可收一季。每亩每季可产两吨红麻。可以用本章的方法生产气化或液化产品。

（2）工业化规模制造生物质能源 解决生物质能的原料问题后，大规模工业化生产就是关键。以前，我国对农村的小生物质能比较重视，基本上没有研究大型化问题。《中国21世纪议程》指出："生物质能资源包括农作物秸秆、薪柴和各种有机废物，是农村的主要能源，利用量约为2.6亿吨标准煤，占农村能源消费的70%左右。目前，生物质能主要用于直接燃烧，利用效率较低"，因此有必要加大投入力度，开展独立自主研究与国际合作研究、技术引进等多种途径并举的办法，建设大型生物质能工厂，才能确实提高生物质能在国民经济中能源的份额。

据经济日报预测，如果将秸秆利用技术产业化，以50km为半径建设小型秸秆加工厂，那么按秸秆到厂价40元/吨，农民每亩就可增收200元以上。如果我国每年能利用全国50%的作物秸秆、40%的畜禽粪便、30%的林业废弃物以及开发5%的边际土地种植能源作物，并建设约1000个生物质转化工厂，那么其产出的能源就相当于年产5000万吨石油，约为一个大庆油田的年产量，可创造经济效益400亿元并提供1000多万个就业岗位。

生物质能是人类用火以来，最早直接应用的能源。使用大自然馈赠的生物质能源，几乎不产生污染，资源可再生而不会枯竭，同时起着保护和改善生态环境的重要作用，是理想的可再生能源之一。我国能源缺口，尤其是石油缺口很大；我国尚有很大的贫瘠国土面积和辽阔的领海；我国农村尚有很大的闲置劳动力；大力开发生物质能是适应我国国情的道路。

参 考 文 献

[1] 毛宗强．氢能——21世纪的绿色能源．北京：化学工业出版社，2005.

[2] P Basu. Biomass gasification and pyrolysis：practical design and theory. Reprint. Originally published：Burlington，MA：Academic Press，2010.

[3] 吕勇，王可，王艳．生物质制氢研究概述．硅谷，2013（13).

[4] 王楠，潘晶．生物质制氢研究进展．科技资讯，2011（30).

[5] 郭烈锦，陈敬炜．太阳能聚焦供热的生物质超临界水热化学气化制氢研究进展．电力系统自动化，2013（1).

[6] 郝小红，郭烈锦．超临界水中湿生物质催化气化制氢研究评述．化工学报，2002，53（3)：221-228.

[7] Antal M J Jr，Manarungson S，Mokws L. Hydrogen Production by Steam Reforming Glucose in Supercritical Water. Advances in Thermochemical Biomass Conversion，1994：1367-1377.

[8] Morimoto K，Kimura T，Sakka K，et al. Overexpression of a hydrogenase gene in Clostridium paraputrificum to enhance hydrogen gas production. Fems Microbiol Lett，2005，246：229-234.

[9] Fang H H P, Zhang T, Liu H. Microbial diversity of a mesophilic hydrogen-producing sludge. Appl Microbiol Biot, 2002, 58: 112-118.

[10] Shin H S, Youn J H, Kim S H. Hydrogen production from food waste in anaerobic mesophilic and thermophilic acidogenesis. Int J Hydrogen Energ, 2004, 29: 1355-1363.

[11] 鲁楠主编. 新能源概论. 北京: 中国农业出版社, 1997.

[12] Yu D, Aihara M, Antal M J Jr. Hydrogen Produetion by Steam Reforming Glucose in Supereritieal Water, Energy & Fuels. 1993, 7: 574-577.

[13] 几种主要生物质能利用技术. 经济日报, 2009-08-25.

第 8 章

风能、海洋能、水力能、地热能制氢

风能、海洋能、水力能、地热能均不可以直接获得氢气，只有先发电，再利用用户或电网无法消纳的电能制氢。下面简介风能、海洋能、水力能、地热能发电情况。

8.1 风能

风能是指地球表面大量空气流动所产生的动能。全球的风能约为 2.74×10^9MW，其中可利用的风能为 2×10^7MW，为地球上可开发利用的水能总量的 10 倍。

中国 10m 高度层的风能资源总储量为 43.5 亿千瓦，其中实际可开发利用的风能资源储量为 2.5 亿千瓦。另外，海上 10m 高度可开发和利用的风能储量约为 7.5 亿千瓦。全国 10m 高度可开发和利用的风能储量超过 10 亿千瓦，仅次于美国、俄罗斯居世界第 3 位。陆上风能资源丰富的地区主要分布在三北地区（东北、华北、西北）、东南沿海及附近岛屿。

德国物理学家，阿尔伯特·贝茨（Albert Betz）在 1919 年确定风力发电的理论效率为 16/27，即 59.3%，这就是著名的贝茨理论。实际的发电效率更低，与风力发电机的参数、运行模式都有关系。

由于风速并非常数，风力发电整年的发电量不等于风机标示的发电率乘上所有的运转时间（一年内）。实际产生的值与理论值（最大值）之比称为容量因子。安装良好的风力发电机，其容量因子可达 35%，这样，标示 1000kW 的风力发电机，每年可发的电量最多到 350kW。

丹麦物理学家保罗·拉科尔（Poul La Cour，1846～1908）是世界上第一个利用风力制氢的人（图 8-1）。1891 年他建造了一台 30kW 左右的具有现代意义的风力发电机组，发出直流电并用于制氢，氢气储存在一个 12m³ 的容器中。项目得到丹麦政府资助。他原先设想用氢气开车，由于内燃机没有制造成功，他就用氢气点燃他所教学的中学（Askov Folk High School）的灯（http：//en. wikipedia. org/wiki/Poul _ la _ Cour）。

图 8-1　世界风力制氢第一人，丹麦物理学家保罗·拉科尔（Poul La Cour，1846～1908）
（http：//www. folkecenter. net/gb/rd/wind-energy/48007/poullacour/）

我国风能产业在近些年经历了高速成长，尤其是在发展的最初五年，增长速度甚至一度保持在 100%。2012 年年底，我国风电装机容量达到了 7500 万千瓦。仅用了短短几年，就实现了风电装机规模的世界第一。然而据报道，我国弃风限电也达到世界第一的规模。据统计，2011 年我国弃风电量达到了 100 亿千瓦时；2012 年达到了 200 亿千瓦时。按照火电厂发电耗煤水平来估算，相当于有将近600万吨的煤炭被浪费掉了。200亿千瓦时的电，可以生产44亿立方米的氢气，可供120万辆轿车行驶一年。

正在德国首都柏林以北120km的勃兰登堡州普伦茨劳推进的“普伦茨劳风力氢项目”，拥有共计6MW风力发电设备，平时将生成的电力输入电网，在夜间等电力需求较小，以及电力出现剩余时，则会对水进行电解制造氢气，然后存储到储氢罐中。储藏的氢根据需要，与甲烷等可燃性气体（生物燃气）混合，然后供应给热电联产系统。而利用热电联产系统生产的电力供应给电力系统网，其废热则销售给地区供热系统。部分氢还将供应给位于柏林市内的燃料电池车（FCV）及氢燃料汽车专用加氢站等（http：//www.total.com/sites/default/files/atoms/files/csr-report-2013.pdf）。

中国也开展较大规模的弃风制氢的国家示范。2014年底，中国国家发改委批准了两个这样的项目。一个是河北张家口地区的利用弃风制氢，另一个是吉林的弃风制氢，并进一步制成氢气/天然气混合燃料，作为内燃机汽车的替代燃料。预计这两个项目将于2015年底或2016年初完成并开始示范。

8.2 海洋能

海洋能，泛指蕴藏在海水中的可再生能源，海洋通过各种物理过程接收、储存和散发能量，这些能量以潮汐、波浪、温度差、盐度梯度、海流、海草燃料等形式存在于海洋之中。海洋能是可持续利用的地球内部的一种低品位清洁能源。海洋能包括潮汐能、波浪能、海流及潮流能、海洋温差能、海洋盐度差能和海草燃料等，其中，潮汐能、波浪能、潮流能等是不稳定的，而海洋温差能、海洋盐度差能和地热能一样，是稳定的能源。有专家估计，全世界海洋能的蕴藏量为780多亿千瓦，其中波浪能700亿千瓦，潮汐能30亿千瓦，海洋温差能20亿千瓦，海流能10亿千瓦，海洋盐度差能10亿千瓦（http：//www.baike.com/wiki/海洋能）。

8.2.1 潮汐能

在海洋能中，人们最早认识并利用潮汐能。一千多年前，我国沿海居民就利用潮力碾谷子。11世纪欧洲已经出现潮汐磨房，并被带到美洲新大陆。在英国萨福尔克至今还保留着一个12世纪的潮汐磨，还在碾谷子供游客参观。1912年，德国在石勒苏益格-荷尔斯泰因州的胡苏姆建成世界第一座潮汐电站。20世纪50年代中期，在我国沿海出现潮汐能利用高潮，兴建了40多座小型潮汐电站和一些水轮泵站。由于种种原因，保留下来的只有浙江省沙山40kW潮汐电站。

浙江乐清湾内的江厦港电站是中国最大的潮汐发电站，也是世界上第三大潮汐发电站，20 世纪 80 年代以来获得较快发展。用微型潮汐发电的航标灯已商品化。在珠江口大万山岛上研建的岸边固定式波力电站，1990 年，第一台装机容量 3kW 装置已发电成功。

20 世纪 70 年代末，我国在舟山海域进行了 8kW 潮流发电机组原理性试验。

8.2.2 波浪能

波浪能发电是继潮汐发电之后，发展最快的一种海洋能源。波浪能发电是发明家的乐园，各式各样、林林总总的发电装置令人眼花缭乱，但是成功者极少。波能装置的专利可追溯到 1799 年。1965 年日本人益田善雄率先将他发明的微型航标灯用波浪能发电装置商品化，那是震荡水柱式波浪能发电装置。

波浪能发电装置大致可分为浮动式和固定式两大类，由于海洋工程的难度及波浪能的不稳定性，所以工程的寿命都有限。

8.2.3 海洋温差能

1881 年，法国物理学家阿松瓦尔提出利用表面温海水与下面冷海水的温差使热机做功。1930 年，法国科学家克劳德在古巴建了一座 22kW 的岸式开式循环发电装置，尽管发出的电小于输入的电，但证明了海洋温差可以发电。

美国开发海洋热能转换技术（OTEC）较为成功。在夏威夷，美国用驳船改装 50kW 海水温差发电船 MINI-OTEC 号，采用氨气闭式循环，冷水管长 663m，冷水管外径约 60cm，利用深层海水与表面海水约 21～23℃的温差发电。1979 年 8 月开始连续 3 个 500h 发电，发电机发出 50kW 的电力，大部分用于水泵抽水，净产出为 12～15kW。

1973 年，日本在太平洋赤道附近的瑙鲁共和国建 25kW 温差电站，1981 年 10 月完成 100kW 实验电站。该电站建在岸上，冷水管内径 70cm，长 940m，铺设到 550m 深海中。最大发电量为 120kW，获得 31.5kW 的净产出。

2013 年，美国洛克希德·马丁公司将该技术带到中国，与有关公司合作准备在中国南海建设一座 10MW 的 OTEC 电站，用电站的电电解海水制氢，输送到陆地。2013 年 12 月，第 24 届中美商贸会举行。中美双方 16 家企业在高新技术、食品等领域签约。华彬集团与美国企业签署了联合开发海洋温差发电项目。华彬集团副总裁刘少华、品牌总监穆斯塔法与洛克希德·马丁公司代表签约。

我国温差发电研究始于 20 世纪 80 年代初，国家海洋局第一海洋研究所在“十一五”期间重点开展了闭式海洋温差能利用的研究，完成了海洋温差能闭式循环的理论研究工作，并完成了 250W 小型温差能发电利用装置的方案设计。

8.2.4 海流能

现代人形象地把海流和潮流发电装置比喻成水下风车。我国舟山群岛的潮流速度一般为3～4节，最大可达7节（3.6m/s)。1987年，农民企业家何世钧将自制的螺旋桨安装在小船上，在潮流推动下，通过液压传动装置带动发电机发电，最大输出功率达5.6kW。1994年，英国可再生能源公司（IT Power）在苏格兰柯兰海峡水道实验成功2叶片15kW水平轴海流能发电机组。2002年初，在意大利西西里岛墨西拿海峡实验了120kW的浮标式垂直轴潮流发电装置。2004年的试验中增加6kW太阳能光伏电池，铺设海底电缆与单反的电网相接。2002年，我国哈尔滨工程大学在浙江省岱山县龟山水道实验了漂浮式70kW双转子垂直轴潮流能电站。

8.2.5 海洋盐度差能

盐差能是指海水和淡水之间的化学电位差能。主要存在于河海交接处。同时，淡水丰富地区的盐湖和地下盐矿也可以利用盐差能。海洋盐差能是海洋能中能量密度最大的一种可再生能源。通常，海水（3.5%盐度）和河水之间的化学电位差有相当于240m水头差的能量密度，这种位差可以利用半渗透膜（水能通过，盐不能通过）在盐水和淡水交接处实现。如果这个压力差能利用起来，从河流流入海中的每立方英尺的淡水可发0.65kW·h的电，非常诱人。

全世界海洋盐差能的理论估算值为10亿千瓦量级，我国的盐差能估计为1.1亿千瓦，主要集中在各大江河的出海处。同时，我国青海省等地还有不少内陆盐湖可以利用。盐差能的利用主要是发电。

所用发电装置有多种。以水压塔渗透压系统为例，加以说明。

水压塔渗透压系统主要由水压塔、半透膜、海水泵、水轮机-发电机组等组成。其中水压塔与淡水间由半透膜隔开，而塔与海水之间通过水泵连通。系统的工作过程如下：先由海水泵向水压塔内充入海水。同时，由于渗透压的作用，淡水从半透膜向水压塔内渗透，使水压塔内水位上升。当塔内水位上升到一定高度后，便从塔顶溢出，冲击水轮机旋转，带动发电机发电。为了使水压塔内的海水保持一定的盐度，必须用海水泵不断向塔内泵入海水，以实现系统连续工作。估算全系统的总效率约为20%左右。

但是建设成本非常高，有文献估计发电成本高达10～14美元/(kW·h)。所以，在很长的时期，没有应用可能。

8.2.6 海草燃料

海草燃料是指海中的生物质，如海藻、海带、海洋浮游植物等。其利用与生物质相同，请参阅本书有关章节。

8.2.7 海洋能前景

由于海洋能的种类较多。故海洋能有较稳定与不稳定能源之分。海洋温差能、海洋盐度差能和海流能为较稳定的能源。潮汐能与潮流能为不稳定但尚有规律的能源，根据潮汐、潮流变化规律，人们编制出各地实时潮汐与潮流预报，潮汐电站与潮流电站可根据预报表安排发电运行。波浪能是不稳定、而且没有规律的海洋能。

中国的海域储存潮汐能1.1亿千瓦，潮流能1200万千瓦，海流能2000万千瓦，波浪能1.5亿千瓦。

从目前技术发展来看，潮汐能发电技术最为成熟，已经达到了商业开发阶段，已建成的法国朗斯电站、加拿大安纳波利斯电站、中国江厦电站均已运行多年；波浪能和潮流能还处在技术攻关阶段，多个国家的工程师建造了多种波浪能和潮流能装置，试图改进技术，逐渐将技术推向实用；温差能处于研究初期，美国洛克希德·马丁公司在夏威夷建造了一座温差能电站，2013年已经有有关公司签约，将到中国南海建造一座10MW的温差能电站，再利用电解水技术将制得的氢气输送给用户（http：//www.lockheedmartin.com/us/mst/features/2013/130416-tapping-into-the-oceans-power.html）。2013年9月在中国可再生能源学会氢能专业委员会举办的“第5届世界氢能技术大会”上，洛克希德·马丁公司展出了他们的海洋温差能发电模型。

海洋能的前景光明，但是到达成功的路还很长很长。

8.3 水力能

8.3.1 水力能资源

利用水电不消耗有限的化石燃料，不会产生温室气体和酸性气体，有助于稳定全球气候环境，减少酸雨等自然灾害，有利于减少气候变化对人类造成的影响。水电项目建设成本通常能在10～20年内收回。水电站维护费用低廉，促进当地的持久发展。不过，要考虑大型水电项目对自然生态的影响以及水库移民的社会问题。

我国水能资源蕴藏量和可开发量均居世界首位。全国水能资源理论蕴藏量为6.76亿千瓦，多年平均发电量5.92万亿千瓦时，可开发水能资源为3.78亿千瓦，多年平均发电量1.92万亿千瓦时，占全世界可开发水能资源总量为16.7%。水电资源在我国能源结构中占有重要的地位，经济可开发水电能源折合507亿吨标准煤，是中国可以大规模开发的可再生能源。

8.3.2 水力能发电制氢

我国大陆第一座水力发电站——石龙坝水电站是 1908 年（清光绪三十四年）由昆明商人招募商股、集资筹建的。电站于 1910 年开工，1912 年完成两台 240kW 水轮发电机组安装并开始发电，后经过 7 次扩建，于 1958 年达到 6000kW 装机容量。至今，石龙坝水电站仍在运行，这也是世界上较早修建的水电站之一。目前，我国在优先发展大江大河的基础上，形成了金沙江、雅砻江、大渡河、乌江、怒江、黄河上游等十三大水电基地，占全国装机容量 60%的十三大水电基地汇集了诸如三峡、葛洲坝、溪洛渡、向家坝、二滩、龙羊峡等一大批国家重点工程项目，推进了我国水力资源的开发和合理利用。

由于水库库容有限、丰水期容纳不了、根据需要调整库容时得放水和电网不能接纳等原因，存在较大的“弃水”。这部分“弃水”量，没有明确的说法。但从不完全的报道中，可见其量是相当大的。有报道，由于电网不能接纳，2013 年，云南 240 亿度电随水而弃。无独有偶，四川省能源局的一位官员亦撰文称，据四川省电力公司预测，2013 年四川省统调水电丰水期富余电量将达到 100 亿千瓦时以上。如不能有效地消纳，有可能出现水电大量“弃水”问题。加上众多的小水电，这样估计，全国有数百亿千瓦时的水电没有利用。

上世纪二滩水电站“弃水”现象曾引发广泛关注。然而几十年过去，类似的“弃水”现象仍然存在，并且有扩大趋势。实际上，与其等待、抱怨，不如集思广益，另辟蹊径。如用“弃水”的电来制氢，用 4.5kW·h 的电，换取 $1m^3$ 的氢气，实质是将能量储存起来，也算一条现实的解决途径吧。

8.3.3 水力能制氢优势

水电本身是清洁的、可再生能源，用来制出本身就是清洁的氢，正是“清上加清”，格外清洁。对消除来势汹汹的 PM2.5 是一剂良药。

小水电制氢与基地用氢结合起来，是完美的分布式储能、能源网络的模式。第三次工业革命不正是提倡能源网络化吗。

8.4 地热能

地热发电已经有 100 年以上的历史。

地热能是可持续利用的地球内部的一种低品位清洁能源，相对于风能、太阳能等随时间变化的不稳定性，地热能具有不随时间变化的稳定性的优势。

意大利拉德瑞罗于 1904 年成功使用地热发电，利用天然地热蒸汽发电，点燃 5 个灯泡。1913 年 11 月 13 日 250kW 地热站发电，是世界首座地热发电站。2012 年底，全世界装机容量 11189.7MW。美国、菲律宾、印度尼西亚、墨西哥、意大利分别以地热发电装机容量 3129.3MW、1904.1MW、1197.3MW、989.5MW 和 834MW 占前五位。我国总装机容量为 27.8MW，名列世界第 18 名。据报道，2015 年全国地热发电装机容量达 100MW。

地热发电的前沿研究——干热岩发电模式，现称为工程型地热系统(EGS)。其发电原理为打两口深斜井，从其中一口井中将冷水注入到干热岩体中加热成蒸汽状态，从另一口井中抽取出热蒸汽。目前，世界最大规模的 EGS 是德国的兰道（3MW）和印希姆（5MW）两个电站，年运行超过 8200h，发电利用率高达 94%。但迄今为止，EGS 并无大规模应用。

参 考 文 献

[1] 毛宗强．氢能——21 世纪的绿色能源．北京：化学工业出版社，2005.

[2] 钱伯章．水力能与海洋能及地热能技术与应用．北京：科学出版社，2010.

[3] 施伟勇，王传崑，沈家法．中国的海洋能资源及其开发前景展望．太阳能学报，2011 (6)：913-923.

[4] 游亚戈，李伟，刘伟民，李晓英，吴峰．海洋能发电技术的发展现状与前景．电力系统自动化，2010，34 (14)：1-12.

[5] 李海英，王东胜，廖文根．微水电发展综述．中国水能及电气化，2010 (6)：13-20.

[6] 刘健，王正伟，罗永要，陶旭东．水电的可持续发展综述．电力学报，2004 (2)：106-110.

[7] 郑克棪．意大利拉德瑞罗地热发电百年巨变．中华新能源，2013 (7)：56-59.

[8] 申宽育．中国的风能资源与风力发电．西北水电，2010 (1)：76-81.

[9] 张立超．弃风限电严重，我国风能产业发展面临“四道坎儿”．中国商报，2013-11-21.

[10] 海洋能源的利用历史与进展．中国能源信息网，2010-11-14 [2014-12-1]．http://zj.people.com.cn/GB/187016/206635/13207729.html.

[11] 环保科技合作项目开发海洋温差发电．人民网，2013-12-30 [2014-12-1]．http://news.xinhuanet.com/yzyd/energy/20131230/c_118766088.htm.

[12] 邱大洪．海岸和近海工程学科中的科学技术问题．大连理工大学学报，2000 (6).

[13] 施伟勇，王传崑，沈家法．中国的海洋能资源及其开发前景展望．太阳能学报，2011 (6).

[14] 北极星电力网新闻中心，2013-10-15 [2014-12-1]．http://news.bjx.com.cn/html/20131015/465181.shtml.

[15] 北极星电力网新闻中心，2013-8-27 [2014-12-1]．http://news.bjx.com.cn/html/20130827/455611.shtml.

[16] 彭源长．2015 年全国地热发电装机达 10 万千瓦．中国电力报，2013-02-20.

[17] 郑克棪．意大利拉德瑞罗地热发电百年巨变．中华新能源，2013 (7)：56-59.

第 9 章

核能制氢

核能是清洁的一次能源，它能够提供电解过程所需的大量的电和热。目前世界的核电装机容量为 372GWe，在世界电力生产中所占的份额仅次于化石燃料发电和水电。人类利用裂变能生产电力已有半个多世纪的历史了，核能界把核电站划分为四代，其中第三代在安全和经济上已经进入商业应用。正在开发阶段的第四代以清华大学核能与新能源技术研究院（INET）发展的高温气冷试验堆（HTR-10）为代表，预计 2030 年前后投入商业运行。它进一步提高了核能的可持续性，使核电站更安全、更经济，同时实现了资源的最大程度利用和废物的最小量。核反应堆如果和制氢系统耦合，提供电和热来制氢，实现氢能的储备，将是一场能源的革命。

核能可以通过发电，再电解水制氢的间接法制备氢气。也可以利用核能直接制氢。

核能直接制氢的工艺包括固体氧化物电解池（SOEC）、热化学循环和核能甲烷蒸汽重整三种。

9.1 固体氧化物电解池

高温气冷堆可以产生 900℃的高温，而固体氧化物电解池（SOEC）的工作温度可达 750～1000。这就可以将高温气冷堆的热直接用于 SOEC。本节主要讨论的是利用固体氧化物电解池高温电解水制氢技术，即将高温固体氧化物电解制氢技术和先进的核反应堆耦合，实现一次能源向二次能源的转化。当然，实践中除了高温气冷堆，太阳能经过聚焦也很容易产生 900℃高温，也可以作为 SOEC 的热源。

电解反应需要大量的电能，取决于反应热（或总燃烧热）、熵和反应温度。

从热力学可知，水分解的理想电压（可逆）为1.229V。如果需要的能量以电的形式提供，由于电池存在的各种极化，需要增加电动势，使得水电解效率下降。如典型的电解池的每立方米（标准状态，余同）氢气耗电量为4.5kW·h，而900℃时，SOEC产每立方米氢气的耗电量为3kW·h（这里仅考虑电能，没有算消耗的热能）。目前SOEC研究的目标是发展低成本、高效、长寿命的电解池。必须指出的是：这里每立方米氢气的电耗是降低了，但是如果算上外部添加的热量，则总能耗比单纯电解要高一些。见图9-1。

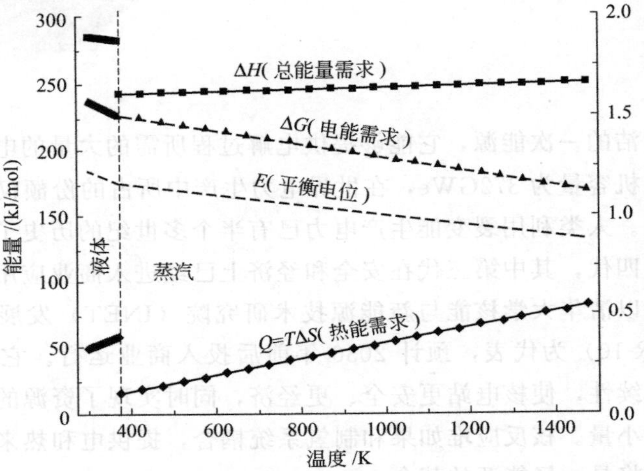

图 9-1 高温电解对电能和热能的需求随温度的变化

实现高温（800～1000℃）电解，其优点是：①热力学上需要的电能减少（总能耗增加）；②高温时，易于克服电极表面反应的活化能能垒，提高效率；③高温时，改善电解池的动力学。

高温电解制氢技术起源于固体氧化物燃料电池，是高效、低成本制氢技术。高温电解制氢的制氢效率和能量利用率相对于传统制氢方法有显著的提高。如果与核电等清洁能源结合使用，高温电解制氢的效率可以达到45%～55%。

2005年，INET开始SOEC高温水蒸气电解制氢的研究。从原理上讲，SOEC可以看成固体氧化物燃料电池（SOFC）的逆运行，水电解反应为：

$$2H_2O \longrightarrow 2H_2 + O_2 \qquad E_0 = 1.229V$$

在高温下（750～950℃）电解的优点：①降低电解电位；②降低电解池活化过电位；③改进电解动力学和减少欧姆损失。上述反应的Gibbs自由能（ΔG）会随温度的升高而降低，活化电位也会随温度的升高而大大降低。高温有利于阳离子的扩散，因此高温电解可以减少电能的消耗。如在100℃电解的

$\Delta G/\Delta H$ 为 93%，而在 1000℃则减少到大约 70%。高温电解对电能和热能的需求随温度的变化见图 9-1。应该指出：从图 9-1 可以清楚地看出，**在提高电解温度的同时，电能的消耗下降了，但是总能量（ΔH）的消耗增加了。**

由于高温下电解池阳极和阴极的过电位低，以及阳离子在电解质［钇稳定氧化锆（YSZ)］中扩散加快，因此可以得到很高的电解效率，实验室规模的试验效率几乎可以达到 100%。图 9-2 所示为高温电解池结构示意图。

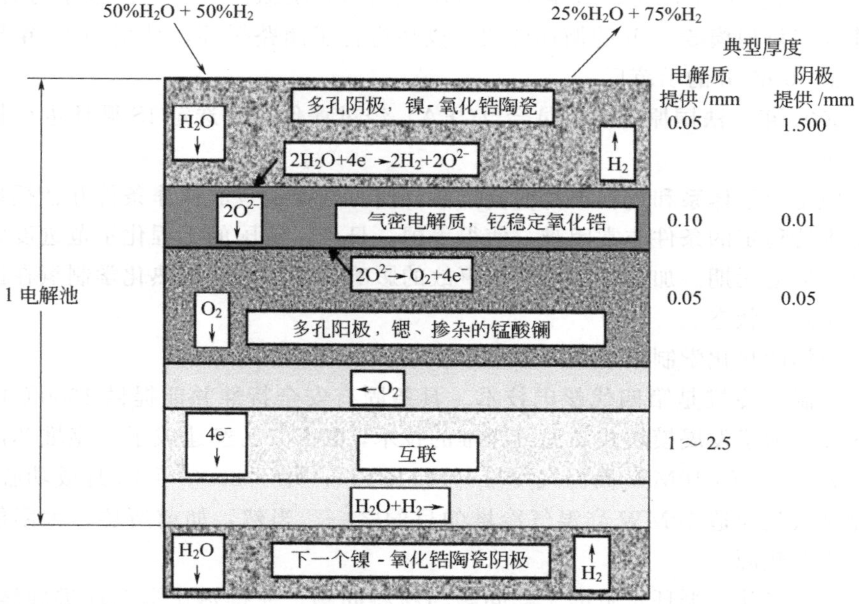

图 9-2　高温电解池结构示意图

（摘自参考文献［3］）

目前 SOEC 的研究还处于起步阶段，面临着一系列难题需要解决，包括氧电极的极化损失和电解质的欧姆损失、SOEC 的运行寿命和热循环稳定性、密封材料的稳定性等。

美国和日本开展核能制氢研究比较早，我国起步晚，目前正在实验室研究阶段。相信高温电解制氢最终能取得工业化成功，为人类更好地解决能源危机贡献力量。

9.2　热化学循环

20 世纪 70 年代，美国开始研究利用核能热化学循环制氢。1998 年启动了名为“Nuelear Hydrogen Initiative”的核能制氢计划。对所有发表的热化学循环进行了筛选和评估，经过两轮评价，认为美国通用原子能公司（GA）于20世纪80年代发明的碘硫循环（IS）和日本东京大学发明的U-3循环为最优流程。评价指标包括：制氢效率、过程最高温度、反应步数、分离过程的难易、涉及的元素的丰度与毒性、腐蚀问题等。美国最终选定IS循环进行研发，计划于2006年完成实验室规模核能热化学循环制氢。

20世纪90年代初，日本原子力研究所（JAERD）开展IS循环的研究。已建成产氢规模50L/h的循环台架，成功进行了闭路循环，计划2010年建成产氢量$30m^3/h$的示范厂。

2001年，法国原子能委员会（CEA）经过评价后也选定IS循环进行核能制氢研发。

但是由于体系和过程本身的复杂性，使得选择适宜的操作条件并在循环过程中维持稳定的条件非常困难。使得美国、日本、法国的工程化示范进度大大推延、遥遥无期。加之日本福岛核事故的影响，利用核能的热化学制氢在国际上处于停滞状态。

详细的热化学制氢请参见本书第2章。

高温气冷堆是第四代核电技术。具备固有安全特性并能提供1000℃的高温热源。为了发展模块式高温气冷堆的技术，INET已经建成了一座堆芯出口温度为900℃的10MW高温气冷堆（HTR-10），并于2000年12月成功临界。核能制氢是建造10MW高温气冷堆的目的之一。当然，如前所述，太阳能也是重要的热源。

由于热化学循环示范的工程问题与材料问题，使得热化学循环进展缓慢。2013年9月，在中国上海举办的第5届世界氢能技术大会（WHTC2013）上，全世界核能热化学制氢工作者们进行了交流，论文数量不是很多，清华大学是其中领军单位。

本书笔者认为核能热化学制氢的材料和运行的难度太大，与其他制氢方法比较，没有优势，因而前景不乐观。

9.3 核能甲烷蒸汽重整

甲烷蒸汽重整制氢（MS）是目前工业上主要的制氢方法，该法详情可参阅本书第5章。

清华大学开发的高温气冷堆甲烷蒸汽重整制氢系统示于图9-3，它由高温气冷堆和甲烷蒸汽重整制氢系统组成，连接两个部分的是氦-氦中间热交换器

(IHX)。一回路高温气冷堆向IHX提供950℃的高温核热。核热通过IHX由一回路传递到二回路，为二回路制氢反应提供热量。IHX出口氦气温度为905℃。由于IHX到重整器入口沿程管道的散热损失，到达重整器入口，氦气温度降至890℃。在重整器中发生甲烷蒸汽重整反应，产生氢气。甲烷蒸汽重整是高温、需要催化剂的强吸热反应，反应器为固定床反应器。

化学反应过程如下：

$$CH_4 + H_2O = CO + 3H_2 - 205.8kJ/mol \tag{9-1}$$

$$CO + H_2O = CO_2 + H_2 + 41.2kJ/mol \tag{9-2}$$

反应（9-1）是强吸热的蒸汽重整反应，反应（9-2）是放热的转换反应。

模拟实验的结果是令人鼓舞。

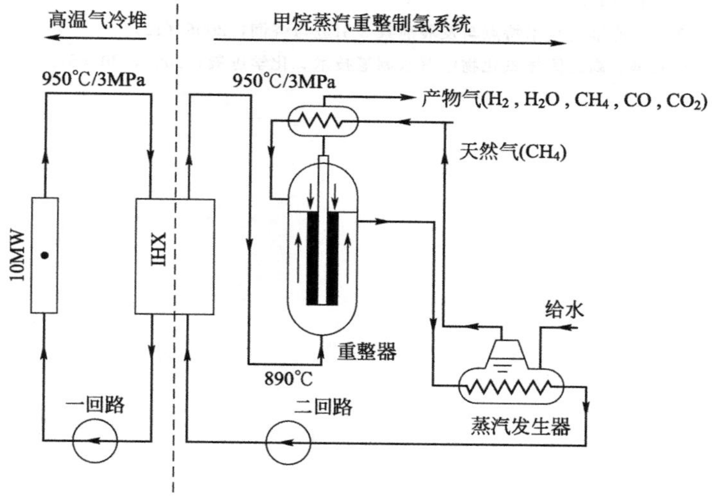

图9-3 高温气冷堆甲烷蒸汽重整制氢系统流程

目前，核能已经进入商业运营阶段，为大规模制氢提供了新的能源。在核能制氢的几种工艺中，SOEC分解水是最有前景的方法。核能可以不经其他能源形式的转换而直接转化为氢能，并彻底消除温室气体排放。与传统制氢方法相比，利用核能制氢的优点包括：

① 可以显著提高效率；

② 降低环境污染；

③ 具有可扩展性和可持续性，可以满足不断增长的能源需求；

④ 在经济上具有竞争性。

2011年3月11日，日本福岛核事故给全世界核电工业带来致命性的打击。但是，世界还是要发展，核能也会更安全、更可靠、更稳妥地发展。随着反应堆技术的发展，核能制氢的效率将会提高而使制氢成本得以降低。

氢能是未来的清洁能源，氢能已经或正在走向市场。在各种各样的制氢方法中，核能制氢是大规模制氢的有前景的方法之一。我国应该根据自身特点，加强核能制氢的研究，以保证我国可持续发展的强劲势头。

参 考 文 献

[1] 毛宗强. 氢能——21世纪的绿色能源. 北京：化学工业出版社，2005.

[2] 吴莘馨，方甬，厉日竹，小贯薰. 高温堆的热利用——热化学循环制氢的研究. 高技术通讯，2002 (9).

[3] 银华强，姜胜耀，张佑杰. 高温气冷堆甲烷蒸汽重整制氢系统重整器性能数值分析. 原子能科学技术，2007，41 (1).

[4] 陈伯清. 高温气冷堆的技术特点与发展前景. 引进与咨询，2006 (12).

[5] 张文强，于波等. 高温固体氧化物电解水制氢技术. 化学进展，2008，20 (5).

第 10 章

含氢载体制氢

除上述直接制氢外，化石能源制得的含氢载体，如氨气、甲醇、乙醇、肼、汽油和柴油等也是制氢的重要原料，下面介绍其制氢方法。

10.1 氨气制氢

氨（NH_3）为氮氢化合物，分子量 17，其中氢的质量分数为 17.6%。氨的能量密度 3000W·h/kg。氨在常温、常压下为气态，密度 0.7kg/m^3。氨气液化温度随压力而变化，在标准大气压（1atm＝101325Pa）下的氨气液化温度为－33.35℃。液氨的单位体积含氢为 12.1kg/100L，高于液氢的 7.06kg/100L。氨以液态形式存在便于储存和运输。氨的空气中燃烧范围为 15%～34%（质量分数），范围较小；氨气比空气轻，易扩散，氨的储存比较安全。氨具有强烈的刺激性气味使氨泄漏很容易被发现，氨有毒，但其毒性相对较小。氨分解只生成氮气和氢气，没有 CO 副产物，但是氨的重整气中会有残余氨和 N_2，不利于某些低温燃料电池的正常运行，因此一定要增加净化步骤。

10.1.1 氨制氢原理

氨制氢的化学反应方程式如下：

$$2NH_{3,g} \rightleftharpoons 2NH_{3,ad} \quad 吸附（E_{ad}） \tag{1}$$

$$2NH_{3,ad} \rightleftharpoons 2NH_{2,ad} + 2H_{ad} \quad 第一解离（E_1） \tag{2}$$

$$2NH_{2,ad} \rightleftharpoons 2NH_{ad} + 2H_{ad} \quad 次解离（E_1） \tag{3}$$

$$2NH_{ad} \rightleftharpoons 2N_{ad} + 2H_{ad} \tag{4}$$

$$6H_{ad} \rightleftharpoons 3H_{2,ad} \rightleftharpoons 3H_{2,g} \quad 脱附（H_2） \tag{5}$$

$$2N_{ad} \longrightarrow N_{2,ad} \longrightarrow N_{2,g} \quad 脱附（N_2） \tag{6}$$

注：“g”代表“气态”，“ad”代表“吸附态”。

大量研究发现氨合成过程的速率控制步骤是原料 N_2 气在催化剂表面的解离吸附。然而，以制氢为目的的氨分解机理比氨合成过程更复杂，其与反应路径、催化剂种类及反应条件等因素相关。学者们普遍认为 NH_3 在催化剂表面分解主要是由一系列逐级脱氢过程组成，见反应（1）～反应（6），气相 NH_3 分子逐级脱 H 需要的能量见表 10-1。

表 10-1 N—H 键的解离能

化合物	断裂键	键的解离能			文献
		/(kcal/mol)	/(kJ/mol)	/eV	
NH_3	H—NH_2	107.6±0.1	450.2±0.4	4.7	[13]
	H—NH	93.0	389.4	4.0	[14]
	H—N	78.4±3.7	328.0±15.4	3.4	[15]
N_2H_4	H—$NHNH_2$	87.5	366.1	3.8	[16]

目前关于氨分解机理的研究主要集中在速率控制步骤上，而速率控制步骤分为 NH_3 的 N—H 第一次解离生成 NH_2＋H 或催化剂表面吸附态产物氮原子的重组脱附生成 N_2 两种情况。目前，大多数学者认为贵金属（Ru、Ir、Pd 及 Pt）和 Cu 催化剂的 N-H 断裂是氧分解的速率控制步骤，而对廉价过渡金属（Fe、Co 及 Ni 等）催化剂来说，吸附态 N 原子重组脱附速率较慢成为了氨分解制氧的速率控制步骤。

氨分解制氢工艺由氨分解和氢气纯化两部分组成。

液氨经预热器蒸发成气氨，然后通过填充有催化剂的氨分解炉，氨气即被分解成含氢 75％、含氮 25％的氢氮混合气。其反应为：

$$2NH_3 \xrightarrow{\text{催化剂}} 3H_2\uparrow + N_2\uparrow - Q$$

分解温度为 650～800℃，分解率 99％以上，冷却混合气至常温，进入净化系统。

催化剂是氨分解反应的核心。目前，氨催化分解用催化剂的活性组分主要以 Fe，Ni，Pt，Ir，Pd 和 Rh 为主。虽然 Ru 的催化活性最高，但是它的价格太高；而廉价的 Ni 基催化剂的催化活性仅次于 Ru、Ir 和 Rh，Ni 更具有工业应用的前景。所使用的催化剂的载体主要有 Al_2O_3、MgO、TiO_2、SiO_2、碳纳米管、活性炭、分子筛等。

氨气制氢的纯化可以采用变压吸附或膜分离，这和前面的煤、天然气制氢的纯化相同。主要差别是氨分解气只有氢气、氮气和微量未分解的氨气，故要比前者容易分离。

研究用氨作为氢源的燃料电池项目不少，最近的是日本京都大学研究所工学研究系的江口浩一教授 2013 年获得日本科学技术振兴机构（JST）的资助研发氨燃料电池。研究用氨制氢供给质子交换膜燃料电池（PEMFC）和固体氧化物燃料电池（SOFC）。实际的目标是实现在高温环境下工作的固体氧化物型氨燃料电池。

氨分解变压吸附制氢因其投资成本低、原料采购容易、氢气纯度高，在工业上，可用于钼粉还原的过程中。在国外，采用氮氢混合气体可以制备各种具有特殊性能的钼粉，这值得进行相关应用研究。

10.1.2　等离子体催化氨制氢新工艺

文献［17］报道利用介质阻挡放电等离子体提高了非贵金属催化剂的低温催化活性，从而建立了基于非贵金属的等离子体催化氨分解制氢新方法。其实验结果：在 10g 体相 Fe 基催化剂存在下，NH_3 进料量为 40mL/min、410℃的条件下，氨气转化率由热催化法的 7.8%提高至 99.9%（32.4W），氨气完全转化的温度比热催化法降低了 140℃；制氢能量效率由单纯等离子体法的 0.43mol/(kW・h）提高至 4.96mol/(kW・h）。其结论：将介质阻挡放电等离子体和非贵金属催化剂耦合对氨分解制氢有显著的协同效应。

10.1.3　氨制氢的设备

我国有多家公司生产氨分解制氢设备。例如，HBAQ 系列氨分解气体发生装置就是以液氨为原料，在催化剂的作用下加热分解得到氢氮混合气体。通过一系列净化后，氢气纯度能够达到－60℃露点，残氨量 5ppm 的高纯氢气。产品的产气量规格有 $5m^3/h$、$10m^3/h$、$15m^3/h$、$20m^3/h$、$30m^3/h$、$40m^3/h$、$50m^3/h$ 和 $60m^3/h$ 等。

再如 AQ-20 型氨制氢机，产氢气量为 $20m^3/h$，消耗液氨 8kg/h。设备 1.8m×2m×2m，质量 1.2t。

目前氨分解制氢设备主要生产氢气用于热处理、粉末冶金、硬质合金、轴承、镀锌、铜带、铜管、带钢等行业。

10.1.4　其他氨分解制氢方法

检索了 2000 年以来的科学引文索引（SCI），发现主要采用热催化法进行氨分解制氢研究，鲜有其他方法。日本学者研究液氨电解制氢。在室温、约 10MPa 的压力下，以 Pt 板为双电极、金属氨基（$LiNH_2$，$NaNH_2$ 或 KNH_2）为电解质，研究发现：NH_2—的浓度对液氨电解效率极为重要，其浓度越高对应的电解效率越高，在 2V 电池电压、1mol/L KNH_2 条件下，可获得 85%的高电流效率。

有学者采用微空心放电（MHCD）技术制氢，在常压下，以 10%NH_3-Ar

混合气为原料来制取 H_2，NH_3 的最高转化率约为 20%。

此外，等离子体法、高温热分解法及光化学法也能分解氨气。但这些研究主要针对氨合成及氨分解机理和微量氨的脱除。

韩国岭南大学研究者采用介质阻挡等离子体结合光催化法脱除微量 NH_3（1000μg/g），单纯光催化法 NH_3 的转化率可达 98%，单纯等离子体法 NH_3 的转化率达 90%，而当等离子体和光催化相结合的情况下 NH_3 的转化率就可达 100%，而且时间大大缩短。

10.2 甲醇制氢

10.2.1 甲醇制氢方法

和天然气制氢的方法类似，目前甲醇制取氢气的方法主要有四种：甲醇分解制氢、甲醇部分氧化制氢、甲醇蒸汽重整制氢以及甲醇自热重整制氢。四种方法的基本情况见表 10-2。

其中，甲醇水蒸气重整制氢是已经工业化的方法。

表 10-2 甲醇制氢方法比较

制氢方法	反应式	ΔH_{298} /(kJ/mol)	优点	缺点
甲醇分解(DE)	$CH_3OH \longrightarrow 2H_2 + CO$	90.5	高温下反应迅速	反应温度高，CO 含量高，吸热反应
甲醇部分氧化(POR)	$CH_3OH + 1/2O_2 \longrightarrow 2H_2 + CO_2$	−192.3	条件温和，易于启动	H_2 含量低，强放热反应，反应器内部温度不易控制
甲醇蒸汽重整(MSR)	$CH_3OH + H_2O \longrightarrow 3H_2 + CO_2$	49.4	H_2 含量高，反应温度低	吸热反应，反应动态响应慢，催化剂床层易存在“冷点”
甲醇自热重整(ATR)	$CH_3OH + \beta O_2 + (1-2\beta)H_2O \longrightarrow (3-2\beta)H_2 + CO_2 (0 \leqslant \beta \leqslant 0.5)$	$50.19-483.64\beta$	反应温度适中，反应吸放热耦合，可达到热平衡	H_2 含量偏低，控制难，反应器入口催化剂易烧结或积炭

10.2.2 甲醇水蒸气重整制氢

在甲醇制氢的各种方法中，甲醇水蒸气重整制氢由于产氢量高，应用最广泛。故本文重点介绍。

甲醇水蒸气重整（MSR）是强吸热反应，见下式。

$$CH_3OH(g) + H_2O(g) \longrightarrow 3H_2 + CO_2, \Delta H_{298} = 50.7\text{kJ/mol}$$

目前对于甲醇水蒸气重整反应机理仍有多种不同的看法。

甲醇水蒸气重整反应直接生成 CO_2 和 H_2O。该反应的中间产物有甲酸甲酯是比较公认的机理。其反应式如下。

第一步：　　　　$2CH_3OH \longrightarrow CH_3OCHO + 2H_2$

第二步：$CH_3OCHO + H_2O \longrightarrow CH_3OH + HCOOH$

第三步：　　　　$HCOOH \longrightarrow CO_2 + H_2$

第一步甲醇脱氢反应是速控步骤，越来越多的理论和实验证实这种看法。

10.2.3　甲醇水蒸气重整制氢催化剂

常用的甲醇水蒸气重整催化剂，按照活性组分可分为 3 类：Cu 系、Cr-Zn 系、贵金属（如 Pd、Pt）。目前，开发研究中涉及较多的是改性铜系（CuO 质量分数 40%～50%）催化剂。工业上大量使用的催化剂是高铜含量（CuO 质量分数 50%左右）的催化剂。甲醇重整的典型催化剂是 Cu-ZnO-Al_2O_3，这类催化剂也在不断更新使其活性更高，CO_2 选择性更好。甲醇水蒸气重整理论上能获得氢气的浓度是 75%。

250～330℃时，甲醇在空气和水蒸气存在条件下自热重整，几乎完全转化得到高的产氢率，过程中可以使用与甲醇水蒸气重整相似的催化剂，注意调整反应器温度平衡来保持催化剂 Cu-ZnO-Al_2O_3　的活性状态。所以这些催化剂对氧化环境比较敏感，这也在实际运行中造成主要困难。

（1）水蒸气汽化转化反应　重整气直接进入转化单元来进一步降低 CO 含量，并提高氢气的产率。转化单元中催化剂必须在 200～280℃的低温下具有活性，温度往往是取决于重整物料的进口浓度。目前使用的工业催化剂有很多缺点，如在工业间歇操作中的准备阶段过长，以及低温时催化剂的降低而要求反应器的容积大。因此，寻找可代替催化剂的研究正在进行。

（2）预氧化去除 CO　在进到低温燃料电池以前，必须去除富氢重整油气中约 0.5%～1%的 CO。采用的几种方式有：变压吸附提纯、CO 的优先氧化、催化甲烷化法以及膜分离等。其中，优先氧化法可以将 CO 降到需要的水平而没有额外的氢气损耗，其成本最低。这种方法要求催化剂有高的活性和高选择性。

10.2.4　甲醇制氢与氢气提纯联合工艺

甲醇裂解-变压吸附制氢技术是目前工业化应用最广的组合。下面加以介绍。

甲醇重整合成气主要组分是 H_2、CO_2、CH_4、CO 及微量 CH_3OH，用变压吸附或气体净化技术从合成气中获得纯氢产品。

变压吸附技术请参阅本书有关章节。

我国首套甲醇重整制氢工业化装置于 1993 年 7 月由西南化工设计院在广

州成功投产。到目前为止，全国大约有500多套甲醇重整制氢工业装置在运行，其中成立于2000年9月18日的四川亚联高科技股份有限公司完成200多套，约占全国甲醇制氢工业装置的40%。

笔者在《甲醇转化变压吸附制氢技术要求》国家标准启动会上了解到由于甲醇来源丰富，价格低廉，工艺流程成熟度高、工业装置投资少，使用方便、经济效益好等优点受到越来越多的用户喜爱，规模也越做越大。起初，甲醇制氢的规模只有每小时生产数百立方米氢气，再大规模如每小时数千立方米氢氧则采用天然氯制氢，更大规模则用煤炭制氢。如今每小时数千立方米氢气的甲醇制氢工业装置已属平常，每小时上万立方米氢气的甲醇制氢工业装置已经运行。据了解，目前，最大规模的每小时6万立方米氢气的甲醇制氢装置已经在设计中。

甲醇裂解-变压吸附在生产中已经获得应用。甲醇裂解-变压吸附制氢技术共分供热工序、甲醇裂解造气工序、变压吸附提取纯氢工序。资料报道1997年，我国某化工厂在双氧水生产的制氢工序中采用了甲醇裂解-变压吸附制取纯氢技术，总投资为280万元，建设期只用了6个月。产品氢气纯度≥99.99%，压力≥0.9MPa。氢气成本从原来电解水的4.5元/m^3 H_2，降到2.50元/m^3 H_2，每吨双氧水需氢气210m^3，年产10000t双氧水，可节省生产成本420万元，一年就可收回投资。

10.2.5 甲醇制氢的新进展

(1) 甲醇液相重整制氢 甲醇制氢的新进展之一是甲醇液相制氢。液相制氢主要包括电解甲醇制氢、超声波法制氢和等离子体法制氢。

通常，甲醇重整制氢发生在高温气相的多相催化中。大于200℃的高温和2.5～5.0MPa的高压限制了许多应用。而液相重整法可在常温下进行，但目前处于实验室研究阶段。

德国和意大利开发出低温水相甲醇脱氢工艺。该工艺使用钌基有机化合物为催化剂，在65～95℃及常压下制氢。该系统可在碱性水溶液中保持稳定。该系统可将甲醇全部转化为氢，但缺点是反应的基质必须保持较高的活性，而其活性仅维持3个星期左右。

沈培康等发现电解甲醇制氢的电能消耗很小。同样产氢量时，电解甲醇所需的电压只有传统电解水电压的1/3。

Büttner等通过实验证明超声波常温降解甲醇水溶液的过程中有氢气生成。目前超声波分解甲醇水溶液制氢方法的机理仍不清楚。但这一方法避免了传统甲醇制氢技术所需的高温。

都学敏等用低频超声对甲醇水溶液超声波制氢进行了研究，认为超声波制氢原理为：在超声空穴微环境内发生的以热解和重整为主制氢反应。每个空穴都可以看成一个微型热反应器，氢气是若干反应器产氢的宏观结果。

严宗诚等实验发现，甲醇分子在阴极等离子体层中分解，产物中氢气含量达 95%，同时含有 CO 和 CO_2。甲醇浓度和等离子体密度是影响单位体积能耗以及产品组成的重要参数。

（2）甲醇制氢设备微型化　甲醇制氢进展之二是设备微型化。目前，甲醇重整制氢装置的微型化主要有列管式、板式、膜反应器和微孔道反应器。

① 列管式反应器　列管式反应器是最为常见的一种反应器，结构简单，管子内部无构件，填充颗粒状催化剂，一般用于连续操作过程。甲醇制氢管式反应器分为列管式反应器和套筒式反应器两种。

列管式反应器是在管内进行水蒸气重整，在管外壁与反应器内壳之间进行催化燃烧。列管式反应器的重整腔内部温度分布较为均匀，但是散热困难。

套筒式反应器则是在相邻的两层分别进行水蒸气重整和催化燃烧反应。大部分的套筒式重整反应器的燃烧腔设置在套筒中心，重整腔位于燃烧腔外层，以提高热量利用效率。也有少部分设计将燃烧腔设置在反应器底部，直接为重整供热。最新的发展是将催化燃烧、重整和净化集成到同一反应器中，在套筒外侧设置环形水汽变换反应腔或者 CO 选择性氧化腔，提高了能量利用效率，也使得整个氢源系统更加紧凑。这种反应器多采用不锈钢加工而成，但因其催化燃烧腔反应温度相对较高，容易使不锈钢烧结导致相邻反应腔“串气”。

套筒式反应器体积小、结构紧凑、能量利用效率高，适于小规模制氢，成为目前使用较多的一类重整反应器。虽然已经商业化，为了适应多过程集成氢源的发展，在性能、加工和温度控制等方面，仍需加以改善。

② 板式反应器　板式反应器用平板将燃烧室和重整室隔开，隔板的两侧分别涂有燃烧催化剂和重整催化剂，燃烧放热为重整供热。板式反应器结构简单，拆卸、组装方便，用几个相同的此类反应器组合之后就可以获得更大规模的反应装置。

瑞士研究人员采用多层板式甲醇自热重整反应器。马蹄形多层板式反应器由 10 层薄板组成，材质为铁铬合金，每块板厚 0.08mm，板间距为 3mm；重整催化剂用 $Cu/Zn/Al_2O_3$，每块板负载催化剂有效面积为 $36cm^2$。该反应器性能良好，在不同的重整进料下的最大热点温差仅为 23K。

我国科技工作者借鉴板翅式换热器，在板式反应器中安装不同规格的金属翅片。重整腔和燃烧腔分别装 $Cu/ZnO/Al_2O_3$ 颗粒催化剂和 Pt/Al_2O_3 小球，通过间接传热把强放热和强吸热耦合在同一反应器中，反应器各向温度分布较为均匀。制作了集预热器、蒸发器、重整器和燃烧器于一体的 5kW 制氢系统，经过1000h稳定性实验后仍然保持了高的甲醇转化率和较低的CO含量。

③ 膜反应器　1748年J. A. Nollet使用膜来分离不同的液体。现在，分离膜的发展和应用非常广泛。由于金属钯膜对氢气具有较高的选择性，使其在制氢膜反应器中得到广泛应用。膜反应器的原理是在装有催化剂的反应器中安装钯膜，这样制氢与分离同时进行，使得反应朝着有利生成H_2的方向进行，从而提高反应的转化率。膜反应器最大的优点在于集甲醇水蒸气重整、水气变换和CO净化过程于一体，从而在减少装置体积、降低成本。

④ 微通道反应器　国内外开发的甲醇重整制氢微通道反应器项目不少，都没有达到实用。许多问题，如微孔道内催化剂涂层不均匀，催化剂寿命短、反应器成本高、效率低等没有解决，还有许多工作要做。

(3) 甲醇重整制氢国家标准即将出台　目前国内外具有甲醇转化变压吸附制氢技术的设计院及企业几十家，各设计院及企业在工艺开发过程中形成了各具特点工艺方法，形成百花齐放态势。但鉴于甲醇制氢装置易燃易爆等特点，如果没有统一的行业及国家标准规范，产品的质量及装置的安全可靠运行得不到保障；同时各家企业为获得订单大打价格战而不关注制氢成本及系统能耗，严重影响了行业竞争及工艺技术的革新。为此，由全国氢能标准技术委员会归口的《甲醇转化变压吸附制氢技术要求》已经获得国家标准经委员会批准，由四川亚联高科技股份有限公司为第一起草单位，预计2015年完成。

国家标准《甲醇转化变压吸附制氢技术要求》的实施，将有利于规范各设计院及生产厂家设计工作，标准中对甲醇转化变压制氢工艺的技术要求进行了详细的说明，对设计院及生产厂家在设计生产过程中具有指导性作用；有利于行业的健康发展，通过建立推荐性国家标准，提高企业的市场准入标准，企业不再以价格作为获得订单的唯一砝码，而是注重产品的质量与技术的革新；有利于工艺技术的革新，标准中将引起能效标准对甲醇转化变压吸附制氢工艺进行评价，推动新工艺新技术应用于甲醇转化变压吸附制氢工艺，淘汰落后的安全及质量控制的工艺技术。

10.3　肼制氢气

肼(N_2H_4)常温下为无色透明液体，密度为1.004g/mL，是一种富氢物质。

肼在常温下稳定，但可发生热分解、催化分解，因此广泛地被用于气体发生器、燃料电池和有机均相合成反应中。

水合肼（$N_2H_4 \cdot H_2O$）的质量含氢量高达 7.9%，其完全分解得到 H_2、N_2，没有会使质子交换膜燃料电池中毒的 CO，因此深受燃料电池重视。肼分解有两种途径。

全分解：$N_2H_4 \longrightarrow N_2 + 2H_2 \quad \Delta H = -95.4kJ/mol$　(1)

不完全分解：$N_2H_4 \longrightarrow 1/3N_2 + 4/3NH_3$　(2)

在室温下，热力学上不利于反应（1）的进行。

10.3.1　肼分解机理

但肼分解反应的机理并没有定论。在肼分解反应中，涉及究竟是 N—N 键还是 N—H 键先断裂的问题。N—N 键能为 60kJ/mol，N—H 键能为 84kJ/mol，肼的多相催化分解过程通常认为有以下三种可能的反应机理：

① N—N 键断裂，解离分解机理；

② N—H 键断裂，非解离分解机理；

③ N—N 和 N—H 键同时断裂机理。

10.3.2　肼分解用催化剂

1964 年，Shell 公司开发了 Shell405 催化剂用于肼分解反应，Shell405 催化剂采用贵金属铱为活性组分，氧化铝为载体，担载量为 20%～40%（质量分数）。此后的肼分解催化剂的研究中，大多仍是金属铱为主，为了降低成本和改善催化剂性能，加入了助催化剂金属钌。

为避开 Shell405 催化剂专利保护范围，世界各国也分别研制了各具特色的催化剂如法国的 CNESRO 催化剂，可冷启动 120 次，热脉冲 8900 次，该催化剂于 1975 年 5 月首次应用于法国技术卫星上。但总的说来，Shell405 催化剂仍被认为是综合性能最好的肼分解催化剂，我国中国科学院大连化学物理研究所也研究肼分解催化剂。

目前新的水合肼分解制氢催化剂主要关注双金属纳米粒子催化剂。实验证明双金属催化剂，使得水合肼分解活性明显提高，当 Pt 的添加量为 5.7%时，活性比 Ni/Al_2O_3 催化剂提高了 7 倍，同时氢气选择性达到 99%。

10.3.3　肼分解制氢用途

肼主要用于卫星、飞船等飞行器的入轨、定点推进系统及姿态控制系统。肼在 250℃左右可发生热分解反应，或在催化剂作用下的分解速度快，瞬时产生大量的高温高压的气体，这种高能气体可用来调整空间推进器的位置、角度，还可用作应急动力装置的能源、探空气球、沉船或潜艇的浮力装置等。

肼分解制氢也可以用作燃料电池的氢源。

10.4 汽、柴油制氢

汽油、柴油和煤油是石油的主要产品，已经广泛用于交通能源。在军事方面，为了减少后勤供应品种，往往采用军用燃料制氢。这里以汽柴油为代表，加以介绍。

汽油、柴油在有催化剂存在下与水蒸气反应转化制得氢气。主要发生下述反应：

$$C_nH_{2n+2}+nH_2O \longrightarrow nCO+(2n+1)H_2$$

$$CO+H_2O \longrightarrow CO_2+H_2$$

反应在800～820℃下进行。从上述反应可知，也有部分氢气来自水蒸气。用该法制得的气体组成中，氢气含量可达74%（体积分数）。其生产成本主要取决于原料价格。

美国军方为便于作战，通常用美军标准燃料JP-8做原料制氢。

日本也有用煤油做原料制氢供家用热电联供燃料电池使用的例子。

10.5 烃类分解制氢气和炭黑

将烃类分子进行热分解，如下式：

$$C_nH_m \longrightarrow nC+(m/2)H_2$$

得到的炭黑可用于橡胶工业及一些塑料行业中做着色剂、防紫外线老化剂和抗静电剂；在印刷业做黑色染料，做静电复印色粉等。重要的是避免了二氧化碳的排放。目前，主要有两种方法用于烃类分解制取氢气和炭黑，即热裂解法和等离子体法。

(1) 热裂解法　请参见本书第5.2.3节。

(2) 等离子体法　挪威的Kvaemer油气公司开发了等离子体法分解烃类制氢气和炭黑的工艺，即所谓的“CB&H”工艺。该公司于1990年开始该技术研究，1992年进行了中试实验，据称现在已经可以利用该技术建设无二氧化碳排放的工业制氢装置。CB & H的工艺过程为：在反应器中装有的等离子体炬，提供能量使原料发生热分解，等离子气是氢气，可以在过程中循环使用，因此，除了原料和等离子体炬所需的电源外，过程的能量可以自给。用高温热加热原料使其达到规定的要求，多余的热量可以用来生成蒸汽。在规模较大的装置中，可用多余的热量发电。由于回收了过程的热量，整个过程的能量消耗有所降低。

该法的原料适应性强，几乎所有的烃类都可作为制氢原料，原料不同，仅仅会影响产品中的氢气和炭黑的比例。此外，装置的生产能力可大可小，据 Kvaemer 油气公司称，利用该技术建成的装置规模最小为每年 $1m^3$（标准状态氢气），最大为每年 3.6 亿立方米（标准状态氢气）。

10.6　$NaBH_4$ 制氢

20 世纪 40 年代 $NaBH_4$ 已被施莱辛格（Schlesinger H. I.）合成成功，直到 1953 年才解密正式发表。最初，$NaBH_4$ 主要是作为还原剂被使用。后来发现它可被用来制氢，作为氢源，引起科学界和产业界广泛、持久的兴趣，直至今天。

$NaBH_4$ 的催化水解反应，可在常温下生产高纯度氢气，且产生的氢气中不含 CO，适合用作质子交换膜燃料电池或过渡性内燃机的燃料源。硼氢化钠溶液无可燃性，储运和使用安全；硼氢化钠溶液在空气中可稳定存在数月；制得的氢气纯度高，不需要纯化过程，可直接作为质子交换膜燃料电池的原料；氢的生成速度容易控制；硼氢化钠本身的储氢量为 10.6%（质量分数），其饱和水溶液质量分数可达 35%，此时的储氢量为 7.4%（质量分数）；催化剂和反应产物可以循环使用；在常温甚至 0℃下便可以生产氢气。

10.6.1　基本原理

硼氢化钠是一种强还原剂，广泛用于废水处理、纸张漂白和药物合成等方面。20 世纪 50 年代初，Schlesinger 等人发现，在催化剂存在下，硼氢化钠在碱性水溶液中可水解产生氢气和水溶性亚硼酸钠。反应如下：

$$NaBH_4 + 2H_2O \longrightarrow 4H_2 + NaBO_2 \quad \Delta H = -300kJ/mol \qquad (1)$$

如果没有催化剂，上式反应也能进行，其反应速度与溶液的 pH 值和温度有关。根据 Kreevoy 等人的研究结果，这一速度可由以下经验式计算：

$$\lg t_{1/2} = pH - (0.034T - 1.92)$$

式中，$t_{1/2}$是 $NaBH_4$ 的半衰期，以天（d）表示；T 是热力学温度。由该式计算的不同 pH 值和不同温度下的半衰期列于表 10-3。

由表 10-3 可见，pH 值和温度对反应速度影响大。常温下，当 pH 值为 8 时，经半分多钟 $NABH_4$就水解掉一半。室温下，pH 值为 14 时，$NABH_4$ 的半衰期超过一年，因此，平时必须将 $NABH_4$ 溶液保持在强碱性溶液中。$NABH_4$ 的强碱溶液与催化剂接触则放出氢气。催化剂不同，氢气生成速度也不同。

表 10-3 pH 值和温度对 $NaBH_4$ 半衰期的影响　　单位：d

pH	温度/℃				
	0	25	50	75	100
8	3.0×10^{-3}	4.3×10^{-4}	6.0×10^{-5}	8.5×10^{-5}	1.2×10^{-5}
10	3.0×10^{-1}	4.3×10^{-2}	6.0×10^{-3}	8.5×10^{-4}	1.2×10^{-4}
12	3.0×10^{1}	4.3×10^{0}	6.0×10^{-1}	8.5×10^{-2}	1.2×10^{-2}
14	3.0×10^{3}	4.3×10^{2}	6.0×10^{1}	8.5×10^{0}	1.2×10^{0}

硼氢化钠在碱性水溶液中反应基本上可进行完全。假设 H_2 的收率为100%，1L35%的 $NaBH_4$ 溶液可以产生 74gH_2。根据35%的 $NaBH_4$ 溶液的密度大约为 1.05kg/L，算出 35%$NaBH_4$ 溶液的储氢效率约为 7%（质量分数）。

碱性水溶液中，硼氢化钠反应的产物只有 H_2 和 $NaBO_2$。pH>11 时，后者为可溶性 $NaB(OH)_4$、对环境无害，可回收后直接利用，如用作照相药品、纺织物精整和施浆组分、防腐剂和阻燃剂等，也可制备无机硼化合物，如硼砂和过硼酸钠。

碱性水溶液中硼氢化钠制氢是放热反应，每产生 1molH_2 放出 75kJ 热量。这些反应热可用来加温溶液，以提高产氢速度。

10.6.2 $NaBH_4$ 的催化放氢工艺

$NaBH_4$ 的催化放氢研究包括制氢工艺、催化剂和设备。

$NaBH_4$ 的催化放氢工艺分为 $NaBH_4$ 溶液和 $NaBH_4$ 固体两条不同路线。

$NaBH_4$ 溶液催化制氢是研究主流。绝大部分文献都与此工艺有关，其原理在前面已经介绍。

一些研究发现直接应用固态的硼氢化钠比使用其溶液制氢更便捷、安全。方朝君等使用 $NaBH_4$ 和乙酸钴粉末的混合物作初始反应物，反应区外围使用冷却水时，可将反应温度波动控制在 6～8℃，这有利于降低氢气流速的峰值和保持相对稳定的氢气流。当催化剂的混合量大于 4%时，氢气的转化率可达95%以上。

10.6.3 $NaBH_4$ 放氢用催化剂

对催化剂的研究主要分为贵金属催化剂和非贵金属催化剂。

Levy 等人和 Kaufman 等人研究了钴和镍的硼化物，Brown 等人发现，铑和钌盐能以最快的速度由 $NABH_4$ 溶液中释放出氢气。Amendola 等人发现，阴离子交换树脂比阳离子交换树脂好。他们用 0.25g5%负载钌催化剂和 20% $NABH_4$+10%NaOH+70%H_2O 的水溶液，测定了不同温度下产生的气体体积随反应时间的变化得出 10.6.1 节反应（1）是零级反应的结论。即反应速度与反应物浓度无关。反应（1）的速度可以表示为：

$$-4d[NABH_4]/dt=d[H_2]/dt=k$$

式中，k 是常数。在 25℃、35℃、45℃和 55℃下，k 的值分别为 2.0×10^{-4} mol/s、1.1×10^{-4} mol/s、6.5×10^{-5} mol/s、2.9×10^{-5} mol/s。按上式计算，不同温度时，产生 1L 氢气的时间分别为 1550s、690s、410s 和 220s。产氢速度与催化剂用量成正比。催化剂钌可以反复使用，因为体系中没有使催化剂中毒的物质。

相对于贵金属，Ni、Co 等金属产氢催化剂价格低廉、资源丰富，成为研究的热点。有人发现 $CoCl_2$ 的催化产氢速率高达 86.3L/(min·gCo)，为目前文献报道的较高的产氢速率。也有人使用 Co/C 催化剂，发现活性炭的分散作用可提高 Co 催化剂的活性。

10.6.4　设备

一种设备类似于启普发生器。$NaBH_4$ 溶液由反应器底部进入，与催化剂接触产氢，产生的氢气由反应管顶部通过控制阀排出。通过控制反应器中氢气压力来调节反应器中 $NaBH_4$ 液面高低，从而也就控制了氢气的生成速度。该方案设备无运动部件，操作方便，安全可靠，成本低廉。

另一种设备是使用微型泵将 $NaBH_4$ 溶液注入装有催化剂的反应器，通过控制 $NaBH_4$ 溶液的流速来控制产氢速度。

10.6.5　改进方向

特别是在 2012 年科学家制成核壳结构的纳米硼氢化钠之后，硼氢化钠已被认为是最有希望的固态储氢材料之一。

当然，尽管 $NaBH_4$ 制氢具有许多优点，但作为一种新的制氢工艺还存在改进之处，主要需解决的问题如下。

① 硼氢化钠的生产成本高　目前工业上生产硼氢化钠的工艺最早是由施莱辛格（Schlesinger）和布朗（Brown）提出，反应式如下：

$$H_3BO_3+3CH_3OH\longrightarrow B(OCH_3)_3+3H_2O$$

$$2Na+H_2\longrightarrow 2NaH$$

$$4NaH+B(OCH_3)_3\longrightarrow NaBH_4+3CH_3ONa$$

该工艺比较成熟，但装置普遍较小，在我国只有少量生产，且成本较高。因此，需要解决硼氢化钠的规模和经济化生产。

② 副产物 $NaBO_2$ 的回收和利用　$NaBO_2$ 可直接利用，也可转化为其他用途更广泛的无机硼化合物，因此不会产生环境污染。但 $NaBO_2$ 的回收技术和经济问题仍需深入探讨。

③ 制氢工艺路线的可行性　如能耗、经济性等还需进一步改善。

参 考 文 献

[1] 毛宗强．氢能——21世纪的绿色能源．北京：化学工业出版社，2005.

[2] 倪平，储伟，王立楠，张涛．氨催化分解制备无 CO_x 的氢气催化剂研究进展．化工进展，2006，25（7）：739-743.

[3] 王东军，明利鹏，王桂芝，徐艳，马丽娜，裴浩天，李方伟．国外甲醇制氢催化剂研究进展．天然气化工（Cl化学与化工），2011，36（5）：73-76.

[4] 沈培康等．电解醇制氢．物理化学学报，2007，23（1）：107-110.

[5] Büttner J，Gutierrez M，Henglein A. Sonolysis of water methanol Mixtures. Phys Chem，1991，95：1528-1530.

[6] 都学敏，党政，张智峰．甲醇水溶液超声波制氢实验研究．化工学报，2011，62（6）：1669-1674.

[7] Li Huiqing，Zou Jijun，Liu Changjun. Progress in hydrogen generation using plasmas. Progress in Chemistry，2005，17（1）：69-77.

[8] 严宗诚，陈砺，王红林．液下辉光放电等离子体重整低碳醇水溶液制氢．化工学报，2006，57（6）：1432-1437.

[9] 贺雷，黄延强，张涛．Ni-Ir双金属催化剂及其在肼分解制氢反应中的应用．第十四届全国青年催化学术会议会议论文集，2013.

[10] 吴海军，王诚，刘志祥，张萍，毛宗强．$NaBH_4$ 的制备现状及其在燃料电池氢源中的应用前景．太阳能学报，2008，29（2）：227-233.

[11] 方朝君，闫常峰，郭常青．一种硼氢化钠水解制氢的技术路线．化工进展，2011（2）.

[12] 张翔，孙奎斌，周俊波．硼氢化钠水解制氢技术研究进展．无机盐工业，2010（1）.

[13] Blanksby S J，Ellison G B. Bond dissociation energies of organic molecules. Accounts of Chemcial Research，2003，36：252-263.

[14] Su K，Hu X L，Li X Y，et al. High-level ab initio calculation and assessment of the dissociation and ionization energies of NH_2 and NH_3 neutrals or cations. Chemical Physics Letters，1996，258：431-435.

[15] Tarronl R，Palmieri P，Mitrushenkov A，et al. Dissociation energies and heats of forrnation of NH and NH^+. The Journal of Chemical Physics，1997，106：10265-10272.

[16] Grela M A，Colussi A J. Decomposition of methylamono and aminomethyl radicals. The heats of formation of methyleneimine（$CH_2=NH$）and hydrazyl（N_2H_3）radical. International Journal of Chemical Kinetics，1988，20：713-718.

[17] 王丽．等离子体催化氨分解制氢的协同效应研究［学位论文］．大连：大连理工大学，2013.

[18] Dong B X，Ichikawa T，Hanada N，et al. Liquid ammonia electrolysis by platinum electrodes. Journal of Alloys and Compounds，2011，509S：S891-S894.

[19] Hanada N，Hino S，Ichikaw A T，et al. Hydrogen generation by electrolysis of liquid ammonia. Chemical Communication，2010，46：7775-7777.

[20] Qiu H，Martus K，Lee W Y，et al. Hydrogen generation in a microhollow cathode discharge in high-pressure ammonia-argon gas mixtures. International Journal of Mass Spectrometry，2004，233：19-24.

[21] Yerga R M N, Avarea-Galvan M C, Mota N, et al. Catalysts for Hydrogen Production from Heavy Hydrocarbons. ChemCatChein, 2011, 3: 440-457.

[22] Navarro R M, Pena M A, Fierro J L, Hydrogen Production Reactions from Carbon Feedstocks: Fossil Fuels and Biomass. Chemical Reviews, 2007, 107: 3952-3991.

[23] Lukyanov B N, Catalytic production of hydrogen from methanol for mobile, stationary andportable fuel-cell power plants. Russian Chemical Reviews, 2008, 77: 995 -1016.

[24] Hause M L, Yoon Y H, Crim F F. Vibrationally mediated photodissociation of ammonia: The influence of N—H stretching vibrations on passage through conical intersections. The Journal of Chemical Physics, 2006, 125: 174309-174316.

[25] Leach S, Jochims H W. "Baumgartel H" VUV Photodissociation of ammonia: a dispersed fluorescence excitation spectral study. Physical Chemistry Chemical Physics, 2005, 7: 900-911.

[26] Ban J Y, Kim H I, Choung S J, et al. NH_3 removal using the dielectric barrier discharge plasnia-V-TiO_2 photocatalytic hybrid system. Korean Journal of Chemical Engineering, 2008, 25: 780-786.

[27] 郑剑锋. 微型甲醇重整系统的先进控制研究 [学位论文]. 杭州：浙江大学, 2012.

[28] Green Car Congress. Beijing, 2013-2-28.

[29] Schlesinger H I, Brown H C, Abraham B, Bond A C, Davidson N, Finholt A E, Gilbreath J R, Hoekstra H, Horvitz L, Hyde E K, Katz J J, Knight J, Lad R A, Mayfield D L, Rapp L, Ritter D M, Schwartz A M, Sheft I, Tuck L D, Walker A O. New developments in the chemistry of diborane and the borohydrides. General summary. J Am Chem Soc, 1953, 75: 186-190.

[30] Stuart Gary. Hydrogen storage no longer up in the air//ABC Science . Citing Christian, Meganne, 2012.

[31] Aguey-Zinsou, Kondo François. Core-Shell Strategy Leading to High Reversible Hydrogen Storage Capacity for $NaBH_4$. ACS Nano (American Chemical Society), 2012.

第 11 章

副产氢气回收及其他制氢方法

由于从多种原料都可以制得氢，同时在制氢过程中也可以使用各种热源，使得制氢方法和工艺呈现五彩斑斓、多彩多姿。这里，再介绍一些制氢方法。

11.1 副产氢气回收

许多化工过程如焦炭生产、电解食盐水制碱、合成氨化肥、煤制甲醇等均有大量副产氢气，见表 11-1。如能采取适当的措施分离回收氢气，每年可得到数百亿立方米的氢气。不回收这些氢气，不仅浪费资源，而且污染环境。

表 11-1 能源化工装置气体组成及性质

氢源	体积分数/%						温度/℃	压力/MPa
	H_2	CH_4	CO	N_2	H_2O	H_2S		
焦炉煤气	55～60	23～27	6～9	2～5	—	0.5～3.0	约 50	约 0.03
高炉煤气	1.5～3	0.2～0.5	20～30	50～60	—	1.0～4.0	约 35	约 0.15
催化裂化干气	20～45	15～30	0～1.5	10～20	—	0.1～0.2	40～60	0.1～0.2
连续重整干气	85～95	1～5.5	—	0～1.0	0～25	约 0.001	60～90	1～1.5
蜡油加氢干气	30～55	10～25	—	—	—	约 0.5	40～60	1.5～4
渣油加氢干气	45～55	10～30	—	—	—	0.5～5	40～60	3～6
加氢裂化干气	30～65	10～25	0	0～15	—	约 0.1	50～60	1～1.5
加氢裂化驰放气	75～95	0.5～10	—	0～2	—	约 0.05	50～60	10～15
蜡油加氢驰放气	75～85	0～15	—	—	—	0.1～1	40～60	6～10
渣油加氢驰放气	85～90	5～10	—	—	—	0.5～2	40～60	10～15

注：摘自参考文献 [2]。

炼油厂尾气回收制氢：炼油厂石脑油精制的尾气含氢量较高，再经过变压吸附（PSA）技术，可获得高纯氢气。回收副产氢气的主要方法为深冷分离、膜分离和变压吸附。其技术经济特点见表 11-2。

表 11-2　三种氢回收工艺的技术经济特点

项　　目	深冷分离	膜分离	PSA
温度/℃	30～40	50～80	30～40
操作压力/MPa	1.0～8.0	3.0～15.0	1.0～3.0
提浓后压力、进料压力/MPa	1.0	0.2～0.5	1.0
进料中最小氢体积分数/%	30	30	50
预处理要求	脱除 H_2O、CO_2、H_2S	脱除 H_2S	无要求
相对功耗/kW	1.77	1.0	1.68
氢体积分数/%	90～95	80～99	>99.99
氢回收率/%	98	95	85
相对投资费用/万元	2～3	1	1～3
操作弹性/%	30～50	30～100	30～100

注：摘自参考文献 [3]。

11.2　硫化氢分解制氢

我国有丰富的硫化氢资源，有多种方法可从硫化氢中制取氢。我国在 20 世纪 90 年代就开展了这方面的研究，如中国石油大学（北京）研究用“间接电解法”制取氢气与硫磺，中国科学院感光研究所等单位研究光催化分解硫化氢和微波等离子体分解硫化氢制氢等。

11.2.1　硫化氢分解反应基础知识

（1）热力学分析　H_2S 分解反应为：

$$2H_2S \rightleftharpoons 2H_2 + S_2$$

标准态下反应的焓变化为 $\Delta H_f^\circ = 171.59kJ$；熵变化为 $\Delta S^\circ = 0.078kJ/K$；自由能变化为 $\Delta G^\circ = 148.3kJ$。从宏观热力学上分析，常温常压下反应不可能进行，只有当温度相当高时才有 $\Delta G < 0$。转化率随温度升高而增大，在 1700～1800K 温度范围内，能量消耗（约为 $2.0kW \cdot h/m^3$）最为有利，这时硫化氢的转化率为 70%～80%。

为了使 H_2S 分解反应顺利进行，可以采用催化剂，或加入一个热力学上有利的反应，即所谓闭式循环和开式循环。

① 闭式循环过程可简单描述为：

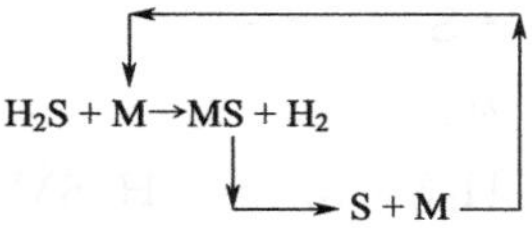

式中，M 多为过渡金属硫化物，如 FeS、NiS、CoS 等。

② 开式循环在 H_2S 分解的同时，引入另一反应，如：

$$2H_2S+2CO \longrightarrow 2H_2+2COS$$

$$2COS+SO_2 \longrightarrow 2CO_2+3/2S_2$$

$$1/2S_2+O_2 \longrightarrow SO_2$$

总反应：

$$2H_2S \longrightarrow 2H_2+S_2$$

$$2CO+O_2 \longrightarrow 2CO_2 \text{（热力学有利的反应）}$$

（2）动力学研究　近几年各动力学参数研究结果见表 11-3。

表 11-3　部分动力学参数研究结果

催化剂	反应温度/K	反应级数	活化能 E_a/(kJ/mol)
Fe_2O_3/FeS	387～1073	0.5	—
Y-Al_2O_3	923～1073	2.0	75.73
NiS,MoS_2	923～1123	2.0	69.04
CoS,MoS_2	923～1123	2.0	59.21
5%V_2O_5/Al_2O_3	773～873	1.0	33.98
5%V_2S_2/Al_2O_3	773～873	1.0	35.42
无催化剂	873～1133	—	495.62

对气相分解反应 $2H_2S \rightleftharpoons 2H_2+S_2$ 动力学的分析表明这是一个二级单相反应。反应的活化能为 280 kJ/mol。速率常数前的指数为 $88\times10^{14}cm^3/(mol\cdot s)$。这意味着在最佳温度 1700～1800K 区域内，反应大约在 10^{-2}s 期间达到平衡。

由于上述反应是可逆的，因此在离解产物冷却（硬化）下保持在高温反应区所达到的转换度就显得很重要。计算表明，离解产物的完全硬化是在冷却速度不低于 10^6 K/s 的情况下发生的。

（3）反应机理　反应机理的探索是动力学研究的重要内容。目前，H_2S 的分解机理可分为非催化分解和催化分解两大类型。

① 非催化分解机理认为 H_2S 的热分解为自由基反应。

$$H_2S \rightleftharpoons HS^- + H^+$$

$$H^+ + H_2S \rightleftharpoons H_2 + HS^-$$

$$2HS^- \rightleftharpoons H_2S+S^-$$

$$S^- + S^- \rightleftharpoons S_2$$

② 催化分解机理可表述为：

$$H_2S+M \rightleftharpoons H_2SM$$

$$H_2S+M \rightleftharpoons SM+H_2$$

$$SM \rightleftharpoons S+M$$

$$2S \rightleftharpoons S_2$$

式中，M 代表催化剂活性中心。

11.2.2　硫化氢分解方法

硫化氢分解方法较多，有热分解法、电化学法，还有以特殊能量分解 H_2S 的方法，如 X 射线、γ 射线、紫外线、电场、光能、微波、等离子体能等，在实验室中均取得较好的效果。

(1) 热分解法　通常 H_2S 热分解法需要反应温度高达 1000℃。为了降低反应温度，以 γ-Al_2O_3、Ni-Mo 或 Co-Mo 的硫化物作催化剂，在温度不高于 800℃、停留时间小于 0.3s 的条件下，得到的 H_2S 转化率仅为 13%～14%。工业热分解法的转化率还较低。

(2) 电化学法　在电解槽中发生如下反应产生氢气和硫。

阳极：　$S^{2-} = S+2e^-$

阴极：　$2H^+ + 2e^- = H_2$

电化学法分解硫化氢的方法分为直接或间接的 H_2S 分解方案。

在 H_2S 间接电解方案中，用氧化剂氧化 H_2S，被还原的氧化剂在阳极再生，同时在阴极析出氢气，由于硫是经氧化反应产生的，因而避免了阳极钝化。目前在日本已有中试装置，研究表明：Fe-Cl 体系对硫化氢吸收的吸收率为 99%、制氢电耗 2.0kW·h/m^3 H_2（标准状态）。该方法的经济性可望与克劳斯法（将硫化氢转变为硫磺和水蒸气的工业方法，是 1883 年英国人 C. F. 克劳斯发明的）相比，然而用该法得到的硫为弹性硫，需要进一步处理。另外，电解槽的电耗过高。

在 H_2S 直接电解过程中，防止阳极钝化是关键，任何机械方法都无效。于是有人提出利用有机蒸气带走阳极表面的硫磺的方法；也有向电解液中加入 S 溶剂的方法；有人改变电解条件、电极材料或电解液组成等方法也都取得了一定的效果。有人利用硫的溶解度随溶液 pH 值变化的特征，调节 pH 值溶解 S，得到了较为满意的结果。

另外，碱性溶液（如 NaOH）与酸性气体 H_2S 能有效地反应，电解该碱性溶液可在阳极得到晶态硫，阴极得到氢气。理论电解分解电压约 0.20V，仅为电解水制氢的理论分解电压 1.23V 的 1/6。

(3) 电场法　可直接用电场来分解 H_2S。实验表明，在电场放电区加入聚三氯氟乙烯油可减小分解 H_2S 的单位能耗；实验还发现，随着电压升高，H_2S 分解转化率增大，若在反应气氛中加入 He、Ar、N_2 等惰性气体，这种

H_2S分解转化率增大的趋势更为明显，而随着温度上升，转化率减小。

有报道指出，在电弧法分解硫化氢中，能量消耗为3.0kW·h/m^{3}的情况下硫化氢的转化率可达到90%。在转化率为50%时，最低能量消耗为1.5kW·h/m^3。实验中得出的能量消耗，与使用电解或者甲烷蒸汽转化生产氢的传统方法中的能量消耗比较是最低的。

电场法对于处理含H_2S含量低的气体具有较好的效果，不过能耗也相对较大。

(4) 微波法　由于微波对于极性物质的化学作用显著，国内外一些学者对微波分解H_2S进行了深入研究。

在微波的作用下H_2S可直接分解为H_2和S。其分解率与微波功率、微波作用时间及原料气组成有关。通常，H_2S分解转化率可达84%。

美国能源部阿贡国家实验室（ANL）利用特殊设计的微波反应器分解天然气和炼油工业中的废气，可以把98%的硫化氢转化为氢气和硫。

(5) 光化学催化法　Naman报道了用硫化钒和氧化钒作催化剂光解H_2S的结果。与Gratzel用CdS半异体为催化剂的结果相似，光子产率都较低。分解H_2S的效果不理想。

(6) 等离子体法　科学家研究了利用微波能产生等离子体来分解H_2S。利用微波产生“泛”非平衡等离子体，其中包括H_2S，H_2，$S_{(\beta)}$，$S_{(\iota)}$。急冷反应混合物即可分离出硫磺；用膜分离器分离出H_2。当微波发生器功率为2kW时，H_2S分解率为65%～80%。

试验用非热强介质等离子体反应器的工作原理如图11-1所示。

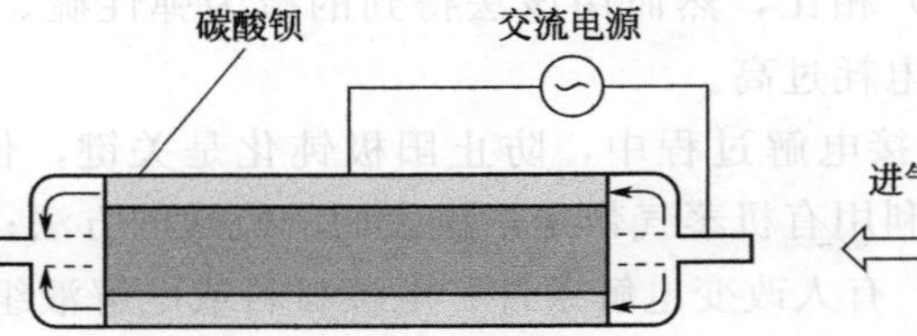

图11-1　实验用非热强介质等离子体反应器的工作原理

圆柱形透明玻璃管长100cm、直径2.5cm，玻璃管内充满强介质钛酸钡颗粒，气体从一端进入反应器，从另一端排出。当在两端电极施加交流电压，钛酸钡颗粒即开始极化，其与通过的H_2S气体作用，使气体分解。

我国学者李秀金做了不同分解电压、停留时间、初始浓度对硫化氢分解率的影响的研究。如图11-2所示，硫化氢的分解率在初始时变化不大，当电压升高到6kV后分解率大大提高；当电压升高到10kV时，H_2S分解率已达

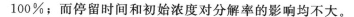

100%；而停留时间和初始浓度对分解率的影响均不大。

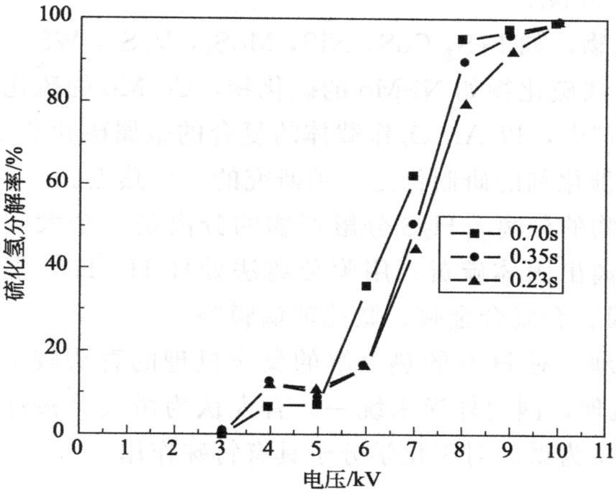

(a) 电压的影响

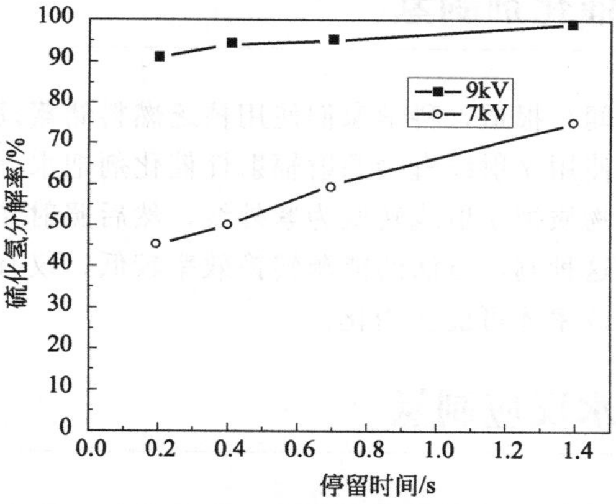

(b) 停留时间的影响

图 11-2　电压和停留时间对硫化氢分解率的影响

11.2.3　主要研究方向

综上所述，H_2S 分解制氢的研究主要集中在以下几个方面。

(1) 不同的能量替代方式　在普通加热条件下，H_2S 分解反应速度较慢，转化率低。而微波能直接作用于 H_2S 分子，能量利用率高，分离较好。此外，利用电子束、光能、等离子及各种射线等形式能量分解 H_2S，也取得了一定进展。

(2) 提高反应速率　一般采用改变反应条件（如温度、压力）或加入催化剂来提高反应速率。H_2S 分解反应温度通常较高，催化剂的影响很大。所用的催化剂分为三大类：

① 金属类，如 Ni；

② 金属硫化物，如 FeS，CoS，NiS，MoS_2，V_2S_3，WS；

③ 复合的金属硫化物如 Ni-Mo 的硫化物，Co-Mo 的硫化物等。

在这些催化剂中，以 Al_2O_3作载体的复合的金属硫化物的催化性能较好。目前，H_2S 分解催化剂的研制仍是该项研究的一个热点。

（3）反应产物的分离 H_2S 分解产物的分离是一个大问题。通常将反应产物急冷，可分离出固体硫黄；用膜分离法处理 H_2/H_2S 混合气，所用选择性膜包括 SiO_2 膜、金属合金膜、微孔玻璃膜等。

（4）反应机理 对 H_2S 的热分解的反应机理的看法较为一致。对微波分解 H_2S 的作用机理，国内外尚未统一。有人认为微波对极性物质具有加热作用；更多的学者认为微波对于化学分子具有特殊作用。

11.3 辐射性催化剂制氢

据《日刊工业新闻》报道，科学家们使用核乏燃料储藏设施中产生的γ射线制氢。一种方法是使用γ射线直接照射辐射性催化剂把水分解为氢和氧。另一种方法是利用荧光物质把γ射线转变为紫外线，然后照射光催化剂，将水分解为氢和氧。但目前这种制氢方法的能源转换效率较低，仅有百分之几，需大幅度提高其能源转换效率才可能实用化。

11.4 陶瓷与水反应制氢

日本东京工业大学的科学家在300℃下，使陶瓷跟水反应制得了氢。他们在氩气和氮气的混合气流中，将炭的镍铁氧体（CNF）加热到300℃，然后用注射针头向CNF上注水，使水跟热的CNF接触，就制得氢。由于在水分解后CNF又回到了非活性状态，因而铁氧体能反复使用。在每一次反应中，平均每克CNF能产生2～3cm^3 的氢气，这种方法原理不明确，需要进一步验证。

参 考 文 献

[1] 毛宗强．氢能——21世纪的绿色能源．北京：化学工业出版社，2005.

[2] 沈光林，陈勇，吴鸣．国内炼厂气中氢气的回收工艺选择．石油与天然气化工，2003，32（4）：193-196.

[3] 郝树仁，董世达．烃类转化制氢工艺技术．北京：石油工业出版社，2009.

第 12 章

氢气的纯化

石油化学工业的高级油料生产，电子工业的半导体器件制造，金属工业的金属处理，玻璃、陶瓷工业的光纤维、功能陶瓷的生产，电力工业的大型发电机冷却系统等，都需要大量氢。尤其是近来高纯度氢在化学工业、半导体、光纤维等领域的应用，使得氢的纯化日益得到重视。

12.1 氢气中的杂质

由于自然界没有纯净的氢，氢总是以其化合物如水，碳氢化合物等形式存在。因此在制备氢时，特别是利用碳氢化合物制氢就不可避免地带有杂质。

（1）水电解制氢　当采用碱性水电解制氢时，氢气流中常见的是水汽和氧气。通常能占到 1%，如果要高纯氢，还须进一步净化。采用聚合物膜电解膜，氢中仍然会有氧杂质。

（2）重油裂解制得氢的杂质　重油催化裂化干气的组成比较复杂，除 H_2 外，还含有一定量的 N_2、O_2、CO、CO_2、CH_4、C_2H_4、C_2H_6 及 C_5^+ 等烃类组分。

例如，某工厂的重油催化裂化干气的组成见表 12-1。

表 12-1　原料气组成分析数据

气体	体积分数/%	气体	体积分数/%
H_2	47.44	C_3H_8	0.509
O_2	1.328	C_3H_6	3.524
N_2	8.573	i-C_4H_{10}	0.750
CH_4	17.199	n-C_4H_{10}	0.367
C_2H_4	7.907	n-C_4H_8+i-C_4H_8	1.917
C_2H_6	9.361	C_5H_{12}	0.089

续表

气体	体积分数/%	气体	体积分数/%
气体杂质/(mg/m³)		总硫/%	
CO	1.035	H_2S	0.53
CO_2	0.010	硫醇	0.14
		二硫化物	<0.02

(3) 煤制氢中的杂质 煤制氢中的杂质含量随煤的品种有很大的变化，与石油类制氢的最大区别是含有多种杂环类化合物。

某单位的焦炉煤气主要组成见表 12-2。

表 12-2 某单位的焦炉煤气主要组成

组分	含量(质量分数)/%	组分	含量/(mg/m³)
H_2	55.60	H_2O	饱和
CH_4	24.35	H_2S	500
CO_2	2.14	萘	150
CO	6.26	NH_3	30
N_2	8.75	焦油	50
O_2	0.56	有机硫	约 100
C_nH_m	2.34	苯	4000

注：此处 C_nH_m 是指 C_2～C_5 的饱和烃和不饱和烃。

总的来看，无论用哪种方法制氢，都含有不同程度的杂质。

12.2 为什么要纯化氢气

在现代工业中，氢的用处很广，因而对氢的品质要求各不一样，这就要求对氢进行纯化。下面分别叙述之。

12.2.1 能源工业要求

(1) 燃料电池的要求 燃料电池对氢原料有一定的要求，特别是在低温工作的燃料电池对氢的要求很高。对在 80℃工作的 PEMFC 而言，要求氢气中的 CO 和 SO_2 的含量在 ppm ($\mu g/g$) 级水平。对工作温度在 200℃的 PAFC 来说，H_2 中允许 CO 可达 1%。

(2) 石油加工的要求 氢气是现代炼油工业和化学工业的基本原料之一。在石油炼制工业中，氢气主要用于加氢脱硫。在石油化工领域，氢气主要用于 C_3 馏分加氢、汽油加氢、C_6～C_8 馏分加氢脱烷基、生产环己烷等。表 12-3 列出炼制工业和石油化工领域中各种加工过程的氢气耗量。

表 12-3 炼制工业和石油化工领域中各种加工过程的氢气耗量

加氢精制类型	氢气耗量/(L/L)
炼制工业	
石脑油加氢脱硫	12
粗柴油加氢脱硫	15
改善飞机燃料的无烟火焰高度	45
燃料油加氢脱硫	12.5
加氢裂化	150～400
石油工业	
C_3 馏分加氢	25
汽油加氢	35
C_6～C_8 馏分加氢脱烷基	350
环己烷	800

由于在上述过程中，使用了各式各样的催化剂，因而对氢的要求达到99.99%以上。

12.2.2 现代工业的要求

① 在冶金工业中，氢可作为还原剂将金属氧化物还原成金属，或为金属高温加工时的保护气氛。

② 在浮法玻璃生产中，含氢气的还原性气体保护锡液不被氧化。

③ 天然的食用油用氢化处理，使产品稳定性大幅度提高。

④ 煤的加氢气化与液化工艺中，需要大量氢气，通常每 15kg 煤需用 2kg 氢。

⑤ 在塑料工业和精细有机合成工业中，氢是极重要的原料之一。

⑥ 在氢氧焊和切割中用氢和氧。

⑦ 液氢可用于低温材料性能试验及超导研究中。

⑧ 氢气用于大型发电机冷却。

⑨ 氢气是燃料电池的主要燃料。

⑩ 气象观测用气球通常充填氢气。

12.2.3 在电子工业中的应用

① 在大规模、超大规模集成电路制造过程中，需用纯度为 99.9995%～99.99995%的超纯氢作为配制某些混合气的底气。

② 在电真空材料和器件例如钨和钼的生产过程中，用氢气还原氧化物得到粉末，再加工制成线材和带材。

③ 电子管、氢闸管、离子管、激光管和显像管等的制造均需要高纯氢。

④ 高效非晶硅太阳能电池和光导纤维制造过程中通常要求氢气纯度为99.999%以上，且用氢气量较大。

12.3 实验室纯化方法

12.3.1 纯化方法概述

氢的纯化有多种方法，按机理可分为化学方法和物理方法两大类。其中，化学方法包括催化纯化；物理方法包括金属氢化物分离、变压吸附、低温分离。就目前世界上这几种方法在原料气要求、产品纯度、回收率、生产规模所能达到的水平归纳见表12-4。

表 12-4 氢的纯化方法比较

方法	原理	典型原料气	氢气纯度/%	回收率/%	使用规模	备注
催化纯化法	与氢气进行催化反应除去氧	含氧的氢气流	99.999	99	小至大规模	一般用于提高电解制氢法氢气的纯度，有机物及含有铅、汞、碳和硫的化合物，能使催化剂中毒
聚合物薄膜扩散法	气体通过薄膜的扩散速率不同	炼油厂废气和氨吹扫气	92～98	85	小至大规模	氦、二氧化碳和水也可能渗透过薄膜
无机物薄膜扩散法	氢通过钯合金薄膜的选择性扩散	任何含氢气体	99.9999	99	小至中等规模	硫化物和不饱和烃可减低渗透性
变压吸附法	选择性吸附气流中的杂质	任何富氢原料气	99.999	70～85	大规模	清洗过程中损失氢气，回收率低
低温吸附	液氮温度下吸附剂对氢源中杂质的选择吸附	氢含量为99.5%的工业氢	99.9999	约95	小至中等规模	先采用冷凝干燥除水，再经催化脱氧
低温分离法	低温条件下，气体混合物中部分气体冷凝	石油化工和炼油厂废气	90～98	95	大规模	为除去二氧化碳、硫化氢和水，需要预先纯化
金属氢化物分离法	氢同金属生成金属氢化物的可逆反应	氨吹扫气	>99.9999	75～95	小至中规模	氧、氮、一氧化碳和硫使氢吸附中毒

从实际应用和经济上考虑，表 12-4 中的各种方法中只有催化纯化、聚合物膜扩散法、低温分离和变压吸附适于大规模应用；钯合金膜扩散法仅适于小到中等规模的生产。实际上也有采用两种方法复合使用，如低温吸附＋变压吸附。

12.3.2　实验室催化纯化

催化纯化通过氧化作用或甲烷化作用使氢与氧生成水或一氧化碳而除去氧，这种方法主要用于已处理过的、相对氢浓度较高的富氢气的再纯化，如电解氢的纯化升级。

12.4　工业氢气膜分离法

1748 年，法国学者阿贝尔（Abble Nelkee）发现水能扩散到装有酒精溶液的猪膀胱内，首次揭示了膜分离现象。1831 年英国人米切尔(J. V. Mitchell) 关于气体透过橡胶膜研究的文章可能是世界上最早的有关气体膜分离的文献报道。1855 年，菲克（Fick）制成超滤半透膜。1861 年，索马斯（Thomas Graham）发现了透析现象。1954 年，美国人布卢巴克(Brubaker) 和卡梅尔（Kammermeyer）采用多种有机膜，对混合气体进行了分离浓缩的研究。1965 年斯特恩（S A Stern）等人用有机膜从天然气中分离出氦，并进行了工业规模的设计。20 世纪 60 年代中期，美国杜邦（DuPont）公司首创了中空纤维及其分离装置并申请了以聚合物膜分离氢、氦的专利，大大推进了气体膜分离技术的发展。其中尤以孟山都公司推出的分离器性能最佳。该装置能从含氢大于 30% 的原料气中得到 80%～96% 的氢，甚至可制取 99%的氢。据报道，到 1990 年全世界已有约 1000 套此类装置在运行。1980 年代，海尼斯（Henis）等人发明了阻力复合膜，使气体膜分离技术进入了工业化应用阶段。

膜是气体膜分离技术的核心，气体分离膜的构成材料可分为聚合物材料、无机材料、金属材料、有机与无机复合材料。

由于膜分离具有设备简单、投资少、易于操作、能耗低、安全等特点，膜技术分离提纯氢气技术已经获得工业应用。

12.4.1　有机膜分离

(1) 有机膜氢气分离原理　气体膜分离过程就是在压力或浓度推动力下，把含氢气的混合气体通过膜的选择透过性作用进行分离，如图 12-1 所示。

严格上讲，所有的有机膜对于一切气体都是可渗透的，只不过不同气体的渗透速度不相同，由图 12-2 可见，氢气在有机膜中的渗透速率大于大多数气

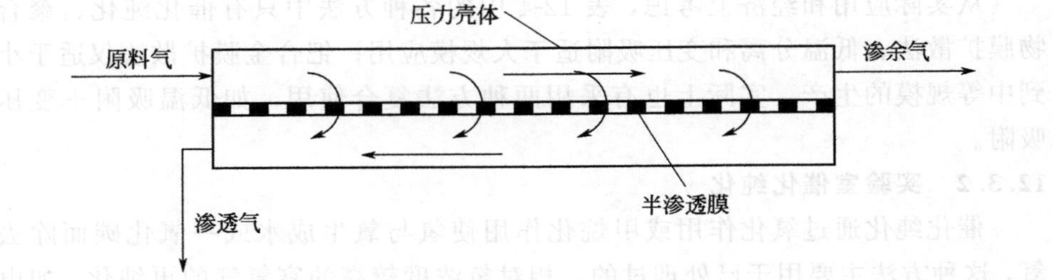

图 12-1 气体膜分离过程示意

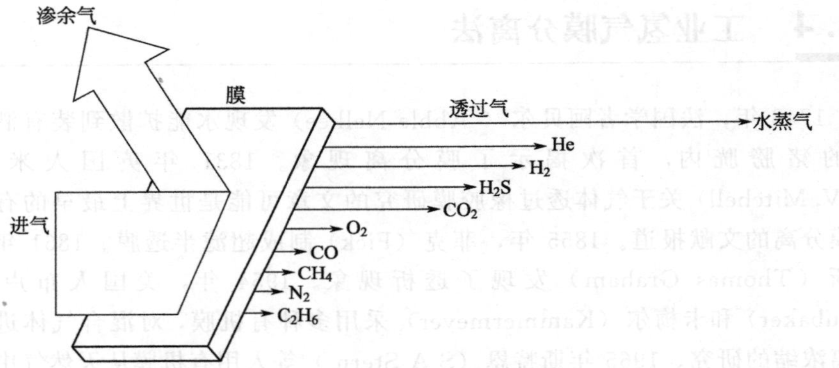

图 12-2 气体透过 Seperex 膜的相对渗透速率

体分子，借助这种在渗透速率上的差异，可以实现混合气体中氢气的分离。

(2) 氢气选择性有机膜 由上一节的机理推导结果可以得到结论，对于氢气选择性的有机膜，其设计宗旨是提高氢气和杂质的分离系数 α，基本思路有两条，提高氢气的 D_A/D_B 和 S_A/S_B（其中，D 为扩散系数，S 为溶解度，A、B 分别表示两种气体)。在理想情况下，当这两种选择性系数都远远大于 1 时，氢气的分离系数也远大于 1，氢气无论从热力学还是动力学原理上都能很好地得到分离。然而，在实际过程中，很少存在这样的理想状态，例如表12-5 是常见的含氢气的混合气体系以及表 12-6 列出了这些气体的一些常见性质。

由表 12-6 可以看出，H_2 是分子体积最小的气体之一，这决定了它在有机膜中有相对较快的扩散速率，因此 D_A/D_B 很容易满足大于 1 的条件；但是氢气的临界温度又低于大部分气体，这表明它在有机膜中的溶解度将低于其他杂质气体，因此氢气的 S_A/S_B 很难大于 1。综合的效果显然不会非常好，如表 12-7 列出了传统的有机高分子膜对于 H_2 和 CO_2 的分离效果，其选择性范围仅在 1.2～5.9 之间。

表 12-5 常见的含氢气的混合气体系

氢　源	杂　质
电解水	CH_4,O_2,N_2,CO_2,CO
蒸汽重整气	CO,CO_2,CH_4
石油精制	C_x①,BTX②
氨气	NH_3,N_2,CH_4
焦炉煤气	CH_4,N_2,BTX,CO,CO_2,O_2

① x=1，2，3，4，5，6。

② BTX 是苯（C_6H_6）、甲苯（C_7H_8）和二甲苯（C_8H_{10}）。

表 12-6 常见气体性质

化合物	分子式	动力学直径 $k/\times10^{-10}$m	兰纳-琼斯碰撞直径 $\sigma/\times10^{-10}$m	临界温度 $/T_c$/K
氦	He	2.6	2.551	5.19
氨	NH_3	2.6	2.900	405.5
水	H_2O	2.65	2.641	647.3
氢	H_2	2.89	2.827	33.2
一氧化氮	NO	3.17	3.429	309.6
二氧化碳	CO_2	3.3	3.941	304.1
氩	Ar	3.40	3.542	150.8
氧	O_2	3.46	3.467	154.6
氮	N_2	3.64	3.798	126.2
一氧化碳	CO	3.73	3.690	132.9
甲烷	CH_4	3.8	3.758	190.4
丙烷	C_3H_8	4.3	5.118	369.8
BTX	见注	≥5.85	≥5.349	562～630

注：BTX 是苯（C_6H_6）、甲苯（C_7H_8）和二甲苯（C_8H_{10}）。

表 12-7 H_2 选择性膜的 H_2 和 CO_2 的传输特性（传统高分子）

聚合物	温度 /℃	压力① /MPa	渗透通量/Barrer②		H_2/CO_2 选择性
			H_2	CO_2	
乙基纤维素	30	—	87	26.5	3.28
聚醚酰亚胺			7.8	1.32	5.91
聚苯醚			113	75.8	1.49
聚砜			14	5.6	2.50
聚甲基戊烯			125	84.6	1.48
聚酰亚胺(Matrirnid)			28.1	10.7	2.63

续表

聚合物	温度/℃	压力①/MPa	渗透通量/Barrer②		H_2/CO_2 选择性
			H_2	CO_2	
聚醚砜	35	0.35	8.96	3.38	2.65
聚砜＋聚碳酸酯(50%∶50%)	室温	0.2	25.11	21.45	1.17
醋酸纤维素＋10%聚乙二醇(200)	35	0.026	22.2	4.92	4.51
聚苯乙烯			23.8	10.4	2.3
聚偏氟乙烯(Kynar)			2.4	1.2	2.0
聚甲基丙烯酸甲酯	30	0.136	2.4	0.6	4.0

① H_2 和 CO_2 的测定压力分别为 0.35MPa 和 1.0MPa。

② $1Barrer = 1\times10^{-10} cm^3\cdot cm/(cm^2\cdot s\cdot cmHg)$。

为了提高氢气的分离效果，人们力求设计新型的高分子材料，基本思路是利用它在动力学上扩散较快的优势抵消掉它在热力学上溶解度较小的劣势，从而实现 $\alpha\gg1$ 的目的，达到氢气分离的要求。

另一方面，对于氢气的分离效果，不仅需要考虑选择性，即 α，还需要考虑稳定状态下的扩散通量。理想情况下，希望有机分离膜的氢气选择性较高，并且扩散通量维持在较高的状态，然而实际情况并非如此，大部分的高分子膜的气体渗透通量与气体选择性都呈现一种此消彼长的现象，即通常情况下，具有较高选择性的材料通常伴随着较差的渗透通量，反之亦然。如图 12-3 描绘了氢选择性有机膜的 Robeson 上限线，目前，受材料本体性能的制约，大部分高分子有机膜的分离性能均位于该线下方。

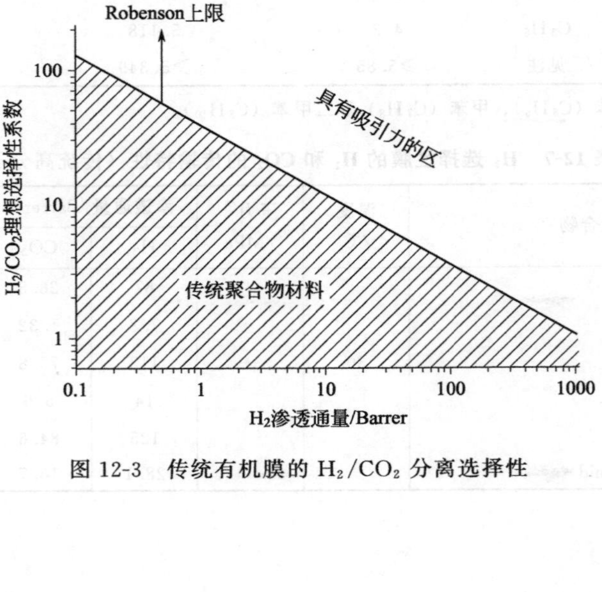

图 12-3　传统有机膜的 H_2/CO_2 分离选择性

（3）有机膜优化方法　综上所述，对于氢气选择性有机膜的改良方法，目前比较有效的方法如下

① 多重掺杂法　将适当大小的卤素离子掺杂到聚苯胺后与未掺杂前 H_2/N_2的分离系数得到了显著提高（207～3590）。

② 交联法　聚酰亚胺与二氨交联，这种方法简单可行，可在室温下应用于所有的芳香聚酰亚胺。Shao 等研究了超支化交联剂改性的聚酰亚胺对 H_2/CO_2的分离效果的影响，发现交联处理 60min 后，选择性增长了 265%，由 1.28 增加到了 4.7，此外 Shao 将不同的脂肪族交联剂应用到聚酰亚胺分离膜的改性中，将选择性猛增至 101。

（4）有机膜氢气分离工艺　气体分离膜元件一般采用螺旋形或中空纤维束形。以最常用的聚酰亚胺有机膜为例，它不仅具有较高的分离度，还具有优异的耐热性和耐化学腐蚀性，宇部兴产公司开发的中空纤维型分离膜结构示意图如图 12-4 所示。它是由海绵状的支撑体和 0.1μm 功能高分子膜均质膜构成的，做成如图 12-5 所示类似列管式换热器的结构。

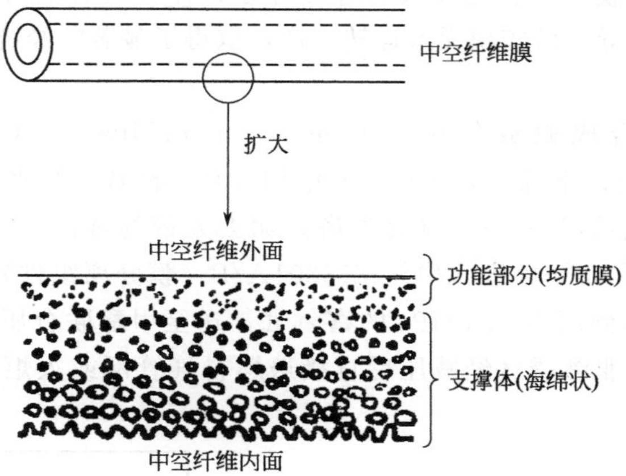

图 12-4　聚酰亚胺中空纤维膜结构示意图

（5）有机膜分离氢气的缺点　回收得到的氢压力较低，多数情况下需要进一步压缩，另外在长期高温操作下会出现老化、塑化等现象。

针对这些缺点，除了可以对高分子膜结构本身进行改良，例如探索更好的改性交联剂或者研发新的改性手段外，还可以采用联合工艺的方法，如膜分离法-变压吸附法联合流程、膜分离-深冷联合法等，这种联合工艺往往比任何单一工艺的分离效果更好，并且增加了分离膜的使用寿命。

（6）有机膜分离氢气的工业应用　膜分离法已经用于从氨厂尾气中回收氢

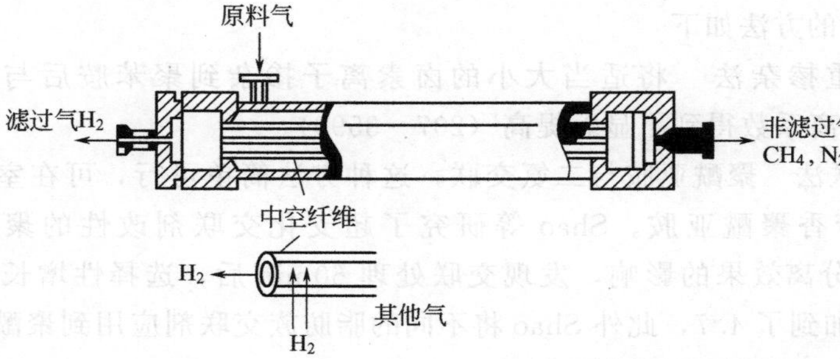

图 12-5　气体分离膜元件结构

气，使用膜分离的技术，可以在高压条件下，低能耗地回收氢气。实践表明，这种方法不但使氨产量增加 3%～4%，而且使每生产 1t 氨的耗电量下降 50kW·h 以上。

在某公司的 750 t/a 甲醇合成装置中，采用膜分离技术回收联产甲醇驰放气中的氢气。该膜分离装置投入运行 2 年多以来，装置运行平稳，操作条件温和可靠，能耗低，可实现无人运转生产，取得了显著的经济效益、社会效益和环境效益。

来自甲醇合成驰放气中 6800m³/h、7.71MPa、40℃ 的驰放气进入 C15801（洗涤塔）下部，在 C15801 中用 40℃ 的锅炉给水对驰放气中的甲醇进行洗涤，然后经 S15801（分离塔）除去夹带的雾沫，再经 E15801（热交换器）加热至 50℃后进入模组 Z15801A/B（膜分离组件），在膜分离器的作用下渗透侧得到压力 3.1MPa 的富氢气，送至甲醇联合压缩机新鲜段进口与新鲜气混合；非渗透气经减压后直接送燃料气管网或火炬管网。流程如图 12-6 所示。

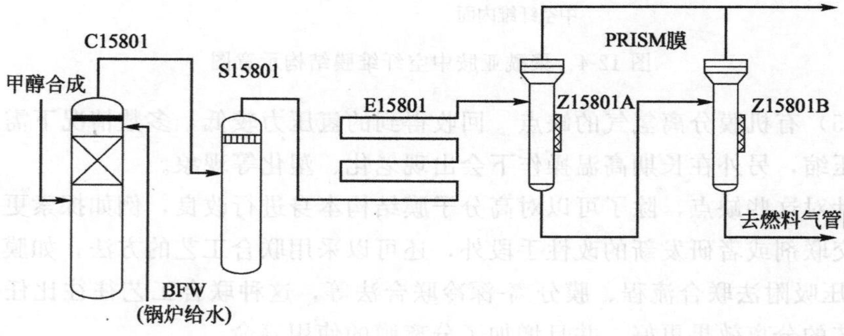

图 12-6　工艺流程

12.4.2 无机膜分离

无机膜是指由陶瓷、无机化合物或无机聚合物制成的一类半透膜。其具有良好的热稳定性，可在高达800℃的高温下使用；化学稳定性好，能耐有机溶剂、氯化物和强酸及弱碱溶液腐蚀，适用于较宽的pH范围，且不被微生物降解；机械强度大，一般都是以载体膜的形式应用；易再生，容易清洗，寿命长；透过率及选择性容易控制，因而在食品、饮料、膜除菌、石油化工加氢、脱氢以及分离氢等方面有广泛应用。其缺点是不适用于热碱系统，载体膜没有弹性、不易成型加工。尽管如此，并不妨碍其成为极具潜力的膜分离材料。

(1) 无机膜分离机理　无机膜分微孔膜和致密膜，这两种膜有不同的氢气分离机理。

无机微孔膜分离氢气机理一般可分为以下四种：努森（Knudsen）扩散、表面扩散、毛细管冷凝、分子筛分。

① 努森扩散　努森扩散指在微孔直径比气体分子的平均自由程小的情况下，气体分子与孔壁之间的碰撞远多于分子之间的碰撞。努森扩散通量由下式表示：

$$J_{ki}=\frac{G}{(2M_iRT)^{1/2}}\times\frac{p_1-p_2}{l}$$

式中，G为气体透过量；p为操作压力；l为膜厚度；M_i为i组分分子量；R为气体常数；T为温度。

得出两组分的分离系数$\alpha_{12}=\sqrt{\dfrac{M_2}{M_1}}$。

② 表面扩散　表面扩散指膜孔壁上的吸附分子因浓度梯度而导致渗透率的差异。可由下式表示

$$J_s=\frac{2\xi\phi SD_s}{rA_0N_{av}}\times\frac{dx_s}{dp}$$

式中，J_s为扩散通量，mol/(m^2·s)；ξ为孔隙率，m^3/m^3；ϕ为形状因子；S为面积，m^2；D_s为表面扩散系数；m^2/s；r为空半径，m；A_0为单个被吸附分子的面积，m^2；N_{av}为阿伏伽德罗常数；dx_s/dp可用作图法求出。

氢气产物的扩散通量可由下式表达：

$$N=k_0\exp\left[-\left(\frac{E_d}{RT}-\frac{Q}{RT}\right)\right]C_{sat}\rho\,\nabla p$$

式中，k_0为初始朗缪尔吸附常数1/kPa，E_d为扩散活化能，kJ/mol；Q为吸附热，kJ/mol；C_{sat}为最大吸附量，kmol/kg；ρ为气体密度，kg/m^3；∇p为压力梯度，kPa/m；R为气体常数；8.314N·m/(mol·K)；T为热力

学温度，K。

氢分子与膜孔的相互作用极大地影响和改变吸附和扩散性能。

③ 毛细管冷凝　当混合气体在较高压力和较低温度下，其中的一种或几种气体会在膜孔中冷凝，通过扩散作用穿过膜孔，同时阻碍了其他组分通过膜孔，这样冷凝的组分与其他组分就得到了分离。

④ 分子筛分　分子筛分的基本原理是：动力学直径小于膜孔径的气体分子能够顺利通过，否则不能通过，是一种物理过程。一般将膜孔径控制在3～4Å（0.3～0.4nm）之间，这种分离膜有很高的选择性。

无机致密膜的分离机理：

致密陶瓷氢分离膜是具有电子和质子传导能力的功能膜，利用质子-电子混合导体能同时传导质子和电子的性质，当膜两侧存在氢浓度差时，在浓度梯度的驱动作用下，就会发生氢气由高分压端向低分压端渗透的现象。氢在膜体内的传输是以质子的方式进行，膜自身存在的电子电导进行必要的电荷补偿。

(2) 无机分离膜组件构成　在无机分离膜组件中，一般由多孔载体层、活性分离薄膜层和过渡层组成。多孔载体可以增加膜的机械强度，通常是由三氧化二铝、碳粒、金属陶瓷和碳化硅构成的；活性分离薄膜层主要分离气体，一般由一层或多层组成；过渡层是防止薄膜颗粒渗进载体孔内，阻塞孔道，降低渗透性。

例如，硅基膜由上述三层结构组成。在氧化铝膜上制备二氧化硅微孔薄膜，组成由多孔陶瓷载体-氧化铝过渡层-二氧化硅活性分离薄膜组成的三层结构。分离作用主要在二氧化硅薄膜上发生，膜内分离历程表现为分子筛分效应。

通常，评价无机膜优劣主要标准是氢气的选择性及渗透通量。渗透通量是指单位时间、单位膜面积通过膜的物质的摩尔量或质量，与膜材料的性质及厚度有关；而选择性则仅与在操作条件下膜的性质相关。

无机膜的制备技术多种多样，有如下几种方法。

① 相分离法　将玻璃基体分离成两相，除去其中一相，将留下的一相连接成为多孔膜。如硼硅酸钠玻璃，除去硼酸钠相后，将留下的二氧化硅相再处理成均质的多孔玻璃。

② 阳极氧化法　通过电解获得金属氧化物膜。

③ 溶胶-凝胶法　以金属醇盐作为原料，经过有机溶剂溶解，在水中通过强烈快速搅拌水解成为溶胶。溶胶经过低温干燥形成凝胶，控制一定温度与湿度继续干燥制成膜。凝胶膜经过高温焙烧便成了具有一定陶瓷特性的氧化物微孔膜。氧化锆膜、氧化铝膜、氧化钛膜、二氧化硅膜以及沸石膜都可用溶胶-

凝胶法制备。

④ 热分解法　应用此方法可以从有机高聚物获得多孔无机膜。如二氧化硅膜和碳分子筛膜可由硅橡胶和一定的热固性聚合物控制热分解来制得。分子筛碳膜的孔尺寸比通常的分子筛孔尺寸还要小，其选择性和透气性比目前知道的聚合物膜要大得多，并可用简单的热处理法来调整孔尺寸，使之能分离任何一种混合物。

⑤ 气相沉积法　气相沉积法即在基体上沉积二氧化硅，通过控制操作条件，可以得到不同孔径和厚度的无机膜。

(3) 无机膜分离应用　无机膜在高温高压和高酸碱环境下的应用优势，使无机膜分离氢气在近年中得到了快速发展。我国已经有多家无机膜分离设备生产厂家，其技术或自主开发，或直接引进国外。有不少在工业应用的例子，但是尚没有分离氢气的实践。

12.4.3　金属膜分离

金属膜有较高的渗透率和扩散系数，以及良好的高温热稳定性及力学性能，非常适合用于高纯氢气的制备。氢分离主要采用稀有金属钯及其合金，已有多种钯合金膜成功商业化应用。

(1) 金属膜分离原理　对致密的金属膜而言，一般认为，其分离氢气的机理属于溶解扩散机理，与致密无机膜类似。如图 12-7 所示，氢分子在金属膜表面（高压侧）被吸附解离，然后被分解成氢原子在膜内沿梯度方向进行扩散。最后透过金属膜，在膜的另一侧（低压侧）氢原子结合成氢分子被脱附，而相对较大的分子如 CO 和 CO_2 等由于致密的膜结构阻止了其透过膜，从而实现了氢气的分离纯化。氢气在致密金属膜内的溶解扩散过程具体可分为以下 7 个步骤：

① 混合气体（H_2、CO 和 CO_2 等）扩散到金属膜表面（高压侧）；

② 氢分子在金属膜表面化学吸附并解离成氢原子；

③ 表面氢原子溶解到金属膜中；

④ 氢原子在膜内扩散（体相扩散）；

⑤ 氢原子从金属膜中析出，呈化学吸附态；

⑥ 表面氢原子结合成氢分子并脱附；

⑦ 氢分子从膜表面（低压侧）扩散出来。

常用渗透通量来描述金属膜的性能特征。氢在金属膜中的渗透通量可由下式定量表述：

$$J_{H_2}=\frac{-\rho_{H_2}(p_2^n-p_1^n)}{l}$$

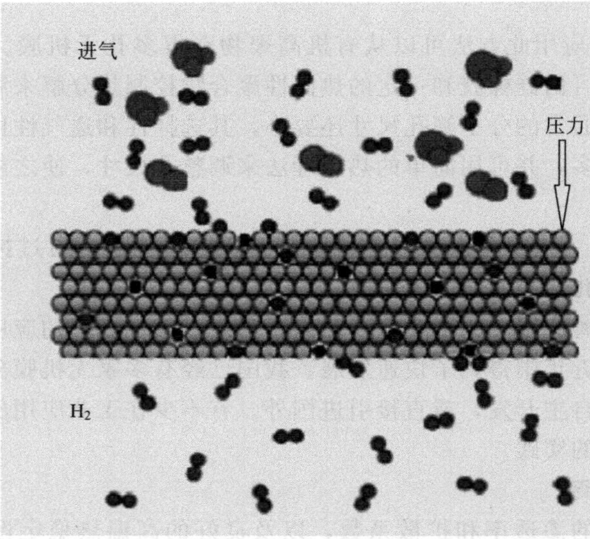

图 12-7　氢气在金属膜表面的溶解-扩散机理

其中，J_{H_2}表示氢气的渗透通量；ρ_{H_2}表示渗透系数，其符合阿伦尼乌斯定律；p_1 和 p_2 分别是高压侧和低压侧氢气分压；l 为膜厚度；压力指数 n 的取值通常在 0.5～1 之间，其值由氢气渗透过程的速控步骤决定。一般情况下，氢原子在钯膜中的体相扩散速率最慢，被认为是速控步骤，即氢气的渗透率完全由氢原子在钯膜中的扩散速率决定，压力指数 $n=0.5$，此时扩散方程遵循 Stevens 定律；而当膜足够薄时，体相扩散速率将相对提高，氢在膜表面的吸附、溶解、脱附和析出等过程开始同时影响其渗透率，n 值介于 0.5～1 之间，扩散方程将偏离 Stevens 定律；当渗透率完全取决于表面过程时，压力指数将接近于 1。因此，压力指数 n 可作为判断表面是否影响速率控制步骤的依据。

(2) 钯基金属膜研究进展　19 世纪 60 年代，Deville 和 Troost 发现氢气可以透过金属钯膜。1866 年 Graham 发现 Pd 可以吸收多倍自身容量体积的氢气，并利用钯膜提纯氢气。到 20 世纪 60 年代，Pd-Ag 合金膜管得到了商品化应用。根据膜材料的组成不同，钯基金属膜可以分为纯金属钯膜和由 Pd-Ag、Pd-Y 等两种或多种金属构成的钯合金膜。

① 纯金属钯膜分离氢气原理　钯原子电子分布的 4d 层缺少 2 个电子，使其表面具有较强的吸氢能力，将氢分子解离成氢原子。氢原子在钯膜中溶解后可以形成氢化钯的固态溶液。氢化钯在不同的温度和压力下会形成 α 相和 β 相。在室温下，α 相吸收氢的尺度为 0.3890～0.3895nm 之间，而 β 相能达到

0.410nm。当温度低于298℃，氢气压力低于2MPa时，氢溶于钯后，首先形成α相，再随着金属中氢浓度的提高，从α相氢化钯中析出β相氢化钯，引起H/Pd比骤然升高，并导致晶格急剧膨胀，造成严重的晶格畸变。混合气中硫化合物，如H_2S等在钯膜表面会形成PdS_x化合物，导致钯膜中毒，从而降低了氢气的渗透能力。

② 钯合金膜分离氢气　纯金属钯膜氢脆现象严重，抗毒能力弱，稳定性差，且厚钯膜的成本昂贵。为了防止相变、减缓氢脆，人们将钯与其他金属元素如Ag，Cu，Fe，Ni，Pt和Y等形成钯合金膜。一般说来，钯中熔入其他金属元素后可大大减小α/β相转变的临界温度。例如，Pd-Ag合金（Ag 23%）和Pd-Pt合金（Pt 19%）的相变临界温度可以从纯钯的298℃降到接近室温。钯的α相和β相晶体尺寸的差异在钯合金中也会减弱，这也减小了钯在氢气吸附及解吸附过程中的变形。研究报道，与钇、铈、银、铜、金等形成合金的钯合金膜的氢气透过量比相应条件下的纯钯膜的透氢量高。Nayebossadri S等研究了在Pd-Cu合金膜中，掺入少量Ag对氢渗透量的影响。发现用Ag代替Pd或Cu可以增加氢气渗透率，同时，这种提高与氢溶解度的提高关系更加紧密，而不是扩散系数的增加。

钯与其他几种金属形成的双组分合金膜的透氢率如图12-8所示。Pd-Y合金膜（Y的最高含量为12%）的透氢率远远高于其他的钯合金膜。Pd-Ce合金膜（Ce 8%）的透氢率也显著高于钯膜。此外，很多合金膜能够在制氢反应所需的高温下工作，具有抗H_2O，CO，CO_2和H_2S等中毒的能力，具有寿命长、稳定性好、适用性广等优点。

(3) 非钯基金属膜研究进展　虽然Pd-Ag合金膜已经商业应用，但由于钯是贵金属，其高昂的价格限制了钯基膜在氢气分离中的应用，因而人们开始关注非钯基膜的研究。

① 纯非钯基金属膜　体心立方结构金属如V、Nb、Ta普遍表现出对氢气非常高的渗透率；Ni、Pd等面心立方结构金属也表现出良好的渗透率，因而为非钯基膜中的主要成分。但是，虽然金属Nb、Ta、V比Pd对氢渗透性更好，但它们更易氢脆。此外，V、Nb等金属对氢气达不到高的透氢率；其抗氧化性较差，易在其表面形成稳定的氧化物，阻碍氢气的解离及氢原子的体相扩散等，故尚有不少研究工作。

② 非钯基合金膜　非钯基合金膜一般是在V、Nb、Ta和Ni等金属中加入Ti、Co和Al等形成二元或三元合金。非钯基合金膜可分为晶态合金膜和非晶态合金膜两类。相比于晶态合金膜，非晶合金膜的机械强度高，延展性好，且拥有更高的氢固溶度，对氢脆有一定的抑制作用。有些非晶合金由于其

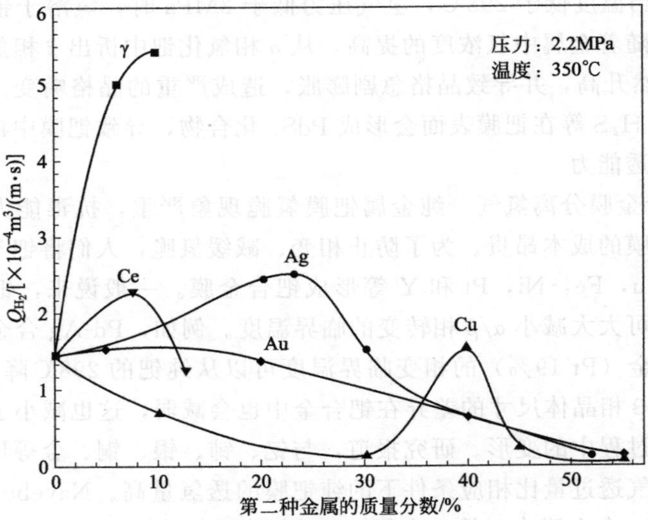

图 12-8　双组分钯合金膜的透氢率

独特的表面电子结构和高密度的活性中心，使其具有高的催化活性。

（4）金属膜在工业氢气提纯的应用　工业上生产氢气主要采用煤气化和烃类裂解以及电解水等方法，再经分离净化获得氢气，采用钯基金属或其合金膜制作成氢气发生器，可以获得高纯或超高纯度的氢气。如 J. M. Sánchez 等进行了实验室尺度下使用钯基膜反应器，分离合成气中的氢气的研究。Han J 等设计的氢气发生器以甲醇为原料进行水蒸气裂解反应。裂解富氢产物进入膜净化器经过膜渗透产生 99.9995% 超高纯度的氢气。甲醇转化率约 95%，氢气回收率 75%。净化器由一组组厚 25μm 的 Pd- Cu 合金箔氢气扩散单元构成。净化器在 573 K 工作，能够生产超高纯度的氢气（$10m^3/h$）。

对于小规模的制氢过程，与传统的氢气提纯工艺相比，钯膜分离是一个很好的选择。华南理工大学研制出 $20m^3/h$ 天然气制氢系统，采用钯膜分离氢气。

12.5　工业化变压吸附

变压吸附（英文缩写为 PSA）是利用固体吸附剂对不同气体的吸附选择性以及气体吸附量随其压力变化而变化的特性，在一定的压力下吸附，通过降低被吸附气体分压使被吸附气体解吸的气体分离方法。因为 PSA 通过选择性吸附杂质气体而达到纯化氢的目的，它要求需处理的原料气是富氢的，氢的体积浓度至少要大于 25%。

自 20 世纪 60 年代末美国联碳公司首次推出 PSA 工业制氢装置以来，这一技术已在全球获得广泛应用。与低温吸附和膜分离法相比，PSA 法装置和工艺简单，可一步获得 99.99% 氢气；适应原料气压力范围宽达 0.8～3MPa，可以省去原料气加压所需能耗；PSA 法对原料气中杂质组分要求不苛刻，可以省去一些预处理装置。PSA 提纯氢气已发展到五床和多床流程，氢纯度可达 5N，氢回收率为 86%。系统运行可由计算机自动控制，使得生产能力大大提高。国外最大的 PSA 制氢装置处理气量已超过 100000m^3/h。PSA 所产生氢气的很大部分用于石油炼制工业。

12.5.1　变压吸附制氢工艺原理

变压吸附制氢工艺通常包括四个工序，即原料气压缩工序、变温吸附（TSA）预处理工序、变压吸附工序、脱氧及 TSA 干燥工序。以变压吸附焦炉煤气提纯氢气为例，其工艺流程如图 12-9 所示。

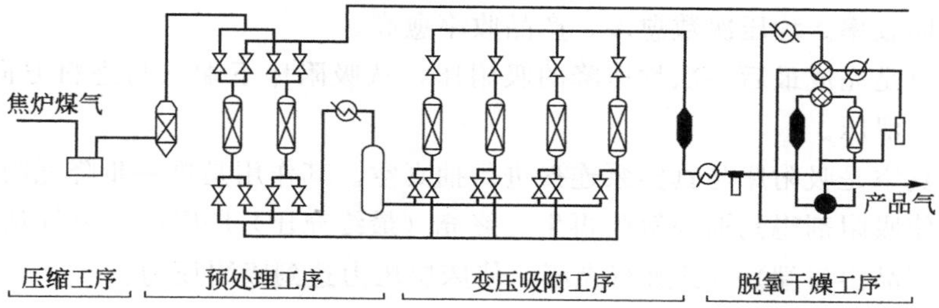

图 12-9　变压吸附焦炉煤气提氢工艺流程

原料煤气经压缩机分段压缩、冷却、初分水分和部分油后，在压力 1.8MPa、温度 40℃下进入装有焦炭和活性炭的除油器除去气体中的机油、焦油及少量萘，进入正处于吸附步骤的 TSA 吸附器，除去 C_5 及 C_5 以上烃类、芳烃类等高沸点组分及硫化物。经 TSA 净化后的煤气温度约 40℃，输入 PSA 工序中正处于吸附步骤的吸附器，在此除氢和少量氧外其余组分均被吸附剂吸附。经 PSA 工序后的气体压力为 1.65MPa，含 O_2 0.3%左右，进入脱氧器中在钯催化剂作用下 O_2 与 H_2 反应生成 H_2O，再经过 TSA 干燥后即可得到 1.5MPa 的纯氢。用于脱除高沸点组分和硫化物的吸附器再生气是采用 PSA 工序的低压脱附气。该气体最终在 0.02MPa 下送回焦化生产系统。用于脱氧 TSA 干燥工序的干燥器再生气，是未经干燥的产品气，经加热后进入处于脱附步骤的吸附器，再经冷却除水后送入处于吸附步骤的干燥器。

12.5.2　变压吸附操作基本步骤

变压吸附过程有以下特性：

① 吸附有选择性，即不同气体的吸附剂上的吸附量是有差别的；

② 在吸附剂上的吸附量随其分压的降低而减少。

变压吸附就是利用这些特性，在较高压力下进行吸附，此时吸附量较小的弱吸附组分 H_2通过吸附剂床层作为产品输出，吸附量较大的强吸附组分（杂质）则被吸附留在床层；而通过降低床层压力（被吸附组分分压也随之降低），使被吸附组分解吸，吸附剂获得再生。

变压吸附过程为：吸附→降压解吸→逐级升压→吸附，如此反复循环，各塔轮换操作。

降压解吸分为 3 个阶段：均压降、逆放、抽真空。

逐级升压分为 2 个阶段：均压升、最终充压。

均压降及均压升是需降压的吸附床向需升压的吸附床充压直至两床压力相等，而多次均压是需降压的吸附床逐级分别向需升压的若干个吸附床充压。均压的作用是回收降压吸附床中的有用气体，用于升压吸附床的充压，提高有用气体的回收率。均压次数愈多，产品收率愈高。

逆放是完成最后一次均压降的吸附床，从吸附床下端（与进料方向相反）向外排气泄压。

抽真空是吸附床与真实泵连接进行抽真空。其作用是进一步降低吸附床的压力，使吸附剂得到彻底解吸再生。终充（最终充压）是用产品氢气从吸附器上部（产品出口端）对其进行充压，使床层压力达到吸附压力。

12.5.3 变压吸附的设备与安装

变压吸附的主设备吸附器组的安装分整体安装和分散安装。

小型变压吸附提纯氢气装置的吸附器组可采用整体安装方式，即在制造工厂进行组装后，运至使用现场整体安装。根据吸附器组的尺寸和重量制定吊装、就位方案，再进行充分准备、就位安装。然后按设计图纸和技术要求进行检查。

大中型变压吸附提纯氢气系统，一般采用分散式安装，即将吸附器、程控阀等运至使用现场，在现场按设计文件要求进行组装。通常此组装工作由制造厂家和用户共同进行或在制造厂家的技术人员的指导下进行，并按合同各自完成自己的职责。

移动式变压吸附提纯氢气系统，一般均在制造厂进行组装，在用户现场仅需按制造厂图纸和说明书进行就位和各类管线的连接即可。

吸附剂的填装是关键，通常在吸附器组就位、管道安装完成并进行系统试验合格后，再填装。

12.5.4　变压吸附制氢工艺的改进

（1）真空解吸工艺　通常在 PSA 工艺中吸附剂床层压力即使降至常压，被吸附的杂质也不能完全解吸，这时可采用两种方法使吸附剂完全再生：一种是用产品气对床层进行“冲洗”，将较难解吸的杂质冲洗下来，其优点是在常压下即可完成，不再增加任何设备，但缺点是会损失产品气体，降低产品气的收率；另一种是利用抽真空的办法进行再生，使较难解吸的杂质在负压下强行解吸下来，这就是通常所说的真空变压吸附（vacuum pressure swing absorption，VPSA）。VPSA 工艺的优点是再生效果好，产品收率高。镇海炼化 $50000m^3/h$ 炼厂混合气 PSA-H_2 装置及辽阳石化 $40000m^3/h$ 炼厂混合气 PSA-H_2 装置均成功采用真空解吸工艺，使氢气回收率提高到 95%～97%的水平，比传统的顺放冲洗工艺提高了 5～6 个百分点。但其缺点是需要增加真空泵，能耗较高，且增大维修成本。一般而言，当原料气压力低、回收率要求高时才采用真空解吸工艺。

（2）快速变压吸附工艺　快速变压吸附工艺是由 Quest Air 技术公司新开发的一种全新工艺，它与传统的变压吸附工艺有着相当大的差异。该工艺采用规整化结构的负载型吸附剂和多通道旋转阀可使循环速度比常规 PSA 高出两个数量级，而且设备尺寸也大大减小，仅为原来的 10%，设备投资成本可降低 20%～50%。

（3）变压吸附应用的扩展　由于吸附剂技术的进步，使得 PSA 装置处理原料气的种类大大增加。以制氢为例，PSA 装置工业化初期处理的气源主要为合成氨驰放气，后来发展到变换气、脱碳精炼气、半水煤气、城市煤气、焦炉煤气、发酵气、甲醇尾气等。随着我国石化工业的迅猛发展，PSA 装置已能从催化干气、重整尾气、加氢尾气、轻油转化中变气中提纯氢气。到目前为止，PSA 适用的气源已达到 70 余种。

以往 PSA 技术的最大缺陷就是产品收率低，一般只有 70%左右，导致单位产品气生产成本较高。随着吸附剂的进步，与传统的工艺相比，通过增加均压次数及采用抽空工艺可大大提高氢气回收率，目前的 PSA 装置氢气回收率可达 95%。炼油厂组成复杂且氢气含量较低（氢含量为 25%～45%）的催化干气，采用抽空工艺，其产品氢气回收率也可达到 87%～90%，轻油转化中变气在常压冲洗工艺条件下氢气回收率可达 90%。

装置由传统的 4 塔装置逐步发展为 6 塔、8 塔、10 塔等大型工业装置。成都华西工业气体有限公司 $2\times100000m^3/h$ 变换气提氢装置处理量接近国外水平。

12.6 工业化低温分离

低温法可分为低温冷凝（部分冷凝）、低温液体洗涤（液氮洗、液甲烷洗）和低温吸附等。

12.6.1 低温冷凝法

利用相对挥发度的差异，通过气体膨胀制冷、精馏实现氢气提浓的深冷分离法是氢提浓的最早工艺。受 H_2 临界温度的限制，当原料气中氢气量过高时混合物的临界温度过低，增压难以液化。一般深冷分离适用于 H_2 体积分数 30%～80%、CH_4 和 C_2H_6 体积分数在 40%左右的含氢气体提纯，受加压下氢气甲烷的相对挥发度的影响，提浓后氢气体积分数仅为 90%～95%，氢气回收率最高达 98%。深冷分离需较多压缩机、低温设备的投资及维护费用，提浓氢的费用较高，生产使用受限，常用于原料气中氢体积分数适宜、杂质低、C_3～C_5 较高的催化裂化气、加氢裂化气、焦化气等气体中的氢提浓。

一个典型的合成氨尾气中氢气的深冷回收工艺如下：合成放空气（压力控制在 3～3.5MPa），经气体缓冲器，进入等压洗氨塔下部的稀氢水中鼓泡，随后上升到上部填料塔中，与由上而下喷淋的软水充分接触，尾气中的氨被软水吸收。尾气出洗氨塔进入气水分离器除去水分，然后进入纯化器，纯化器内自上而下装有粗细两种硅胶，它具有吸附尾气中微量氨和饱和水的能力，从而使尾气进一步净化。净化后的中压尾气经蛇管水冷却器，低温分离器，首先在上换热器与返流的产品氢气、废气进行热交换同时被冷凝液化，再进入一级分离筒，温度降至－160℃左右。由于尾气中 H_2、N_2、Ar、CH_4 的沸点依次升高，在部分液化时，气相中的氢气含量逐渐增高，而液相中甲烷增浓。一级分离筒中气体氢含最高可达 70%左右。这股气体由分离筒上部引出，进入下换热器继续冷却液化。最后分离。这时温度降至－136℃左右。气相中氢气纯度达 90%左右。氢气从二级分离顶部进入活塞式膨胀机膨胀制冷，膨胀后压力增至 0.4MPa 又返回下换热器冷端，先后经下、上换热器复热。出保冷箱作为产品的氢气进入压缩机三段入口去生产系统制合成氨。

12.6.2 低温吸附法

(1) 低温吸附法工艺　在低温条件下，通常是在液氮温度下，利用吸附剂对氢气源中杂质的选择吸附作用可制取纯度达 6N 以上的超高纯氢气。吸附剂通常选用活性炭、分子筛、硅胶等。为了连续生产，常使用两台吸附器交替运行，其中一台在吸附时，而另一台则处于解析。

例如工业上整套低温吸附系统由稳压汇流排、常温吸附及超低温吸附三部分组成。

稳压汇流排的作用是将原料氢气降压、稳压。它将原料氢气减压稳定在0.3～0.4MPa 的工作压力下。

常温吸附系统作用是将工业氢气净化到含氧量为 1～5μg/g、露点为－70℃左右的纯氢。

超低温吸附目的是将纯氢制成高纯氢气。在液氮状态下，利用特定吸附剂去除微量水、氧、氮、碳氢化合物等，将常温吸附净化后的纯氢进行处理成氢气纯度大于 99.9999％的超纯氢气。其工作原理如图 12-10 所示。

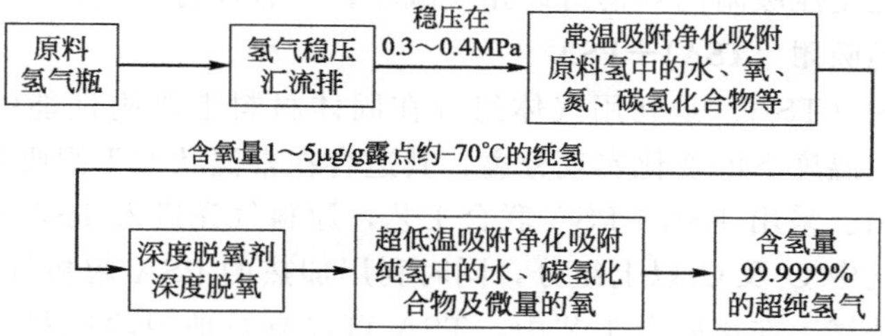

图 12-10　超低温吸附提纯大流量超纯氢气的工作原理

（2）低温吸附法设备　装置的主要设备包括膜压机、低温吸附器、电加热器、仪表柜等。低温吸附器采用纵向竖立式，上部为换热器，吸附剂在中下部，采用真空夹层保温。电加热器主要作为再生处理时的热源。仪表柜设有温度及液氮的液面监控。

为实现连续生产，装置由两台交替使用的低温吸附器组成，液氮温度下活性炭吸附、充瓶。吸附饱和后，将切换下来的低温吸附器升温、加热、抽空再生。再生完成后，冷却、垫气、备用。整套装置在气密性极好的前提下，可确保生产纯度大于 99.999％的超纯氢。

12.7　混合法

由于分离要求和原料气组成的不同，有时仅使用一种分离工艺难以达到既定的分离目标，如果将不同的分离工艺进行合理的组合，发挥每种方法的优势，则可能达到更好的分离效果。

12.7.1　膜分离＋PSA

膜分离＋PSA 是常用的组合方法。对氢气含量低（20％～40％），但压力较高的气源宜先通过膜分离，此时产品气的压力有所下降但其中的氢气含量升高。再将此产品气送入到变压吸附装置中即可生产出高纯度的氢气。这种联合工艺既发挥了膜分离技术的工艺简单、投资费用少的优点，先除去了大量的杂质，减小了变压吸附工艺的负荷；再利用变压吸附制氢产品纯度高的特点，得到高纯氢气产品又可以降低变压吸附的投资。

12.7.2 深冷分离+PSA

深冷分离工艺对原料气中的氢气的含量要求不高，但是氢气的回收率很高，而且可以将原料气分离成多股物流。这样对于那些含氢量很低的气源（5%～20%），可以先用深冷分离工艺把原料气进行分离提纯，产品气中的含氢气流再用变压吸附工艺分离提纯，制得高纯度的氢气。由于含氢气流中的杂质较少，因此变压吸附的规模可以相应减小，节省设备投资。

12.7.3 变温吸附（TSA）+PSA

变温吸附（TSA）是利用气体组分在固体材料上吸附性能的差异以及吸附容量在不同温度下的变化实现分离，其适合在常温状态下强吸附组分不能良好解吸的分离。采用TSA+PSA联合工艺，原料气先进入TSA单元，在常温下脱除原料气中C_5及C_5以上组分，同时利用加热的PSA解析气作为TSA单元的再生冲洗气。在该联合工艺中，TSA可以有效地脱除原料气中饱和水和C_5等杂质，保证后续PSA塔吸附剂的寿命。

12.8 金属氢化物法

20世纪80年代以来，金属储氢材料作为一类新的功能材料，受到各国的高度重视。

金属氢化物法基于储氢材料与氢进行的氢化反应，对氢具有高度的选择性；当含氢混合气体与储氢材料接触时，只有氢气能发生氢化反应，其他不纯气体不会与储氢材料进行反应。据文献报道，将含有氧气和氢气的混合气体，让其通过$MmNi_{4.5}Al_{0.5}$，氢气与储氢材料发生反应生成氢化物，而其余的不纯气体则不会参与反应。如果氢气中含有100μg/g（100ppm）或1000μg/g氧，用储氢材料吸储后，反应器空间残存的气体中，测出氢有数μg/g，而氧有30μg/g；从反应器出来的混合气体，氢与氧的含量也与此差不多。但是，当从氢化物释放出的气体中，却未检测出不纯气体。

具有使用前景的储氢合金有稀土系（LaNi）、钛系（TiFe）、锆系（$ZrMn_2$）、镁系（Mg_2Ni）等，它们对杂质的反应也有很大的区别。稀土类材料如$LaNi_5$，$MmNi_{4.5}Al_{0.5}$等（Mm为混合稀土材料），易被O_2、H_2O、CO_2、N_2、CH_4中毒；而钛系材料如$TiFe_{0.85}Mn_{0.15}$等，易被CH_3SH、N_2、CH_4等中毒；因此，选择储氢材料时要根据处理对象区别对待。

我国浙江大学曾将 Mn-Ca-Cu-Ni-Al 合金用于氢纯化装置，可将工业普氢提纯到 6N 并压缩到 14MPa。

金属氢化物法处理氢的量不大，适合实验室使用。一些生产厂家的金属氢化物法氢分离和精制系统的性能见表 12-8。

表 12-8　金属氢化物法氢分离和精制系统的性能

开发者	用途	储氢材料	储氢量 /m^3	氢流量 /(L/min)	备注
大阪工业技术研究所	氢精制	$MmNi_{4.5}Al_{0.5}$ 6kg	1	6	氢纯度 99.9999%
松下电器	氢精制	$TiMn_{1.5}$ 0.88×2kg		5	600mm × 500mm × 700mm
高压气体工业	生产高纯氢	Mm 系	1	0.5	总质量 35kg
铃木商馆	生产高纯氢	Mm 系	0.1	1	总质量 9kg
中国电力与三菱重工业合作	维持发电机内冷氢纯度	Mm-Ni 系			精制容器每个 16kg 回收容器每个 3kg
Ergenics(美国)	提供高纯氢	$LaNi_5$	0.226	30～60	
Air Products，Ergenics(美国)	从合成氨废气回收氢系统	$LaNi_5$	每日处理气体 140m^3，含氢 60%		氢回收率 70%～95% 循环时间 5～25min 回收氢纯度 99.0%
GFE(德国)	精制氢	钛-锰系 10000kg			处理气体中，H_2 9.99%～99.999%，N_2 100μg/g，CO/CO_2 20μg/g
GFE(德国)	多目的装置	钛-锰系			H_2O 5μg/g 精制氢 99.9999% 不纯物 0.1μg/g

参 考 文 献

[1] 毛宗强，氢能——21 世纪的绿色能源．北京：化学工业出版社，2005.

[2] 董子丰．氢气膜分离技术的现状、特点和应用．工厂动力，2000 (1).

[3] 李洁．50000m^3/h 变压吸附氢提纯装置的设计．天然气化工，2000，25 (4)：37-39.

[4] 李大东．加氢处理工艺与工程．北京：中国石化出版社，2004.

[5] Shao L，et al. The effects of 1，3-cyclohexanebis modification on gas transport and plasticization resistance of polyimide membranes. J Membr Sci，2005，267：78-89.

[6] 王朝宏，杨建平．气体膜分离技术在联醇中的应用．广州化工，2013 (15).
[7] Nayebossadri S, Speight J, Book D. Effects of low Ag additions on the hydrogen permeability of Pd-Cu-Ag hydrogen separation membranes. Journal of Membrane Science, 2014, 451: 216-225.
[8] Sánchez J M, Barreiro M M, Maroño M. Bench-scale study of separation of hydrogen from gasification gases using a palladium-based membrane reactor. Fuel, 2013.
[9] Han J, Kim - Su, Choi K S. High purity hydrogen generator for on- site hydrogen production. Int J Hydrogen Energy, 2002, 27: 1043- 1047.
[10] 王芳．钯膜组件透氢性能及分离器设计理论的研究［学位论文］．广州：华南理工大学，2012.
[11] 杜宇乔．变压吸附制氢工艺革新进展．广州化工，2009 (2).
[12] 王铭森，张玉发．合成放空尾气深冷提氢试车小结．小氮肥设计技术，1991 (2).
[13] 覃中华．低温吸附法生产高纯氢浅析．低温与特气，2005 (2).

第 13 章

氢的储存与运输

氢的储存是氢经济发展的主要瓶颈。

13.1 氢能工业对储氢的要求

氢能工业对储氢的要求总的来说是储氢系统的安全、容量大、成本低、使用方便。具体到氢能的终端用户不同又有很大的差别。氢能的终端用户可分为两类，一是供应民用和工业的气源；二是交通工具的气源。对于前者，要求特大的储存容量，几十万立方米，就像现在人们常看到的储存天然气的巨大的储罐。对于后者，要求较大的储氢密度。考虑到氢燃料电池驱动的电动汽车500km续驶里程和汽车油箱的通常容量推算，储氢材料的储氢容量达到6.5%（质量分数）以上才能满足实际应用的要求。因此美国能源部（DOE）将储氢系统的目标定为：质量密度为6.5%和体积密度为$62kgH_2/m^3$。

13.2 目前储氢技术

13.2.1 加压气态储存

（1）加压储氢概况　氢气可以像天然气一样用低压储存，使用巨大的水密封储罐。该方法适合大规模储存气体时使用。由于氢气的密度太低，所以应用不多。

气态压缩高压储氢是最普通和最直接的储氢方式，通过减压阀的调节就可以直接将氢气释放出。目前，我国使用容积为40L的钢瓶在15MPa储存氢气。为使氢气钢瓶严格区别于其他高压气体钢瓶，我国的氢气钢瓶的螺纹是顺时针方向旋转的，和其他气体的螺纹相反；而且外部涂以绿色漆。上述的氢气钢瓶只能储存 6m^3 氢气，大约 0.54kg 氢气，约为装载器质量的 1.2%。运输成本太高，此外还有氢气压缩的能耗和相应的安全问题。

以下列出一些用于储氢的高压储罐，同时列出了这些储罐的工作压力以及储氢质量比。

常用的 15MPa 的氢气储罐，储氢质量比为 1.2%（见图 13-1）。

图 13-1　15MPa 氢气储罐（1.2%）

压力为 40MPa 的氢气储罐，储氢质量比为 3.3%（见图 13-2）。

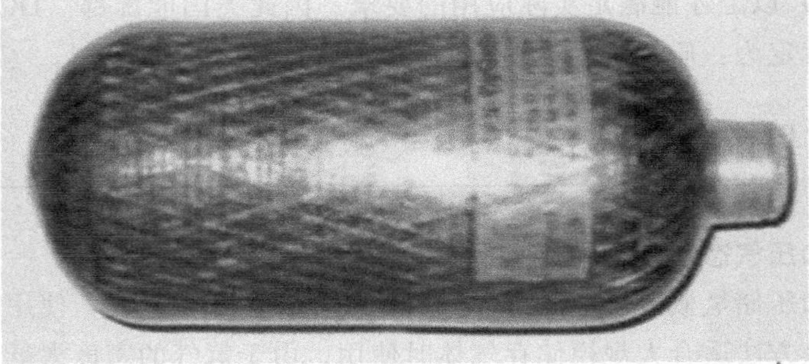

图 13-2　40MPa 氢气储罐（3.3%）

压力为 70MPa 的氢气储罐，储氢质量比为 5.5%（见图 13-3）。

可以看到随着压力的增加，储罐的储氢量增加，但是，考虑到安全性的问题，一味增大储罐压力不是万能的办法，当压力增加到一定程度后，增加压力

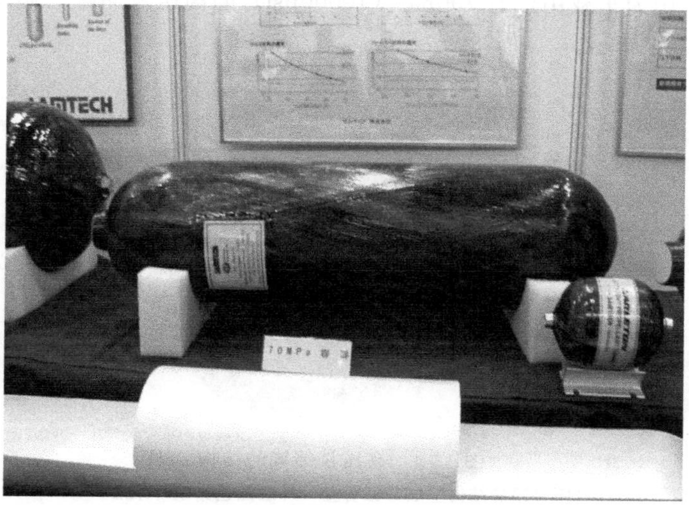

图 13-3 70MPa 氢气储罐（5.5%）

的收益大幅减小，因此，还要考虑其他的储氢方法。

（2）压力储氢的能耗

$$T_2=T_1\varepsilon^{(n-1)/n}$$

式中，T_1 为进气温度，K；T_2 为排气温度，K；n 为过程指数；ε 为压力比，$\varepsilon=p_2/p_1$；p_1 为进气压力；p_2 为排气压力。

理想气体绝热过程方程：

$$pV^k=\text{常数}$$

式中，k 为理想气体绝热过程指数，对于双原子气体，$k=1.40\sim1.41$。

压缩氢气时的能耗

$$W=\int_{p_1}^{p_2}V\mathrm{d}p$$

式中，W 为压缩机理想压缩循环所消耗的理论功，J；p_1、p_2 分别为吸入、排出气体的压力，Pa；V 为吸入气体的体积，m^3。

对于等温压缩过程

$$W=p_1V_1\ln\varepsilon$$

对于绝热压缩过程

$$W=p_1V_1(k/k-1)(\varepsilon^{(k-1)/k}-1)$$

对于多级压缩过程，参见参考文献 [8]。

国际著名的加拿大 Dynetek 公司出售 200～350bar（$1\text{bar}=10^5\text{Pa}$）的氢气压力罐。在其网站上，该公司宣称已经制造出 825bar（12500psi）的固定储氢压力容器。作为车载用，有 700bar（10000psi）的高压氢储罐。高压氢储罐的结构如图 13-4 所示。

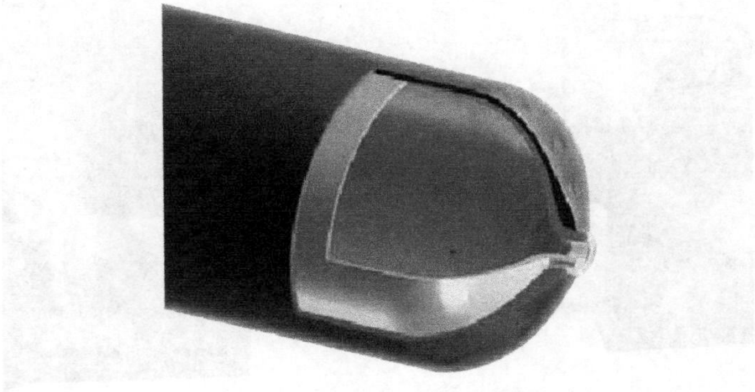

图 13-4 高压氢储罐的结构

（压力罐的结构里层是铝合金，外层黑色为碳纤维层）

高压储氢的缺点是能耗高。需要消耗别的能源形式来压缩气体；更重要的是目前公众的接受心理，还有障碍。

13.2.2 液化储存

液氢可以作为氢的储存状态。它是通过高压氢气绝热膨胀而生成。液氢沸点仅 20.38K，汽化潜热小，仅 0.91kJ/mol，因此液氢的温度与外界的温度存在巨大的传热温差，稍有热量从外界渗入容器，即可快速沸腾而汽化。短时间储存液氢的储槽是敞口的，允许有少量蒸发以保持低温。即使用真空绝热储槽，液氢也难长时间储存。

液氢储罐如图 13-5 所示。

液氢和液化天然气在极大的储罐中储存时都存在热分层问题。即储罐底部液体承受来自上部的压力而使沸点略高于上部，上部液氢由于少量挥发而始终保持极低温度。静置后，液体形成下“热”上冷的两层。上层因冷而密度大，蒸气压因而也低，而底层略热而密度小，蒸气压也高。显然这是一个不稳定状态，稍有扰动，上下两层就会翻动，如略热而蒸气压较高的底层翻到上部，就会发生液氢爆沸，产生大体积氢气，使储罐爆破。为防止事故的发生，较大的储罐都备有缓慢的搅拌装置以阻止热分层。较小储罐则加入约 1%（体积分数）的铝屑，加强上下的热传导。

液氢储存的最大问题是当不用氢气时，液氢不能长期保持。由于不可避免的漏热，总有液氢汽化，导致罐内压力增加，当压力增加到一定值时，必须启动安全阀排出氢气。目前，液氢的损失率达每天 1%～2%。所以液氢不适合

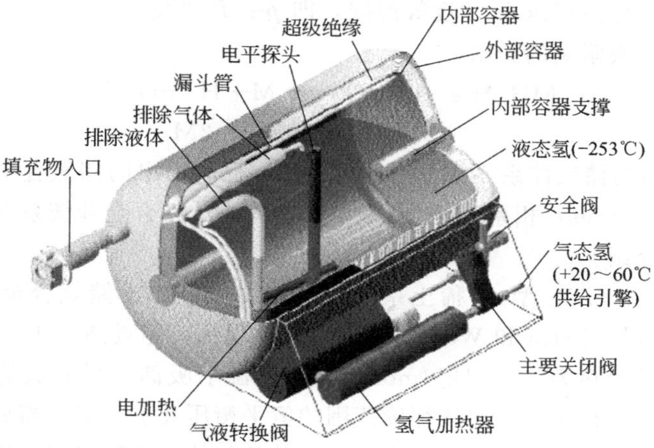

图 13-5　液氢储罐

（数据来源：Linde 气体）

于间歇而长时间使用的场合，如汽车：不能要求汽车总是在运动，当将车放在车库里，一月后再去开车，就会发现储罐内空空如也。

13.2.3　金属氢化物储氢

一种以金属与氢反应生成金属氢化物而将氢储存和固定的技术。氢可以跟许多金属或合金化合之后形成金属氢化物，它们在一定温度和压力下会大量吸收氢而生成金属氢化物。而反应又有很好的可逆性，适当升高温度和减小压力即可发生逆反应，释放出氢气。金属氢化物储氢，使氢气跟能够氢化的金属或合金相化合，以固体金属氢化物的形式储存起来。金属氢化物储氢自 20 世纪 70 年代起就受到重视。

（1）**储氢机理**　反应方程式如下：

$$xM + yH_2 \longrightarrow M_xH_{2y}$$

式中，M 为金属元素。

在一定温度下，储氢合金的吸氢过程分三步进行。

第一步：形成含氢固溶体（即 α 相）。

$$p_{H_2}^{1/2} \propto [H]_M$$

第二步：进一步吸氢，固溶相 MH_x 与氢反应，产生相变，生成金属氢化物（即 β 相）。MH_x 固溶相与 MH_y 氢化物相的生成反应为：

$$\frac{2}{y-x}MH_x + H_2 \rightleftharpoons \frac{2}{y-x}MH_y + Q$$

第三步：增加氢气压力，生成含氢更多的金属氢化物。根据此过程，氢浓度对平衡压力作图得压力-浓度等温线，即 p-c-T 曲线。

第四步：吸附氢的脱附

$$MH_{ad} + e^- + H_2O \rightleftharpoons M + H_2 + OH^-$$

$$2Mh_{ad} \rightleftharpoons H_2 + 2M$$

（2）常用的储氢体系　根据不同的应用，已开发出的储氢合金主要有稀土系、拉夫斯（Laves）相系、Ti-Fe 系、钒基固溶体型合金和镁系五大系列，下面一一进行介绍。

① 稀土系（AB_5 型）　稀土系的代表是 $LaNi_5$ 二元储氢合金，1969 年荷兰 Philips 公司 Zijlstra 和 Westendorp 偶然发现的，能吸储 1.4%（质量分数）的氢，氢化反应热为－30.1kJ/molH_2，在室温下吸储、释放氢的平衡氢压为 0.2～0.3MPa。在 p-c-T 曲线坪域范围的氢平衡压几乎一定，滞后性小，初期易活化，吸储或释放氢的反应速度快，抗其他气体毒害能量强。因此，它是理想的储氢材料，它的应用开发得到了迅速发展。$LaNi_5$ 型合金具有 $CaCu_5$ 型六方结构。在室温下，能与六个氢原子结合生成具有六方结构的 $LaNi_5H_6$。此种合金储氢量大，活化容易，平衡压力适中，滞后系数较小，动力学性能优异。不过，随着充放电循环的进行，由于氧化-粉化腐蚀，其容量严重衰减。另外，$LaNi_5$ 需要昂贵的金属 La，故合金成本较高，使其应用受到限制。

对 $LaNi_5$ 合金的改性研究主要方法是元素取代。试验过多种元素，降低储氢合金的成本。

Al：铝的氧化物可以提高氢的反应性，延长储氢合金的循环寿命，降低室温吸氢压力。但氧化层阻碍了氢的扩散，导致充放电过电位较大、快放电能力降低，电化学放电容量下降。

Mn：锰元素可以降低合金吸放氢的平衡压力，并使压力滞后现象减小。但是锰的加入也增大了固化过程中其他元素的溶解，使合金的腐蚀和粉化过程加快，降低合金的稳定性。适量加入钴可以延长合金寿命，一般两者同时加入。

Co：用 Co 部分替代合金中的 Ni 后，放电容量变化不大，但是合金吸氢后的晶胞膨胀率却从原先的 24.3%降低到 14.3%，储氢合金的循环寿命大大延长。但过量钴的加入会使合金晶胞体积增大，氢化物稳定性增强，氢在合金中的扩散系数降低，从而使得活化困难和高倍率放电能力降低。另外，Co 的加入会使得合金成本升高。为了降低合金成本，提高合金高倍率放电能力，研制具有较高容量和较好循环寿命的低钴或无钴合金是当前一个科研热点。

② 拉夫斯 Laves 相系（AB_2 型）　拉夫斯相系已有 C_{14}（$MgZn_2$ 型）、C_{15}（$MgCu_2$ 型）、C_{36}（$MgNi_2$ 型）3 种，分别为六方、面心立方和面心六方结

构。其合金储氢容量高，没有滞后效应；但合金氢化物稳定性很高，即合金吸放氢平台压力太低，难以在实际中应用。对二元 Laves 相合金的改性在于研制 A、B 原子同时或部分被取代的多元合金。

③ Ti-Fe 系　Ti-Fe 系储氢合金具有 CsCl 结构，其储氢量为 1.8%（质量分数）。价格较低是其优点，缺点是密度大，活化较困难，必须在 450℃ 和 5MPa 下进行活化，且滞后较大、抗毒性差。多元钛系合金的初始电化学容量达到了 300mA·h/g。但该合金易氧化，循环寿命较短，在电池中的应用方面研究较少。纳米晶 FeTi 储氢合金的储氢能力比多晶材料显著提高，而且其活化处理更简便，所以纳米晶 FeTi 材料有可能成为一种具有更高储氢容量的储氢材料。

④ 钒基固溶体型合金　钒基固溶体型合金（V-Ti、V-Ti-Cr 等）吸氢时，实际上可以利用的 $VH_2 \rightarrow VH$ 反应的放氢量只有 1.9%（质量分数）。其可逆储氢量大，氢在氢化物中的扩散速度较快；但是在碱性溶液中该合金没有电极活性，不具备可充放电的能力，未能在电化学体系中得到应用。在 V_3Ti 合金中添加适量的催化元素 Ni 放电容量可达到 420mA·h/g，通过热处理及进一步多元合金化研究，已使合金的循环稳定性及高倍率放电性能显著提高，显示出良好的应用开发前景。

⑤ 镁系　Mg_2Ni 可在比较温和的条件下与氢反应生成 Mg_2NiH_4

$$Mg_2Ni + 2H_2 \longrightarrow Mg_2NiH_4$$

Mg_2NiH_4 的晶体结构一般为立方结构。温度降低时，结构将随之变化。转化为较复杂的单斜结构。Mg_2NiH_4 在高温氢化要比低温氢化容易得多。该合金的优点是密度很小，储氢容量高，解吸平台极好，滞后亦很小，且价格低廉，资源丰富。但在常压下放氢温度高达 250℃，因此不能在常温附近使用。纯 Mg 虽可储藏 7.6%（质量分数）的氢，但在常压下，必须在 287℃ 以上的温度下才能放出氢气。目前的研究重点主要集中在改进镁及其合金吸、放氢速度慢，温度高，抗腐蚀性差等方面。

(3) 储氢合金的优缺点　储氢合金的优点是：合金有较大的储氢容量，单位体积储氢的密度是相同温度、压力条件下气态氢的 1000 倍，也即相当于储存了 1000atm 的高压氢气；充放氢循环寿命长；成本低廉。

该法的缺点如下。

① 储氢合金易粉化。储氢时金属氢化物的体积膨胀，而解离释氢过程又会发生体积收缩。经多次循环后，储氢金属便破碎粉化，使氢化和释氢渐趋困难。例如具有优良储氢和释氢性能的 $LaNi_5$ 经 10 次循环后，其粒度由 20 目降至 400 目。如此细微的粉末，在释氢时就可能混杂在氢气中堵塞管路和阀门。

② 金属或合金，表面总会生成一层氧化膜，还会吸附一些气体杂质和水分。它们妨碍金属氢化物的形成，因此必须进行活化处理。有的金属活化十分困难，因而限制了储氢金属的应用。

③ 杂质气体对储氢金属性能的影响不容忽视。虽然氢气中夹杂的 O_2、CO_2、CO、H_2O 等气体的含量甚微，但反复操作，有的金属可能程度不同地发生中毒，影响氢化和释氢特性。

④ 储氢密度低。多数储氢金属的储氢质量分数仅 1.5%～3%，给车用增加很大的负载。

⑤ 由于释放氢需要向合金供应热量，实用中需装设热交换设备，进一步增加了储氢装置的体积和重量。同时车上的热源也不稳定，使这一技术难以车用。

13.2.4 非金属氢化物储存

由于氢的化学性质活泼，它能与许多非金属元素或化合物作用，生成各种含氢化合物，可作为人造燃料或氢能的储存材料。

氢可与CO催化反应生成烃和醇，这些反应释放热量和体积收缩，加压和低温有利于反应的进行。在高性能催化剂作用下完成反应的压强逐渐降低，从而降低了成本。

甲醇本身就是一种燃料，甲醇既可替代汽油作内燃机燃料，也可掺兑在汽油中供汽车使用。它们的储存、运输和使用都十分方便。甲醇还可脱水合成烯烃，制成人造汽油：

$$n\mathrm{CH_3OH(l)} \longrightarrow \frac{n}{2}(\mathrm{CH_3{-}O{-}CH_3}) + \frac{n}{2}\mathrm{H_2O(l)}$$

$$\frac{n}{2}(\mathrm{CH_3{-}O{-}CH_3}) \longrightarrow (\mathrm{CH_2})_n + \frac{n}{2}\mathrm{H_2O(l)}$$

氢与一些不饱和烃加成生成含氢更多的烃，将氢寄存其中。例如，C_7H_{14} 为液体燃料，加热又可释放出氢，因此也可视为液体储氢材料。

氢可与氮生成氮的含氢化合物氨、肼等，它们既是人造燃料，也是氢的寄存化合物。氢和硼和硅形成的氢化物可以储氢。

硼氢化合物中，如 B_2H_6、B_5H_9、$B_{10}H_{14}$ 等本身也是燃烧热较高的人造燃料，其燃烧反应时放出的热量要比石油等燃料高 1.5 倍以上。其中有些硼化物还可以分解释放出氢气。

氢也可寄存在甲醇或已二醇等醇类化合物中，当醇类作逆向分解时，就可以释放出氢气。甲醇本身也是一种燃料，也是氢的寄存体。甲醇是液态的，容易储存、运输和使用。通过甲醇分解的氢气可以用作氢-氧或氢-空（气）燃料电池的燃料。

利用氢在不同化合物中的不同形态的储存特性，给储存、运输和使用氢能带来很多好处。由于这种氢化物大部分是液态的，很容易储存；在实际的应用中，通过化学的方法裂解氢化物，然后就可以使用分解出来的氢气。巴斯夫公司和 DBB 斯图加特燃料电池发动机公司联合研制出甲醇制氢的燃料电池电动汽车，此车燃料电池的甲醇重整器中使用催化剂分解甲醇制氢。用甲醇作燃料，燃料补充便捷，行驶里程远，而且甲醇的重整温度（<250℃）最低。但是在甲醇重整的过程，释放出的 CO 严重影响燃料电池的性能，因此，要花很大的努力，才能使 CO 含量降到 ppm（即 $\mu g/g$）级。总的来说，非金属储氢在燃料电池电动汽车上的应用从技术上来说还不是很完善。

13.2.5 目前储氢技术与实用化的距离

目前的储氢技术还不能满足人们的要求。特别是氢燃料汽车的续驶里程与其携氢量成正比，故其对储氢量有很高的要求。表 13-1 给出常用的储氢方法及其优缺点。

表 13-1 常用的储氢方法及其优缺点

储氢方法	优点	缺点
压缩气体	运输和使用方便、可靠压力高	使用和运输有危险；钢瓶的体积和重量大，运费较高
液氢	储氢能力大	储氢过程能耗大，使用不方便
金属氢化物	运输和使用安全	单位重量的储氢量小，金属氢化物易破裂
低压吸附	低温储氢能力大	运输和保存需低温

图 13-6 给出各种储氢方法储存 5kg 氢气的系统质量和体积比较。其中，

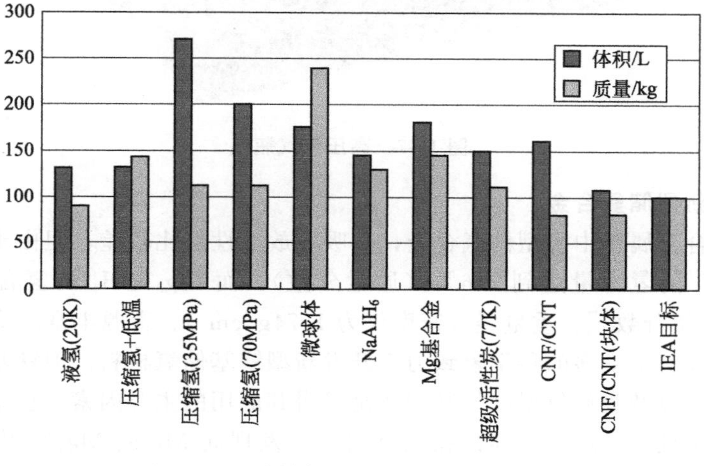

图 13-6 5kg 储氢系统的质量和体积比较

国际能源署给出实用化的最低的体积和质量目标。目前没有一种方法能够同时满足实用化要求，只有液氢离目标近些，高压储氢是有希望的方法。图中纳米炭（CNF）的数据是参考前期的文献得到的，与目前的数据相去甚远，其离开工业化应用还很遥远。

13.3 储氢研究动向

13.3.1 高压储氢技术

气态高压储氢技术正朝着更高压力的方向发展。目前，已经有 70MPa 压力的氢储罐商品。

这种氢储罐是采用铝合金内胆，外面缠绕碳纤维并浸渍树脂。

压力高达 100MPa 的氢储罐样品也成功面世。

现在许多氢燃料汽车就采用这种特制的 70MPa 高压储氢瓶作为车载氢源。图 13-7 所示为这样一组高压氢气瓶，装配在一个框架内，所有的瓶子并联在一起，以增大容量。

图 13-7 高压氢气瓶组

13.3.2 新型储氢合金

镁基合金属于中温型储氢合金，其吸、放氢性能比较差，但由于其储氢量大［MgH_2 的氢含量达到 7.6%（质量分数），而 Mg_2NiH_4 的氢含量也达到 3.6%（质量分数）］、重量轻（密度仅为 1.74g/cm^3）、资源丰富、价格便宜和无污染，吸引了众多的科学家致力于开发新型镁基储氢材料。但镁基合金的抗腐蚀能力差以及吸放氢温度较高仍然是阻碍其应用的主要因素，也是氢化物储氢研究的重点。经过长时间的摸索和研究，发现向 Mg 或 Mg_2Ni 中加入单一金属形成的合金的吸、放氢性能并不能改变多大，而向 Mg 或 Mg_2Ni 中加入一定质量分数的其他系列储氢合金（如 TiFe、TiNi 等）会收到意想不到的效果。Mandal 等发现向 Mg 中加入一定量的 TiFe 和 $LaNi_5$ 可以明显催化 Mg 的吸、放氢性能。如 Mg+40%（质量分数）FeTi（Mn），在室温下吸氢 3.3%（质量分数），而且在室温 30atm 下，10min 内可吸收 80%的氢，在 40min 内可吸饱氢。对镁合金的机械合金化处理，也可有效地改善镁合金的吸放氢的动力学性能。

钛基储氢合金也受到很大的重视。Ti-Mn 系储氢合金的成本较低，是一种适合于较大规模工程应用的无镍储氢合金，而且我国是一个富产钛的国家。在实际工程应用中，Ti-Mn 多元合金以其较大的储氢量、优异的平台特性得到了较为广泛的应用。日本蒲生孝治等研究发现 $Ti_{1-x}Zr_xMn_{2-y-z}Cr_zV_y$（$x=0.1\sim0.2$，$y=0.2$，$z=0.2\sim0.6$）合金不需要热处理就具有良好的储氢特性。该五元系中，以 $Ti_{0.9}Zr_{0.1}Mn_{1.4}V_{0.2}Cr_{0.4}$ 的储氢性最好，最大吸氢量达 H/M 约 1.07，即 240mL/g，最大放氢量为 233mL/g。为了进一步降低合金的成本，浙江大学曾进行了用钒铁合金代替纯 V，用 Al、Ni 代替 Zr 的研究，发现 $Ti_{0.9}Zr_{0.2}Mn_{1.4}Cr_{0.4}(V\text{-}Fe)_{0.2}$ 具有较好的储氢特性和平台特征，30℃吸氢量达 240mL/g，放氢率达 94%。德国的奔驰公司研制的 $Ti_{0.98}Zr_{0.02}V_{0.45}Fe_{0.1}Cr_{0.05}Mn_{1.4}$ 合金储氢量达 2.0%（质量分数），平台特性也很好。日本的 E. Akiba 等对 TiV 系固溶体合金进行了研究，研制的 $Ti_{25}Cr_{30}V_{40}$ 合金储氢量可达 2.2%（质量分数）。

德国奔驰公司、日本丰田公司曾研制过用于燃料电池汽车的金属氢化物储氢器，美国也进行过以金属氢化物供氢的燃料电池驱动的高尔夫球车的试验。但是这些研究都没有实用化，主要原因在于这些储氢材料在放氢时需加热，延长了车的发动时间，金属氢化物的储放氢寿命也不能完全满足汽车的要求。倒是在燃料电池小型化应用方面，金属氢化物储氢器有不少示范。美国氢能公司以金属氢化物提供氢，开发出了燃料电池驱动的残疾人轮椅车，以及功率为 40W 的燃料电池便携电源，这种电源可用于笔记本电脑、便携式收音机或其他便携设备；日本公司用金属氢化物提供氢，研制出了小型燃料电池照明电源；加拿大巴拉德公司研制出与笔记本电脑中燃料电池相配套的钛系金属氢化物储氢器。我国北京有色金属研究总院、浙江大学、南开大学和原中国科学院上海冶金研究所都在金属储氢合金的研究方面有所建树，开发出适合小型燃料电池用合金储氢罐，供应国内外研究单位。

13.3.3 有机化学储氢

(1) 原理　有机液态氢化物储氢技术是借助某些烯烃、炔烃或芳香烃等储氢剂和氢气的一对可逆反应来实现加氢和脱氢的。从反应的可逆性和储氢量等角度来看，苯和甲苯是比较理想的有机液体储氢剂，环已烷（cyclohexane，Cy）和甲基环已烷（methylcyclohexane，MCH）是较理想的有机液态氢载体。有机液态氢化物可逆储放氢系统是一个封闭的循环系统，由储氢剂的①加氢反应、②氢载体的储存、运输、③氢载体的脱氢反应过程组成。氢气通过电解水或其他方法制备后，利用催化加氢装置，将氢储存在 Cy 或 MCH 等氢载体中。由于氢载体在常温、常压下呈液体状态，其储存和运输简单易行。将氢载体输送到目的地后，再通过催化脱氢装置，在脱氢催化剂的作用下，在膜反应器中发生脱氢反应，释放出被储存的氢能，供用户使用，储氢剂则经过冷却后储存、运输、循环再利用。

（2）特点　和传统的储氢方法相比，有机液态氢化物储氢有以下特点。

① 储氢量大，储氢密度高。苯和甲苯的理论储氢量分别为 7.19% 和 6.16%（质量分数），高于现有的金属氢化物储氢和高压压缩储氢的储氢量，其储氢密度也分别高达 56.0g/L 和 47.4g/L，有关性能参数比较见表 13-2。

表 13-2　苯和甲苯的储氢方式的比较

储氢系统	储氢密度/(g/L)	理论储氢量(质量分数)/%	储存 1kg H_2 的化合物量/kg
苯	56.00	7.19	12.9
甲苯	47.40	6.16	15.2

② 储氢效率高。以 Cy 储氢构成的封闭循环系统为例，假定苯加氢反应时放出的热量可以回收的话，整个循环过程的效率高达 98%。

③ 氢载体储存、运输和维护安全方便，储氢设施简便，尤其适合于长距离氢能输送。氢载体 Cy 和 MCH 在室温下呈液态，与汽油类似，可以方便地利用现有的储存和运输设备，这对长距离、大规模氢能输送意义重大。

④ 加脱氢反应高度可逆，储氢剂可反复循环使用。

（3）研究进展

① 应用研究　自 Sultan 等人于 1975 年首次提出该技术以来，国外一些学者就此项储氢技术进行了专门的研究，但是，还远远谈不上应用。Newson E 等人的研究结果显示，有机液态氢化物更适合大规模、季节性（约 100 天）能量储存。日本正在开发水电解＋苯加氢电化学耦合系统，准备以环已烷（Cy）为氢载体，海运输送氢能。瑞士在车载脱氢方面进行了深入的研究，并已经开发出两代试验原型汽车 MTH-1（1985 年）和 MTH-2（1989 年）。意大利也在利用该技术开发化学热泵，Cacciola G 利用 MCH 或 Cy 系统可逆反应加氢放热、脱氢吸热的特性，用工业上大量存在的温度范围为 423～673K 的废热源供热，实现 MCH 或 Cy 的脱氢反应，而甲苯或苯加氢反应放出的热量则以

低压蒸汽的形式加以利用。

② 催化剂研究　在有机液体氢载体脱氢催化剂中，贵金属组分起着脱氢作用，而酸性载体起着裂化和异构化的作用，是导致催化剂结焦、积炭的重要原因。因此，开发 MCH 脱氢催化剂的关键在于强化脱氢活性中心的同时，弱化催化剂的表面酸性中心。解决方案是从研究抗结焦的活性组分或助催化剂入手，对现有工业脱氢催化剂进行筛选和改性，强化其脱氢功能，弱化其表面酸性，以适应 MTH 系统苛刻条件对催化剂的要求。

在 400℃，0.12MPa，空速 $6h^{-1}$，纯 MCH 进料的反应条件下，制得的改性催化剂 $PtSnK/\gamma\text{-}Al_2O_3$ 的活性稳定性保持在 100h 以上，比改性前至少提高 8 倍。

对催化剂表面进行改性是有机液体氢化物脱氢催化剂研究的重要内容。通常在 $\gamma\text{-}Al_2O_3$ 上覆炭，将 $\gamma\text{-}Al_2O_3$ 载体的高金属相活性和高机械强度等优点和活性炭比表面积高、抗积炭、抗氮化物毒化能力强的优点结合起来，从而改善催化剂的抗结焦性能。

目前，离子液体的很多独特的性质，如非挥发性、不易燃烧、高的热稳定性、较强的溶解能力等，在催化领域有着良好的应用前景。研究发现，离子液体 $[BMIM]^+BF_4^-$ $[H_4Ru_4$ (η_6-arene) $]$ BF_4 ($[BMIM]^+$ 表示 1-丁基-3-甲基咪唑阳离子；arene 表示芳烃）双相系统应用于苯、甲苯等芳烃的催化氢化中，可显著提高反应速率，同时产品易分离、易纯化、可重复使用。预计，在有机液体储氢技术的研究中离子液体作为加氢、脱氢反应的催化剂将是一个重要发展方向。

③ 膜反应器研究　利用膜对氢气的选择性分离来提高氢载体的转化率并获得高纯度氢气，膜反应器可用来取代传统的固定床反应器。在各种对氢气有选择透过性的膜中，Pd 的质量分数占 23％的 Pd_2Ag 膜被认为是氢气在其中渗透性较好的一种。Ali J. K. 等人曾在 573～673K，1～2MPa，液体空速 $12h^{-1}$，$Pt/\gamma\text{-}Al_2O_3$ 作催化剂时，考察了 MCH 脱氢时厚 2mm 的 Pd_2Ag 膜对氢气的分离效果，其转化率提高了 4 倍以上。膜稳定性良好，实验连续运行两个月，膜没有任何损害。但 Pd_2Ag 膜的缺点是传热困难、对硫和氯等易中毒、寿命短、价格昂贵等。

④ 经济分析　Scherer 等对液体有机氢化物 MTH 系统（甲基环己烷-甲苯-氢）做了经济评价。认为与传统的化石燃料发电相比，利用有机液体储氢技术的费用昂贵，但其在碳排放、环境效益有优势。分析表明，MTH-SOFC（固体氧化物燃料电池）系统综合性能最优，其最大效率为 48％、冬季使用最低费用支出为 0.17 美元/(kW・h)，明显高于传统化石燃料发电费用支出

[(0.05±0.1)美元/(kW·h)]，其 CO_2 排放量低于天然气80%。

⑤ 挑战　有机液态氢化物储氢技术虽然取得长足的进展，但仍然有不少有待解决的问题。

a. 脱氢效率低。有机液体氢载体的脱氢是一个强吸热、高度可逆的反应，要提高脱氢效率，必须升高反应温度或降低反应体系的压力。

b. 催化剂问题大。现在的脱氢催化剂 Pt-Sn/γ-Al_2O_3 易积炭失活、低温脱氢活性差。需要开发出新的低温高效、长寿命脱氢催化剂。

13.3.4　碳凝胶

碳凝胶（carbon aerogels）是一种类似于泡沫塑料的物质。这种材料的特点是：具有超细孔，大表面积，并且有一个固态的基体。通常它是由间苯二酚和甲醛溶液经过缩聚作用后，在1050℃的高温和惰性气氛中进行超临界分离和热解而得到的。这种材料具有纳米晶体结构，其微孔尺寸小于2nm。最近试验结果表明，在8.3MPa的高压下，其储氢量可达3.7%（质量分数）。

13.3.5　玻璃微球

玻璃微球（glass microspheres）玻璃态化结构属非晶态结构材料，是将熔融的液态合金急冷而得。大多数玻璃态材料的尺寸在25～500μm之间，球壁厚度仅1μm。在200～400℃范围内，材料的穿透性增大，使得氢气可在一定压力的作用下浸入到玻璃体中存在的四面体或八面体空隙，氢可浸入此四面体或八面体的空隙中，但这些空隙不规则且分散不均。当温度降至室温附近时，玻璃体的穿透性消失，然后随温度的升高便可释放出氢气。

日本东北大学对 $Zr_{50}Ni_{50}$ 玻璃态化储氢材料的热稳定性及氢化反应特性等进行了研究。发现，结晶态材料的坪域较宽，非晶态的材料，未出现坪域现象。

玻璃态材料最大的优点是没有微粉化现象。例如，玻璃态 $Zr_{36}Ni_{64}$ 材料随着循环次数增加，氢的吸储速度也逐渐提高。这是由于未出现微粉化现象所致。

高功能 $Zr_{50}Ni_{50}$ 玻璃态材料具有下述显著特点：同一组成的材料比晶态材料的吸氢量多；p-c-T 等温线没有坪域，随着氢的浓度增加，其氢平衡压可急剧上升；即使多种金属元素组合，也能形成均一相；反复吸储和释放氢过程中，几乎不会出现粉末化，体积膨胀非常小；在玻璃相表面，具有无数活化点，适于作为催化剂或电极材料。

13.3.6　氢浆储氢

所谓“氢浆”是指有机溶剂与金属储氢材料的固-液混合物，很明显，它可以用来储氢而且具有下述特点：固-液混合物可用泵输送，传热特性大大好于储氢合金；固-液混合物避免储氢合金粉化和粉末飞散问题，可减少气-固分离的难题；氢在液相中溶解和传递、再在液相或固体表面吸储或释放，整个过程除去附加热较容易做到；可改善储存容器的气密性和润滑性；工程放大设计较方便。

前面已经说明储氢合金吸放氢过程要发生粉化和体积膨胀（一般在 15%～25%之间），且在氢气流驱动下粉末会逐渐堆积形成紧实区，加之氢化物的导热性很差（与玻璃相当），既降低传热效果又增加氢流动阻力而导致盛装容器破坏。所以，改善系统的传热传质非常重要。可以认为“氢浆”是目前解决储氢材料粉体床传热传质的最佳选择。自 20 世纪 80 年代中期美国布鲁克海文国家实验室（BNL）成功地将 $LaNi_5$、$LaNi_{4.5}Al_{0.5}$ 和 $TiFe_{0.7}Mn_{0.2}$ 的粉末，加入到 3%左右的十一烷或异辛烷中，制成可流动的浆状储氢材料，发展的储氢合金浆液连续回收氢的系统均表明：溶剂的存在不影响合金粉料的储氢性能，并且表现出很好吸放氢速度。浙江大学在教育部博士点基金支持下，于 20 世纪 90 年代中期建立了国内外首套浆料系统工业尾气氢回收中间试验研究。由于传热传质的改善，储氢合金的利用率比原来粉体床气-固反应提高了 25 倍。近年来，在国家氢能 973 项目的支持下，系统研究了高温型稀土-镁基储氢合金及其氢化物在浆液中催化液相苯加氢反应的催化活性；$ReMg_{11}Ni$（Re＝La，Ce）和 $CeMg_{12}$ 两种重要的稀土-镁基储氢合金在四氢呋喃中进行球磨改性处理后对合金相结构、微观结构形貌、表面状态及吸放氢性能的影响及其相关机制，提出了合金表面与有机物中碳原子发生电荷转移的新机制。

J. J. Reilly 研究了 LaN_5H_x-n-$CH_3[CH_2]_9CH_3$ 氢浆储氢原理。他认为氢进入 $LaNi_5$ 的历程是：

$$1/2H_2(g) \longrightarrow 1/2H_2(l) \qquad \text{氢溶解进入溶剂相}$$
$$1/2H_2(l) \longrightarrow 1/2H_2(l\text{-}s) \qquad \text{氢到达液-固相界面}$$
$$1/2H_2 \longrightarrow H(*) \qquad \text{氢在固相表面吸附的离解}$$
$$H(*) \longrightarrow H \qquad \text{从吸附表面扩散至主体}$$
$$H(\beta) \longrightarrow H(\beta\text{-}\alpha) \qquad \text{通过 }\beta\text{ 相向 }\beta\text{-}\alpha\text{ 界面扩散}$$
$$H(\beta\text{-}\alpha) \longrightarrow H(\beta) \qquad \text{在相界面的相转移}$$

在其研究中，他假定有机溶剂不储氢，因此其机理的使用范围受到很大限制。因为事实上，有的有机溶剂可以储氢（见本章第 13.3.3 节），这样，氢浆的液-固相都能储氢，情形要复杂些。

13.3.7　冰笼储氢

据报道，美国温迪·麦克等人发现，像甲烷等分子较大的气体，可以“关押”在“冰笼”里形成水合天然气一样，在足够高的压力下，氢分子能够成双成对或4个一组地被装进“冰笼”中。

在2000atm，－24℃水和氢就融合成了“笼形物”。一旦“笼形物”形成，就能用液氮作为冷却剂在低压下储存氢。液氮是便宜且取之不尽的冷却剂，也不会造成环境污染，因此，用液氮保存氢的笼形物储氢具有很好的发展前景。

13.3.8 层状化合物储氢

受纳米碳管储氢的启发，科学家们认为既然管形的纳米碳能储氢，那么其他管形的无机材料为什么不能储氢呢？清华大学李亚栋等人提出用硼等层状化合物作原料使之形成管状物，并试验了储氢的可能性，结果表明，还是值得探索的。

13.4 工业氢气大规模运输方法

按照输运氢时所处状态的不同，可以分为：气氢（GH_2）输送，液氢（LH_2）输送和固氢（SH_2）输送。其中前两者是目前正在大规模使用的两种方式。根据氢的输送距离、用氢要求及用户的分布情况，气氢可以用管网或通过储氢容器装在车、船等运输工具上进行输送。管网输送一般适用于用量大的场合，而车、船运输则适合于用户数量比较分散的场合。液氢输运方法一般是采用车船输送。

13.4.1 车船运输

13.4.1.1 液氢储罐

液氢生产厂至用户较远时，一般可以把液氢装在专用低温绝热槽罐内，放在卡车、机车或船舶上运输。

利用低温铁路槽车长距离运输液氢是一种既能满足较大地输氢量又比较快速、经济的运氢方法。这种铁路槽车常用水平放置的圆筒形低温绝热槽罐，其储存液氢的容量可以达到100m^3。特殊大容量的铁路槽车甚至可运输120～200m^3的液氢。图13-8所示为液氢低温汽车槽罐车。

在美国，NASA还建造有输送液氢用的大型驳船。驳船上装载有容量很大的储存液氢的容器。这种驳船可以把液氢通过海路从路易斯安那州运送到佛罗里达州的肯尼迪空间发射中心。驳船上的低温绝热罐的液氢储存容量可达1000m^3左右。

显然，这种大容量液氢的海上运输要比陆上的铁路或高速公路上运输来得经济，同时也更加安全。图13-9所示为输送液氢的大型驳船。

图 13-8　液氢低温汽车槽罐车

图 13-9　输送液氢的大型驳船

13.4.1.2　压力容器

常用的氢气储罐有高压氢气集装格（或叫组架，150kgf/cm^2）（1kgf/cm^2

=98.0665kPa)、集装管束（200kgf/cm^2，俗称鱼雷车)。集装格储存量大概为 96m^3（150kgf/cm^2、16 支钢瓶/组、40L/支钢瓶)；集装管束储存量大概为 4200m^3/车（200kgf/cm^2、10 支管束、2.2m^3/支管束)。

目前国际上生产大容积无缝压力容器的工厂也只有四家：德国曼内斯曼、美国 CPI、意大利 Dalmine 和韩国 NK，其中 CPI、Dalmine 、NK 公司已取得了进入中国的许可证。无缝压力容器的设计、制造依据我国进口的大容积无缝压力容器按使用条件分为两种：一种是装在高压气体长管拖车上用于运输高压氢气、氦气、天然气和其他工业气体；另一种是组装在框架内，安装在地面上用于储存多种高压气体。安装在长管拖车上的钢制无缝压力容器属于移动式压力容器，采用的设计、制造依据是美国运输部的标准：49CFR §178137《3AA/3AAX 无缝钢瓶规范》或 49CFR §178145《3T 无缝钢瓶规范》，一般称作 DOT 标准，它属于国外先进标准，已有长期的使用经验。针对充装压缩甲烷或压缩天然气的无缝压力容器，美国运输部又作出了 DOT E-8009《特许免除令》的规定，使运输这种具有腐蚀性的气体更加安全。我国从 FIBA、CPI、NK、Dalmine 进口的长管拖车或集装管束上的无缝压力容器都属于这种容器，也都是按上述标准设计制造和检验验收的。上述无缝压力容器的国际标准是 1999 年 3 月 15 日国际标准化组织颁布的 ISO 11120 标准《水容积 150～3000L 可重复使用的无缝钢瓶的设计、制造和试验》。它包括两个规定性附录（A、B）和三个推荐性附录（C、D、E）。标准适用于温度－50～＋65℃、水容积 150～3000L，充装压缩气体或液化气体可重复使用的淬火＋ 回火的无缝钢瓶，并对钢瓶材料、设计、结构与制造工艺、每只钢瓶的检验与试验、批量试验、充装易燃气体钢瓶的特殊要求及钢瓶的标记作出了明确的规定。在附录 A 中规定了钢瓶的化学成分；在附录 B 中规定了钢瓶的超声检测方法和判废的准则；推荐性附录 C 描述了目视检验无缝钢瓶时制造缺陷的评定和判废的规定；附录 D 推荐无缝钢瓶质量证明书的格式和内容；附录 E 列出检验师对无缝钢瓶的检验内容。ISO 11120 标准提出了在全球范围内使用的无缝钢瓶设计、制造、检验和试验方面的规定，是国际性的一般限制，为各国或各地区制定高压气体无缝压力容器标准提供了国际性的准则。

组装成储气瓶组的属于固定式压力容器，我国从 CPI 进口的天然气汽车加气站用储气瓶组属于这种容器。前几年该容器采用的设计、制造规范是 ASME-Ⅷ-Ⅰ及附录 22，近年来开始采用 ASME-Ⅷ-Ⅱ进行疲劳分析计算。ASME-Ⅷ-Ⅱ（2001 年版及 2002 年增补）F-7 章《锻造容器的特殊要求》中对无缝压力容器的设计、制造与检验提出了更加明确的要求，并把 SA-372GrJ CL110 和 SA-723Gr1、SA-723Gr 2 CL1、SA-723Gr2CL2、SA-723Gr2CL3 的材料列入锻造容器的使用范围，为锻造容器使用高强度钢创造了条件。采用 ASME-Ⅷ-Ⅱ设计、制造的无缝压力容器，由于可以使用更高强度的钢材，使用了分析设计的方法，使产品更加安全、可靠和经济。由于我国工业气体行业的发展和压缩天然气的广泛使用，从国外进口的大容积高压气体长管拖车、高压气体集装管束在我国已有相当数量，它的安全使用必须纳入国家的管辖范围，因此原国家质量技术监督局 2000 年 12 月 31 日颁发，2001 年 7 月 1 日起开始生效的《气瓶安全监察规程》，第一次将气瓶容积的管辖范围扩大到 3000L。

国家标准《高压气体无缝钢瓶》的编制将参照国际标准 ISO 11120《水容积 150～3000L 可重复使用的无缝钢瓶的设计、制造和试验》和国外先进标准美国运输部的标准：49CFR §178137《3AA/3AAX 无缝钢瓶规范》、49CFR §178145《3T 无缝钢瓶规范》以及 DOT E-8009《特许免除令》，结合我国材料、制造技术和管理水平的实际情况制定符合我国实际情况的标准，以保证产品质量和使用的安全性、可靠性。压力容器行业标准《站用储气瓶组》将依据我国行业标准 JB 4732—95《钢制压力容器——分析设计标准》，参照美国 ASME-Ⅷ-Ⅱ进行编制。鉴于我国材料生产的实际情况，《站用储气瓶组》的材料目前只能选用美国 ASME-Ⅷ-Ⅱ中规定的材料。在设计计算时必须考虑压力循环变化，采用疲劳分析的设计方法。采用有限元分析设计时，其分析设计人员和有限元计算程序应符合 JB 4732—95 中的有关规定（http://wenku.baidu.com/link?url=q9hzVJ4XODeejloaMe_Tybo8I0OAVV-VeIx-Uwv3bv8DMxknz6ol1-hci_HncIiPgZU8MOIt3gWR2-zTJ9MXAXudnMg-ED79O3eEinblBkHC)。

图 13-10 运送氢气压力容器的车

在技术上，这种运输方法已经相当成熟。但是，由于常规的高压储氢容器的本身重量很大，而氢气的密度又很小，所以装运的氢气重量只占总运输重量的1%～2%。它只适用于将制氢厂的氢气给距离并不太远而同时需用氢气量又不很大的用户。图13-10所示为运送氢气压力容器的车。

我国有多家生产运送氢气压力容器的车。其中，高压氢气运输半挂车照片见图13-11，性能参数见表13-3。

图 13-11　高压氢气运输半挂车照片

表 13-3　国产高压氢气运输半挂车性能参数

项目	性能参数
车辆名称	高压氢气运输半挂车
中文品牌	安瑞科牌
公告批次	249
燃料种类	氢气
外形尺寸	12400mm×2480mm×3355mm
总质量	35000kg
整备质量	34644kg
额定载质量	356kg

注：充装介质为压缩氢气；类项号2.1；氢气密度为15.82kg/m^3；罐体容积，10个气瓶容积共22.5m^3；瓶体长10975mm（其中直筒段长度10295mm）；瓶体外径559mm；壁厚16.5mm；在车身侧面和后部安装反光标识，并在后部安装安全告示牌和标志牌，标志牌的喷涂符合GB 13392—2005《道路运输危险货物车辆标志》的要求，并在罐体上加喷相应的制造标准代码及该制造标准所对应国家的国旗标志；外观形式可选用选装方案（色条颜色可为蓝、红、绿三种）；轮胎可选装11.00R22.5；该车与三轴牵引车配合使用。ABS系统生产厂家：万安集团有限公司，型号WA-3550070；瀚德国际贸易（上海）有限公司，型号364279002。侧面及后下部防护装置材料为Q235，连接方式：侧面连接为螺栓连接，后部连接为焊接。后防护断面尺寸80mm×150mm，离地高550mm。采用具有限速装置的牵引车（http://www.chinacar.com.cn/banguache/anruike_10/HGJ9351GGQ_315006.html）。

目前，储氢高压技术发展很快。新型的储氢高压罐是用铝合金做内胆，外缠高强度碳纤维，再经树脂浸渍、固化处理而成。这种高压储氢罐要比常规的钢瓶轻很多，其耐压高达 35MPa（近似 350atm），是目前商业化的高压氢气瓶，广泛用于燃料电池公共汽车和小轿车。压力高达 70MPa 的储氢瓶样品也已经问世，预计很快会商品化。35MPa 储氢瓶的质量储氢容量已经接近 5%。

13.4.2　管道运输

一般而言，氢气生产厂和用户会有一定的距离，这就存在氢气输送的需求。按照氢在输运时所处状态的不同，可以分为气氢输送、液氢输送和固氢输送。其中前两者是目前正在大规模使用的两种方式。采用车船运输高压氢气目前最为常见，但运输的量非常有限，对于 20MPa 压缩氢气，运输 500kg 氢需要载重量 40t 的卡车。液氢运输的能量效率高，但液化过程消耗很多能量，技术要求复杂，只适合于短途运输。固态氢运输容易，但目前固态氢的能量密度小，运输的能量效率低。低压氢气的管道运输对于大规模长距离输送来说是最为方便合适的，在欧洲和美国已有 70 多年的历史。1938 年，位于德国莱茵-鲁尔工业区的 HULL 化工厂建立了世界上第一条输氢管道，全长 208km。目前，全球用于输送工业氢气的管道总长已超过 1000km，使用的输氢管线一般为钢管，操作压力一般为 1～3MPa，直径 0.25～0.30m，输气量 310～8900kg/h，其中德国拥有 208km，法国空气液化公司在比利时、法国、新西兰拥有 880km，美国也已达到 720km。据中石化新闻网的报道，巴陵石化目前正在建设国内最长的巴陵-长岭氢气管线，全长 42km，设计管径 400mm，输送能力 10 万立方米/h。

目前，输送天然气的管网已经非常发达，利用天然气管道输送天然气，是陆地上大量输送天然气的唯一方式。在世界管道总长中，天然气管道约占一半。而相比之下输送氢气的管道数量还非常少。于是有人提出能否利用目前的天然气管道来输送氢气，如果能，则对氢能的发展大有好处。

(1) 天然气管道输送氢气的经济性和可行性　以美国为例，比较氢气管道和天然气管道。管线长度，美国现有氢气管道 720km，而天然气管道却有 208 万公里，两者相差将近 3000 倍；管道造价，美国氢气管道的造价为 31 万～94 万美元/km，而天然气管道的造价仅为 12.5 万～50 万美元/km，氢气管道的造价是天然气管道造价的 2 倍多；输气成本，由于气体在管道中输送能量的大小，取决于输送气体的体积和流速，氢气在管道中的流速大约是天然气的 2.8 倍，但是同体积氢气的能量密度仅为天然气的 1/3，因此用同一管道输送相同能量的氢气和天然气，用于压送氢气的泵站压缩机功率要比压送天然气的压缩机功率大很多，导致氢气的输送成本比天然气输送成本高。

（2）天然气管道输送氢气供应能力分析　已经存在的天然气输送管网是由管道、压缩站、减压站构成的，这个管网既能为终端用户提供能量流，也能暂时存储一部分气体，称为线载量（linepack），线载量允许用户根据自己的意愿调节出口量，而独立于管道的注入端，压力越大，线载量越大。为了满足用户的需求，天然气的流量必须足够高，而流量是由管程压降决定的，管道的能量流动速率可以用下面的公式描述：

$$Q=CD^{2.5}e\sqrt{\frac{p_1^2-p_2^2}{dZTLf}}$$

式中，Q 为标准状态流量，m^3/h；C 为比例常数，量纲量，为0.000129；D 为内径；e 为管道效率；p_1，p_2分别为进出口压力，kPa；d 为相对于空气的密度；Z 为压缩因子；T 为气体温度，K；L 为长度，km；f 为摩擦系数。

氢气的高热值是 $13MJ/m^3$，而相同条件下天然气的高热值是 $40MJ/m^3$，因此为了满足终端用户的需求，输送的氢气体积应该是天然气的 3 倍，幸运的是氢气的密度是天然气的 1/9，这对输送较为有利。压缩因子和摩擦系数等都会随着压力或者流量的变化而变化，更详细的计算表明，在不改变管道和压降的情况下，输送的氢气能量能达到劣质天然气的 98％和优质天然气的 80％，如图 13-12 的右端所示。

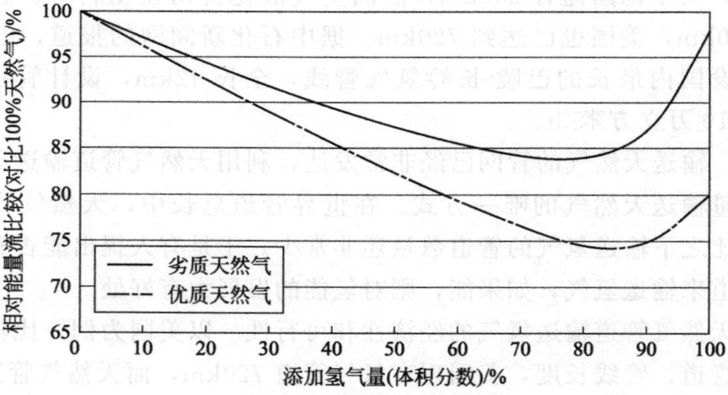

图 13-12　不改变压降时添加不同量的氢气后能量损失情况

管道的线载量与流量相关，用天然气管道输送氢气时线载量能达到天然气的 65％～71％，与标准流量相关。因为要满足用户的需求，实际关心的是线载能量，按照能量计算，氢气的线载能量小于天然气的 1/4，这可能会破坏一天中短期的能量供应安全。从以上两方面分析，针对相同的能量应用形式，为满足用户能量需求，用天然气管道输送氢气时需要增大压降，提高供应能力。

当然将来氢燃料电池等应用可能改变这种供求关系。

(3) 氢气加入后材料设备方面的问题　氢气和天然气的主要组分甲烷物理化学性质有很大差别（见表 13-4，表中的密度、低热值、高热值均为 15℃、标准大气压下的值）。从这些性质的差别可以看出，为天然气设计的管道很难直接用来输送氢气或者氢气和天然气的混合物。氢气加入后会改变管道内气体的性质，从而对设备和管材要求会有所变化。

表 13-4　氢气与天然气主要组分甲烷性质对比

性质	氢气	甲烷
相对分子质量	2.02	16.04
临界温度/K	33.2	190.65
临界压力/MPa	1.315	4.540
密度/(kg/m^3)	0.0852	0.6801
低热值/(MJ/m^3)	10.23	34.04
高热值/(MJ/m^3)	12.09	37.77
离焰常数	0.60	0.67
爆炸极限/%	18.2～58.9	5.7～14.0
理论空气需要量/(m^3/m^3)	2.38	9.52
向空气扩散的系数/(m^2/s)	6.1×10^{-5}	1.6×10^{-5}

利用天然气管道输送氢气时，除了考虑供应能力之外，还要考虑材料方面的问题，例如如何利用已经建好的压缩系统和减压系统、材料的氢脆问题和渗透泄露问题。

① 压缩系统影响　压缩机有离心式压缩机和活塞式压缩机，这里考虑用活塞式压缩机。因为对于活塞式压缩机，将工质从天然气更换为氢气，并不受到什么重要影响，但是对于离心式压缩机，为了满足氢气体积是天然气三倍的需求，要获得相同的压缩比，压缩氢气时的旋转速度是天然气的 1.74 倍，而这个速度已经超出了材料强度的限制。

② 氢脆风险　氢原子溶于金属材料后重新形成分子，改变材料的内应力，在材料内部形成局部裂纹的现象就是氢脆，会导致氢的泄漏和燃料管道的失效，但是，通过选择合适的材料，就可以避免氢脆发生。氢脆会改变管道的力学性能，例如钢铁的氢脆现象会加速微小裂缝的破裂。一般这方面的风险很难具体计算。因为它不仅与管道的材料有关，还涉及管道的运行年限。通常管道

的压力越高、使用年限越久，氢脆的风险越大。通过对管道和焊接点进行密集测试后才能对这个潜在的问题作出明确的结论。

③ 氢气渗透风险　由于氢气的渗透率远大于天然气，所以输送氢气的管道产生的氢气损失体积大于天然气，但是这种损失一般很小，基本可以忽略不计，如果按照能量计算，泄露损失的能量少于天然气。此外，渗透强弱还与管道材料的性质关系很大，在铸铁管和纤维水泥管道中，氢气渗透风险很大。在燃气的分配网络中经常使用 PE（聚乙烯）管，氢气在 PE 管中的渗透率是天然气的 5 倍，但仍然很小，可以忽略。有计算表明，PE 管 1 年中渗透损失的氢气体积接近其输送气体体积的 0.0005%～0.001%。

④ 天然气与氢气管道材料比较　根据《石油天然气管道安全规程》的规定，天然气管道所采用的钢管和管道附件的材质选择应根据压力温度和介质的物理性质等因素，经过技术经济论证确定，所选的钢管钢材应具有良好的韧性和可焊性。

古人已经利用木竹管道输送天然气，现在管道材料是钢管，管材广泛采用 X-60 低合金钢，并开始采用 X-65、X-70 等更高强度的材料。外国一些国家输气管道已开始采用 X80 钢，X100、X120 等高强度实验钢管也已出现。为降低管道内的摩擦阻力，新钢管已普遍采用内涂层。我国西气东输输气管线贯穿东西，全长 4000km，管径 1016mm，输气工作压力 10MPa，钢管材料选用 APISPEC5LX70，即针状铁素体型管线钢。

目前大多数有运行经验的输送氢气管道是级别相对较低的管道，例如 API X42 和 X45，规定的最小屈服强度小于 0.5MPa，我国工业上输送氢气的管道有的使用 20 号钢。

按照国家氢气站设计标准规定，氢气管道的管材应采用无缝钢管。如对氢气纯度有严格要求时，选用材料有所不同：气体纯度大于或等于 99.999%时，应采用内壁电抛光的低碳不锈钢管（316L）或内壁电抛光的不锈钢管（304）；气体纯度大于或等于 99.99%时，应采用内壁电抛光的不锈钢管（304）或者无缝钢管；气体纯度小于 99.99%时，选用无缝钢管。

根据运行经验，现有大多数天然气管道能胜任氢气输送。

⑤ 前景展望　40 年前天然气代替煤气一夜之间就完成了，但是氢气代替天然气可能需要几年甚至几十年，因为现在的分配网络非常庞大，替换需要很长时间，现在的高压输送管网替换很复杂，各种终端应用产品替换也需要很长时间。如果在现有管网旁边再并行铺设新的氢气管网，将受到空间的限制，在过渡期使用混合气是一个不错的选择。

根据相关研究，向天然气中掺入体积比小于 17% 的氢气，在技术上没有任何困难。掺入氢气后，会改变燃气的华白数。氢气加入天然气之后，燃料的燃烧速度会加快，烧嘴或炉子回火的风险增加，因此如果想掺入更多的氢气，必须对终端应用的烧嘴炉子等进行更换，政府也需要出台相关的新的标准。比利时北部的弗兰德斯使用17%（体积分数）的氢气-天然气混合气。

可以利用枯竭的天然气气井来大规模储存气态氢，借用现成的天然气管道系统来输送氢气。中国化工论坛报道，美国得克萨斯州休斯敦/阿瑟港地区正在使用的一条长225km的输氢管道就是这样的氢气储存和输送系统。

a. 新建专用的输氢管道　对于大量、长距离的氢气运输，主要考虑用管道，低压氢气的管道运输在欧洲和美国已有70多年的历史。目前，全球用于输送工业氢气的管道总长已超过1000km。在美国，管道输氢的能量损失约为4%，低于电力输送的电力损失（8%）。

氢气供应商美国空气化工产品公司（AP），于2010年宣布计划新建一条长达180mile（1mile=1609.344m）的氢气管道，如图13-13所示，以连接路易斯安那州和得克萨斯州现有的氢气管道系统，建成后将成为全球最大的氢气供应管网，这一管线将把该公司在墨西哥湾海岸的多个制氢厂连接起来，增进其在当地市场的供应能力，进一步提高氢气供应的可靠性，确保客户工厂“安稳长满优”运行需要。空气化工产品公司的遍布全球的管道网络系统已经安全运行40多年，这充分证明了氢气管道技术的优越性和安全性。目前国内在建的最长氢气输送管线：巴陵石化长达42km的“巴陵-长岭”氢气长输管线2013年12月中旬全线通球清管成功后，进入生产准备阶段。为尽快实现使用，确保长输管线安全运行，2014年1月初，巴陵石化供销部联合消防队及检维修保运单位，进行氢气长输管线泄漏应急预案演练，为正式运行做最后的准备。

b. 氢气/天然气混合输送　尽管现在已有一些氢气输送管道，但是还没有大型的遍布的氢能网络。建立这样的网络需要耗巨资，只有对氢的需求量很大时才划算。可以考虑利用现有的天然气输送网络，而用天然气管道输送氢气也存在一些安全方面的问题，因而将氢气掺混入天然气管道共同输送成为研究者们考虑的热点问题。

氢气可与天然气一起输送到用户作为燃料，这同时可减少天然气的用量，降低对天然气进口的依赖。也可选择使用天然气输送管道作为氢气的输送管道和储存仓库，在压缩天然气填充站将混合气体中的氢气分离出来供氢能车辆使

图 13-13 美国空气化工产品公司（AP）规划建设的氢气管道

用将氢气与天然气分离，得到纯氢气，以供使用。

c. 氢气/天然气混合输送可行性　氢气和甲烷的物理化学性质有很大差别，为天然气设计的管道很难直接用来输送氢气或者氢气和天然气的混合物，氢气加入后会改变管道内气体的性质，从而引发管材方面的风险。目前，氢气可混入的体积分数在 17%～23%。

由于氢气的体积能量密度较低，氢气加入到天然气管道后，若保证压力降不变，则无论氢气的体积分数为多大，和输送天然气相比，管道的输气功率均是下降的。为保证管道的输气功率，氢气加入后，往往需要更大的压力降运行，为提高输送体积，需要更高功率的压缩机，同时，为保证客户端的能量供应，需要大直径输氢管道。

氢比天然气扩散系数高，若管道设计和建造不合适的话，氢极易通过阀门、封口甚至是管道本身而发生逸漏，造成危险。氢无色无味，泄漏不易察觉。

日前，美国通用汽车与夏威夷燃气公司签订了氢气供应协议。夏威夷燃气公司将利用已有的燃气管道输送氢气，以降低成本并推广使用氢燃料电池汽车。ITM 成功将氢气注入法兰克福煤气供应网，这是德国历史上首次将电解氢注入煤气供应网络（见图 13-14）。到目前为止，系统运行良好，2014 年初进入验收试运行阶段，并有望很快投入运营。德国 E. ON 能源集团已经决定使用风力涡轮机制造出额外的电能电解水制造氢和氧，之后将制造的氢储存于

图 13-14　ITM 电力-气体（power-to-gas）示范工厂

国家天然气输送管道系统中，据 E. ON 估计，在输送管道系统中储存 5%～15%的氢是完全没有问题的。

13.4.3　海上运输

王晋桦、朴文学等非常系统地总结了日本、法国和美国航天用液氢的生产、储存和运输，可惜资料老旧。

海上运输氢气，一般都采用船运液氢容器的方式。

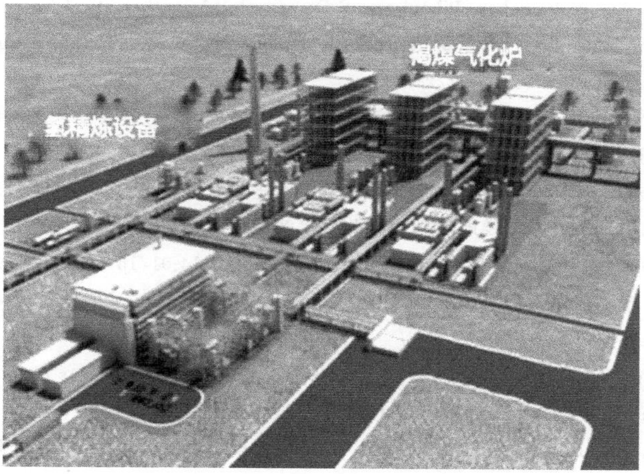

图 13-15　力争 2030 年全面启动的商业供应链可行性调查（FS）中的氢制造装置示意图（提供：川崎重工业）

加拿大曾计划利用丰富廉价的水电解生产氢气，将其液化后运往欧洲供汽车、飞机、城市瓦斯使用。这一宏伟的“犹罗魁卜克计划”将由加拿大和欧洲40家公司投资，并于1991年实施，实际执行一部分而终止。

德国曾计划从非洲利用太阳能制氢，再将液氢运回欧洲。

日本最近计划从澳大利亚生产氢气，然后液化，船运回日本。2013年川崎重工也在推进一项业务，即以在澳大利亚煤田出产的褐煤为原料，结合二氧化碳捕集及封存技术，在当地制造二氧化碳零排放的液态氢，然后用船将其运输到日本（图13-15）。该公司称，之所以选择液态氢，是因为看好其无需花费劳力和时间去除杂质等，送达后可直接使用这一点。液态氢运输船与液化天然气（LNG）运输船相比，冷却温度需更低等，因此需要进行新开发，川崎重工正在确定规格，认为此项业务具有可行性。

参 考 文 献

[1] 毛宗强．氢能——21世纪的绿色能源．北京：化学工业出版社，2005.

[2] Dries Haeseldonckx，William D'haeseleer. The use of the natural-gas pipeline infrastructure for hydrogen transport in a changing market structure. International Journal of Hydrogen Energy，2007，(32)：1381-1386.

[3] 黄明等．利用天然气管道掺混输送氢气的可行性分析．煤气与热力，2013 (4)：39-42.

[4] 毛宗强．氢能知识系列讲座 (4)——将氢气输送给用户．太阳能，2007 (4).

[5] P H C Lins，A T de Almeida. Multidimensional risk analysis of hydrogen pipelines. International Journal of Hydrogen Energy，2012，37：13545-13554.

[6] F Tabkhi，C Azzaro-Pantel，L Pibouleau，S Domenech．A mathematical framework for modelling and evaluating natural gas pipeline networks under hydrogen injection. International Journal of Hydrogen Energy，2008，(33)：6222-6231.

[7] 王晋桦，朴文学．国外航天用液氢的生产、储存和运输．国外导弹与航天运载器，1990 (5).

[8] 柴诚敬，张国亮．化工流体流动与传热．北京：化学工业出版社，2000：189.

[9] 蔡卫权，陈进富．有机液态氢化物可逆储放氢技术进展．现代化工，2001 (11).

[10] 巴陵石化国内最长氢气管线即将投用应急预案演练先行．中石化新闻网，2014-1-15 [2014-12-1]. http://www. sinopecnews. com. cn/news/ content/2014-01/15/content _ 1370930. shtml.

[11] Melaina M W，Antonia O，Penev M. Blending hydrogen into natural gas pipeline networks a review of key issues，2013.

[12] Gondal Irfan Ahmad，Sahir Mukhtar Hussain. Prospective of natural gas pipeline infrastructure in hydrogen transportation. Int J Energy Res，2012，36：1338-1346.

[13] Suzuki Takeo，Kawabata Shin-Ichiro，Tomita Tetsuji. Present status of hydrogen transport systems utilizing existing natural gas supply infrastrcture in europe and the usa. IEEJ，2005：1-16.

[14] Gondal Irfan Ahmad，Sahir Mukhtar Hussain. Prospective of natural gas pipeline infrastructure in hydrogen transportation. Int J Energy Res，2012，36：1338-1346.

[15] Corporation Science Applications International. Hydrogen Infrastructure Delivery Reliability R&D Needs [2014-12-1]. http://www.alrc.doe.gov/technologies/oil-gas/publications/td/Final%20White%20Paper%20072604.pdf.

[16] 刘振烈．加拿大生产氢气，向欧海运液氢供汽车、飞机、城市瓦斯用．低温与特气，1991 (3).

[17] 刘振烈．帝国氧气公司从加拿大首次进口液氢——筑波北海中心经销液氢．低温与特气，1992 (3).

第 14 章 氢燃料加注站

14.1 氢气加注站

氢气加注站是指储存氢气和加注氢气的站点，氢气加注站最主要的用途是给燃氢汽车补充氢气。氢气加注站的建设始于 20 世纪 90 年代的美国、德国和日本，近年，随着氢燃料电池车的发展，发达国家对加氢站建设的行动有所加快。目前，世界各地的氢气加注站总数超过 200 家，主要分布在美国、欧洲、日本和韩国。

14.1.1 氢气加注站结构

一个典型的加氢站与压缩天然气加气站相似，由制氢系统、压缩系统、储存系统、加注系统和控制系统等部分组成，如图 14-1 所示。根据供氢方式不同，加氢站各系统的设备组成及配置可能有所不同，但大致相仿。当氢气从站外运达或站内制取纯化后，通过氢气压缩系统压缩至一定压力，加压后的氢气储存在固定式高压容器中，当需要加注氢气时，氢气在加氢站固定容器与车载储氢容器之间高压差的作用下，通过加注系统快速充装至车载储氢容器内。

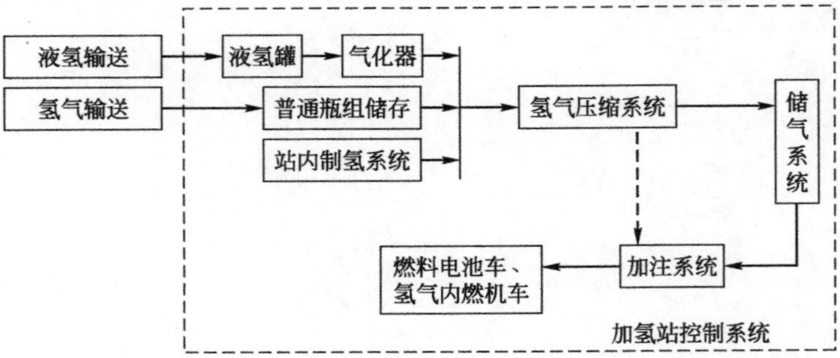

图 14-1 加氢站组成示意图

14.1.1.1　制氢系统

加氢站氢的来源有两种：一种是集中制氢，再通过拖车、管道等方式输送到加氢站；另一种是在加氢站内直接制氢。制氢的方法很多，既可通过化学方法对化合物进行重整、分解、光解或水解等方式获得，也可通过电解水制氢，或是利用产氢微生物进行发酵或光合作用来制得氢气。工业制氢的方法主要有化石燃料催化重整制氢和水电解制氢等。目前，这些制氢技术已基本成熟，而生物制氢、太阳能制氢、金属制氢等新型制氢技术也将成为一种潜在的制氢途径。

事实上，采用哪一种原料和哪种方法制氢和制氢规模有着密切关系。一般大型规模的制氢装置常采用石油产品、天然气或煤等原料作为制氢原料。对于小型规模制氢（小于 1000m^3/h，约 90kg/h 以下）常采用的是水电解制氢、甲醇重整制氢以及小型的天然气蒸汽重整制氢。用化石能源重整制氢或水电解制氢方法制得的氢气必须经过进一步纯化精制后，才能供燃料电池使用。在加氢站发展初期阶段，对产氢能力要求不高，目前已建成的加氢站中，站内制氢绝大多数都采用小规模电解水或天然气重整制氢方式。天然气重整制氢经济性较好，但是净化系统复杂，不利于控制氢气的质量，有使质子交换膜燃料电池“中毒”的危险；水电解制氢耗电严重，经济性较差，但氢气质量好，不含对燃料电池有害的 CO、SO_2 等气体，因此是已有加氢站的主要制氢方法。

14.1.1.2　压缩系统

为了使氢燃料车一次充氢续驶里程达到 400km 左右，结合车载储氢系统的容积要求，比较理想的车载氢气储存压力为 35～70MPa。有两种方法将氢气压缩至车载容器所需的压力，一种是储存在加氢站储氢容器中；另一种方法是先将氢气压缩至较低的压力（如 25MPa）储存起来，加注时，先用此气体部分充压，然后启动增压压缩机，使车载容器达到规定的压力。

氢气压缩机有膜式、往复活塞式、回转式、螺杆式、透平式等类型，应用时根据流量、吸气及排气压力选取合适的类型。活塞式压缩机流量大，单级压缩比一般为 3∶1～4∶1。膜式压缩机散热快，压缩过程接近于等温过程，可以有更高的压缩比，最高达 20∶1，但由于流量小，故常用于需求氢气压力较高且流量不大的场合。一般来说压力在 30MPa 以下的压缩机，较常用的是活塞式；而压力在 30MPa 以上，容积流量较小时，隔膜式压缩机比较可取，优点是在高压力时密封可靠。目前，国内已经研制出 200MPa，120m^3/h 氢气压缩机组及供气系统；而美国 PDC Machines 公司已开发出了最高压力达 410MPa，流量为 178.6m^3/h 的膜式氢气压缩机。

参考天然气站的压缩系统，加氢站压缩机的进口系统主要部件包括气水分离器、缓冲器、减压阀等。氢气进入压缩机之前，必须分离水分，以免损坏下游部件。缓冲器的用途是缓冲输气管道内的压力波动。减压阀的用途是保持一定的压缩机进口压力。出口系统的主要部件有干燥器、过滤器、逆止阀等。假如压缩机出口的氢气含水量超过要求时，出口系统必须有吸收式干燥器，彻底清除水分，以免下游部件锈蚀和在低温环境下造成水堵。氢气流过干燥器时，会夹带一部分干燥剂颗粒，所以在干燥器后有分子筛过滤器，用来清除干燥剂颗粒以及水滴和油滴。逆止阀则允许氢气从出口流出，而不允许流入。

14.1.1.3 储存系统

氢气的储存方法很多，目前用于加氢站的主要有三种：高压气态储存、液氢储存和金属化合物储存。部分加氢站还采用多种方式储存氢气，如同时液氢和气氢储存，这多见于同时加注液氢和气态氢气的加氢站。采用金属氢化物储存的加氢站主要位于日本，这些加氢站同时也采用高压氢气储存作为辅助。高压氢气储存期限不受限制，不存在氢气蒸发现象，氢气的压缩压力是在200～350MPa之间，是加氢站内氢气储存的主要方式。

近年来，国际上70MPa储氢已经进入示范使用阶段。由碳纤维复合材料组成的新型轻质耐压储氢容器，其储氢压力可达到70MPa。耐压容器是由碳纤维、玻璃、陶瓷等组成的薄壁容器，其储氢方法简单，成本低，储氢质量分数可达5%～10%，而且复合储氢容器不需要内部热交换装置。现在正在研究能耐压80MPa的轻型材料，这样氢的体积密度可达到$36kg/m^3$。但这类高压氢瓶的主要缺点是需要较大的体积和如何构筑理想的圆柱形外形；另外，还需要解决阀体与容器的接口及快速加氢等关键技术。据美国DOE的2009年储氢的一份报告统计，目前有33辆车辆使用了70MPa储氢技术系统，系统质量容量为2.5%～4.4%，体积容量为18～25g/L。为提高续驶里程，70MPa高压储氢是国内外氢能储存的发展目标和研究重点。我国浙江大学郑津洋等将钢带错绕筒体技术与双层等厚度半球形封头和加强箍等结构相结合，创新性地提出具有制造经济简便、使用安全可靠等优点的全多层高压容器结构，成功研制出拥有自主知识产权的国际首台高于70MPa的全多层高压储氢容器，实现了安全状态远程在线监控，突破了高压氢气的经济、安全、规模储存的难题。图14-2所示为浙江大学研制的全多层高压储氢罐。对于采用液氢然后气化的氢气加注站，其液氢储存大多采用Linde及Air Products的低温储槽。

14.1.1.4 加注系统

氢气加注系统与压缩天然气（CNG）加气站加注系统的原理是一样的，但是其操作压力更高，安全性要求很高。加注系统主要包括高压管路、阀门、加气枪、计量系统、计价系统等。加气枪上要安装压力传感器、温度传感器，

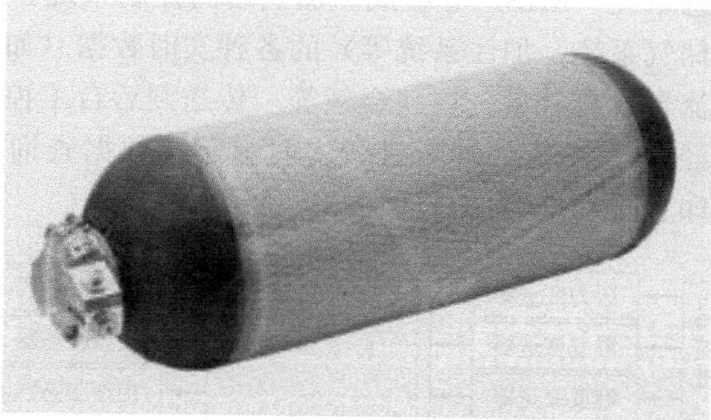

图 14-2 浙江大学研制的全多层高压储氢罐

同时还应具有过压保护、环境温度补偿、软管断裂保护及优先顺序加气控制系统等功能。当 1 台加氢机为两种不同储氢压力的燃料电池汽车加氢时，还必须使用不可互换的喷嘴。图 14-3 所示为离站制氢加氢站的氢气加注系统。

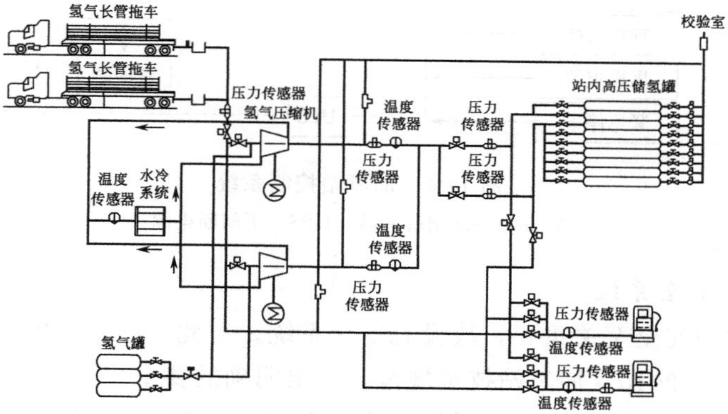

图 14-3 离站制氢加氢站的氢气加注系统示意图

14.1.1.5 控制系统

控制系统是加氢站的神经中枢，指挥着整个加氢站的运作，对于保证加氢站的正常运行非常重要，必须具有全方位的实时监控能力。通过借鉴 CNG 加气站的控制系统，加氢站控制系统分为两级计算机组成。前置机负责数据的采集功能，管理机完成数据处理、显示、保存、控制和数据上传，如图 14-4 所示。控制系统的硬件主要是由各种变送器（压力变送器、温度变送器、气敏传感器、转速传感器等）、安全隔离栅、售气机通信连接器、数据采集卡、工控机、自动控制继电器输出卡、报警器和仪表柜组成；软件主要由压缩机现场采集模块、售气机通信模块、流量计通信模块、通过电话线的远程通信模块、专家系统和管理信息系统（MIS）等组成。加氢站的控制系统，将现场设备（包括压缩机系统、储气系统、加注系统等）的各种实时数据（如压力、温度、差压、气体浓度、流量、售气量、售气金额等）传送到后台工控机进行流量计算和数据保存，并经 MIS 系统处理后进行实时显示、数据查询、数据保存、售气累计、报表打印、自动报警、自动加载、故障停车等。

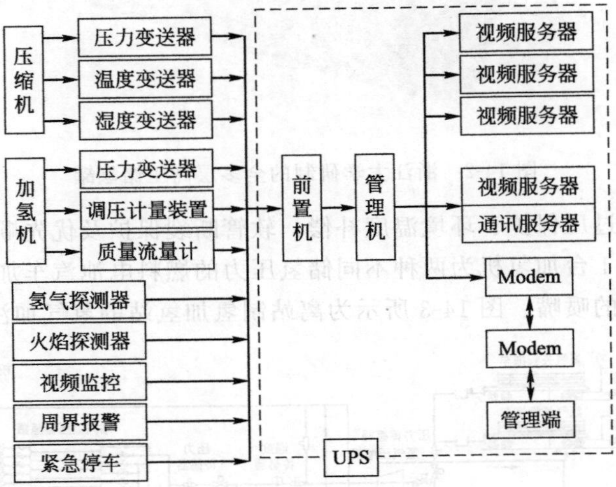

图 14-4　加氢站控制系统

Modem—调制解调器；UPS—不间断电源

14.1.1.6　安全系统

加氢站的安全至关重要，故设有安全系统。对此，中华人民共和国国家标准 GB 50516—2010《加氢站技术规范》给出明确的要求。

加氢站的安全系统应该包括消防给水系统，足够的灭火器材。氢气加氢站氢气进气总管上要设紧急切断阀，而且手动紧急切断阀的位置应便于发生事故时及时切断氢气源。

氢气加氢站内固定车位停放的氢气长管拖车要有设置安全保护措施。储氢罐或氢气储气瓶组与加氢枪之间，应设置切断阀、氢气主管切断阀、吹扫放空装置、紧急切断阀、供气软管和加氢切断阀等。储氢罐或氢气储气瓶组应设置与加氢机相匹配的加氢过程自动控制的测试点、控制阀门、附件等。

氢气系统和设备，均应设置氮气吹扫装置，所有氮气吹扫口前应配置切断阀、止回阀。吹扫氮气中氧含量不得大于 0.5%。储氢罐或氢气储气瓶组应按压力等级的不同，分别设有各自的超压报警和低压报警；还应设置火焰报警探测器。

氢气压缩机应设置报警装置；氢气压缩机间、氢气压力调节器间、制氢间等房间顶部易积聚泄漏氢气的场所，均应设置空气中氢气浓度超限报警装置，当空气中氢气含量达到0.4%时应报警，达到1%时应启动相应的事故排风风机。

14.1.2 国际动向

最早的氢气加注站要追溯到20世纪80年代位于美国Los Alamos的加氢站。当时美国阿拉莫斯国家实验室为了验证液态氢气作为燃料的可行性而建造了该站。而在1999年5月，德国人在慕尼黑国际机场建成了世界上第一座用于氢能汽车的加氢站。

世界上第一座真正投入商业运营的加氢站则是2003年3月间在冰岛首都雷克雅未克落成的。该加氢站从挪威港口菲特烈斯德运达冰岛首都雷克雅未克，这是世界上首次实现给小车和公共汽车加氢燃料的一座加氢站。挪威海德罗公司氢气部门为此成立了专家小组，该小组负责调查和评价氢气在公路运输方面的使用情况、发展前景及意义。

目前数量

从2000年福特和空气化工产品公司（AP）在美国密歇根州迪尔本建造了第一座加氢站后，氢加注站在全世界出现。据统计，截至2011年9月，世界范围内目前正在运行的氢气加注站总数约为197家，计划建设的氢气加注站67家。主要分布在美国和欧洲，亚洲地区主要在日本。表14-1列出了世界范围内正在运行和计划建设的氢气加注站的分布情况。

表14-1 世界范围内正在运行和计划建设的氢气加注站的分布情况

地区	已经建成	计划
美国	82	31
欧洲	66	25
日本	24	1
其他国家	25	10

从表14-1可以看出，目前世界上氢气加注站集中在欧美和日本等发达国家之中，发展中国家的加注站寥寥无几。其原因是发达国家中，对能源的需求和对环境保护的高度重视使得氢能的开发成为其研究重点，因此燃料电池汽车也逐渐走向市场。包括本田、戴姆勒奔驰、宝马、福特和欧宝等国际知名汽车公司都研发了燃料电池汽车，并投入市场。

德国

比如，正在德国首都柏林以北120公里的勃兰登堡州普伦茨劳推进的“普伦茨劳风力氢项目”。该项目拥有共计6MW风力发电设备，平时将生成的电力输入电网。在夜间等电力需求较小以及电力出现剩余时，则会对水进行电解制造氢，然后存储到氢储罐中。储藏的氢根据需要，与甲烷等可燃性气体（生物燃气）混合，然后供应给热电联产系统。而利用热电联产系统生产的电力供应给电力系统网，其废热则销售给地区供热系统。部分氢还将供应给位于柏林市内等的燃料电池车（FCV）及氢燃料汽车专用加氢站等(http://www.total.com/sites/default/files/atoms/files/csr-report-2013.pdf)。

14.1.3 加氢站标准

为了支持加氢站的建设，由中国电子工程设计院会同有关单位共同制订《加氢站技术规范》，由中华人民共和国住房和城乡建设部批准。

该规范共分 13 章和 2 个附录。主要内容有：总则、术语、基本规定、站址选择、总平面布置、加氢工艺及设施、消防与安全设施、建筑设施、给水排水、电气装置、采暖通风、施工、安装和验收、对氢气系统运行管理的要求等。

该规范中以黑体字标志的条文为强制性条文，必须严格执行。

该规范由住房和城乡建设部负责管理和对强制性条文的解释，工业和信息化部负责日常管理，中国电子工程设计院《加氢站技术规范》管理组负责具体技术内容的解释。

该规范的显著特点为强调在中国允许多种燃料公用一站，即允许汽油、柴油、天然气、混氢天然气（HCNG)、氢气等加注站建在一座加注站内，采用合建站的方式既有利于节省建站用地、降低建设投资，也有利于加氢、加气、加油的经营管理；且可促进氢能汽车基础设施的建设。另一特点是加氢站设备之间的安全距离采用了欧美标准，比原先的前苏联标准要放松不少，有利于加氢站选址。

14.1.4 政策与规划

美国能源部 2013 年 5 月 13 日推出 H_2USA 项目——旨在建立一种新的政府-民间伙伴关系致力于推进氢基础设施，以支持更多的交通能源，美国消费者的选择，包括燃料电池电动汽车（FCEVs)。新伙伴关系汇集了汽车制造商、政府机构、气体供应商和氢和燃料电池产业协调研究和确定具有成本效益的解决方案，在美国部署基础设施能够提供负担得起的、清洁的氢燃料。

14.2 中国加氢站

中国曾经有过 4 座固定式加氢站和若干移动式加氢车，为中国氢能交通的发展做出贡献。现分别介绍如下。

14.2.1　北京绿能飞驰竞立加氢站

2006 年北京飞驰绿能电源技术有限责任公司联合国内 6 家单位研制建成制氢加氢站：飞驰竞立加氢站。

中国电力报报道：2002 年 6 月 29 日，我国第一座为燃料电池电动汽车提供加注氢气服务的加氢站，在北关村永丰高新技术产业基地的北京飞驰绿能电源技术有限责任公司建成，15min 就能为一辆大公共汽车加满氢气的飞驰竞立（制氢）加氢站，全套设备完全依靠我国企业力量自主创新、设计制造，具有国际领先水平。国人都想声称自己是第一名，请注意这里媒体有明确的日期：2002 年 6 月 29 日将中国第一座加氢站的历史定格了。图 14-5～图 14-15 为飞驰竞立加氢站照片及流程图。

图 14-5　建设中的飞驰竞立加氢站（毛宗强摄）

该站拥有我国目前第一个单体容积最大和耐压最高的氢气储罐，拥有我国第一台压力最高的氢气隔膜压机和我国第一台氢气加注机。该站的建成，有助于使 2008 年北京奥运会使用的燃料电池电动汽车得到方便、快速的加氢服务，同时也为我国燃料电池电动汽车的开发创造了条件。

该站在为氢能车辆提供加氢服务的同时，还灌注瓶装氢气和氧气出售，成为世界唯一的有盈利的氢气加注站。由于种种原因，该站现已不复存在。尽管如此，飞驰竞立加氢站对中国氢能发展的贡献不容忽视。

14.2.2　北京加氢站——氢能华通加氢站

北京加氢站位于北京新能源交通示范园内。项目得到北京市政府、国家科

图 14-6　北京飞驰竞立加氢站（照片中间浅色容器为储氧罐，其左侧小直径的为储氢罐，照片右侧建筑为水电解制氢车间。毛宗强摄）

图 14-7　北京飞驰竞立加氢站的高压氢气和氧气储罐（照片中氢气储罐为钢带缠绕预应力型高压罐，氢气储罐数目应生产需要增加到 3 个，其水容积均为 5m³，外径 1m，罐全高 7m；其压力从左到右分别为 40MPa、45MPa 和 75MPa；氧气储罐压力为 1.6MPa。毛宗强摄）

图 14-8 北京飞驰竞立加氢站采用的国产 45MPa 氢气隔膜压缩机（工作压力 45MPa，流量 $120m^3/h$，两级压缩，进口压力 1.6MPa。毛宗强摄）

图 14-9 北京飞驰竞立加氢站采用的国产 75MPa 氢气隔膜压缩机（毛宗强摄）

图 14-10　北京飞驰竞立加氢站采用的国产氢气加注机（氢气流量 $45m^3/min$，工作压力 45MPa，自动计量流量、单价、总价，为配合奔驰车加氢，选用了德国产 TK25 加注枪，毛宗强摄）

图 14-11　重庆长安氢内燃发动机汽车在飞驰绿能站加氢（毛宗强摄）

图 14-12 美国通用汽车公司的燃料电池汽车在飞驰绿能站加氢（毛宗强摄）

图 14-13 清华大学氢能燃料电池城市客车在飞驰绿能站加氢（毛宗强摄）

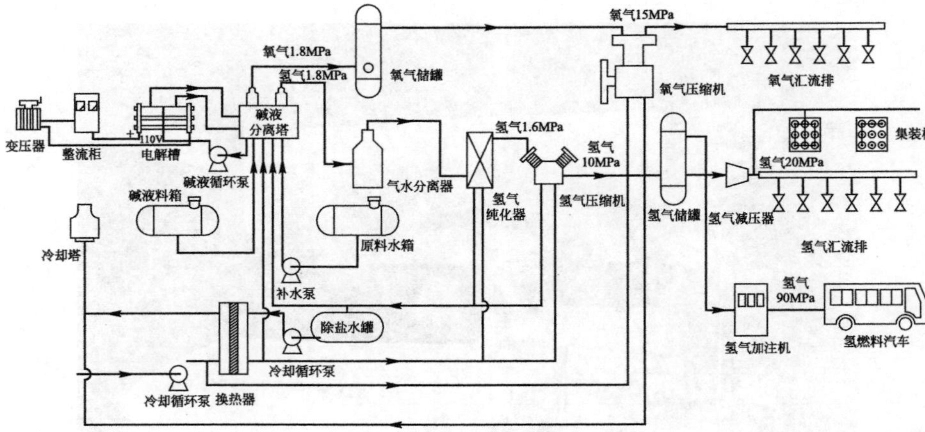

图 14-14 北京永丰加氢站工艺流程

摘自参考文献 [4]

图 14-15 出席北京 2005 年国际高压储氢容器论坛的部分中外代表

参观飞驰竞立加氢站（毛宗强提供）

技部 863 计划、联合国开发计划署（UNDP）、全球环境基金（GEF）以及英国 BP 公司的资助。该加氢站开始称为清华大学-BP 加氢站，后称北京氢能华通加氢站，现称北京（永丰）加氢站，见图 14-16。

建站目的为燃料电池示范车辆加氢，特别是为 2008 年北京奥运会氢燃料电池示范车加氢。加氢站占地面积约为 3900m²。一期为外购氢和氢气加

图 14-16　北京（永丰）加氢站（原北京氢能华通加氢站）

注，二期增添站内天然气重整制氢部分。加氢站 2006 年 11 月正式投入使用，曾为奔驰、尼桑、现代及清华大学、同济大学研制的氢燃料电池轿车、氢燃料电池客车加注氢气，也成功地完成奥运示范氢燃料电池车的加氢。二期采用的天然气重整制氢设备是由四川亚联高科技公司提供，以天然气为原料，经水蒸气转化工艺制合成气，再经变换反应和 PSA 分离后得到合格的氢气，氢气产量为 $50m^3/h$。二期还增加了高压储氢瓶组，使得加注的压力和速度都有所提高。

2008 年 8 月 1～24 日，该站累计为燃料电池轿车和客车加注氢气 409 次，1286.8kg。为燃料电池汽车（FCbus）加氢 52 次，总加氢 585.39kg，平均每次加注 11.26kg，加注时间 10min。为 FCcar 加氢 407 次，总加氢 701.43kg，平均每次加注 1.72kg，加注时间 5min。

北京加氢站的最新工艺流程是，自产的氢气由氢气压缩机增压至 20MPa 储存。加注时，先将储存的 20MPa 氢气增压到 40MPa 的高压储氢瓶组，再经加注机注入氢燃料电池车。全过程自动控制，较一期项目更加安全、可靠。

14.2.3　上海安亭加氢站

上海安亭加氢站项目是联合国在发展中国家建设加氢站的支持性的示范项目，见图 14-17。

加氢站的氢气来自外购，由长管束拖车运输氢到加氢站。安亭加氢站主要由氢气车载运输瓶组、氢气计量装置、氢气压缩系统、氢气储存系统、售气系统和控制系统 6 部分组成。

图 14-17　上海安亭加氢站开幕，参观者众多（毛宗强提供）

氢气车载运输瓶组：美国 CPI 公司生产的氢气集装管束的容器尺寸为 559mm（外径）×13.6mm（壁厚）×10.97m（长），数量为 6 个，氢气压缩机：进口压力为 5～20MPa；出口压力 40MPa；排气量为标准状态下 100～150m^3/h。

氢气储存系统：6 只符合 ASME（美国机械工程师学会）标准的高压无缝容器，每只容器的水容积为 765L，工作压力为 40MPa；6 只容器分成高、中、低 3 级，3 只容器低压，2 只容器中压，1 只容器为高压。

上海安亭加氢站运行正常，2013 年年中检修。2013 年 9 月接待 WHEC（国际氢能会议）2013 代表参观，获得好评。

14.2.4　上海济阳路加氢站

上海济阳路加氢站是专门为上海世博会氢燃料电池车加氢而建设，也称为上海世博加氢站，见图 14-18～图 14-23。

图 14-18　上海济阳路加氢站外景（毛宗强摄）

图 14-19　上海济阳路加氢站压缩机组

图 14-20　上海济阳路加氢站储气罐

图 14-21　上海济阳路加氢站进口汽车加注站

图 14-22　上海济阳路加氢国产汽车加注站

图 14-23　上海济阳路加氢站高压氢气运输车

上海世博会共采用 196 辆氢燃料电池车。估计总的氢气需求量约为 604kg/d（折合约 6765m^3/d），详见表 14-2。设计氢公交车单车加注时间为 10～15min，氢燃料电池轿车单车加注时间为 3～5min。

表 14-2　上海世博会 196 辆氢燃料电池车的氢气需求量

氢燃料电池车	数量/辆	行驶里程/(km/d)	燃料消耗/($kg/10^2km$)	氢气需求量/(kg/d)	氢气需求量/(m^3/d)
公交车	6	200	10	120	
轿车	90	300	12	324	
观光车	100	200	0.8	160	
总计	196			604	6765

加氢站流程如图 14-24 所示。

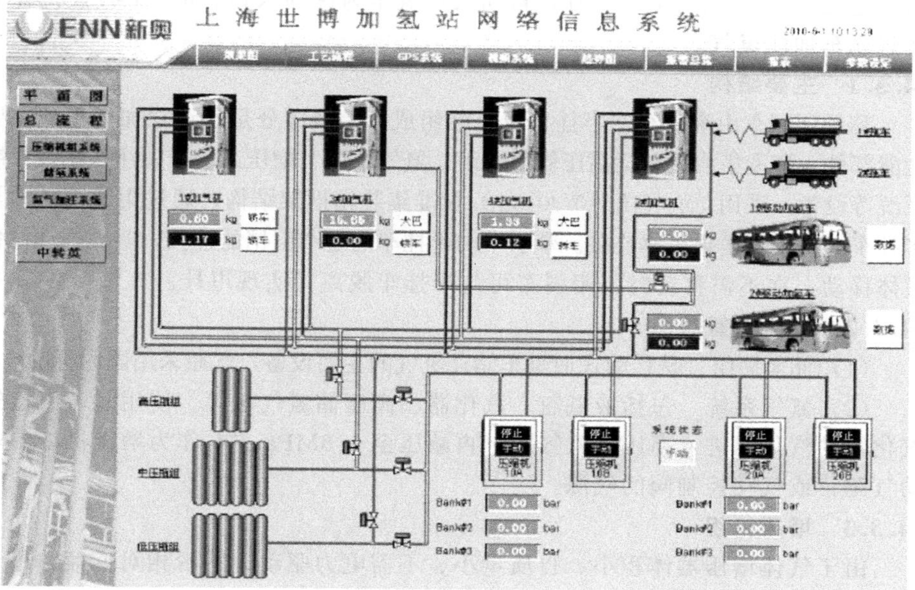

图 14-24　上海济阳路加氢站工艺流程

摘自参考文献［6］

上海世博会专用燃料电池加氢站的主要设备包括：560kg 半挂式长管拖车 2 辆、PDC 隔膜式单级双缸氢气压缩机［额定排气压力为 46MPa（表压），配电功率约 4 × 20kW］、ASME 储气瓶组（总储氢量为 300kg，储氢压力 45MPa，总水容积 11.505m^3）、加注机、高压氢气专用阀门组件和安全系统和辅助系统。

上海安亭加氢站和济阳路加氢站很好地完成了世博会氢燃料电池车的加注。具体加注数据，如加注氢气总量、加注次数等并无官方数据可查。计划上海世博会后将济阳路加氢站迁址，世博会后济阳路加氢站已经被拆除，但到目前尚未开始重建。

14.3　移动式加氢站

为适应氢能市场需求，一种移动加氢设备——移动式加氢车应运而生。

中国的移动式加氢车利用车载专用加注装置可以独立给燃料电池车加注高压氢气，在外观结构上与普通长管拖车相似。2010 年上海世博会期间，上海的济阳路加氢站、安亭加氢站辅以2辆移动式加氢车成功地为大会的196辆氢燃料电池车加氢；2011年8月，移动式加氢车为深圳大运会的60辆氢燃料电池观光车加注氢气。

14.3.1 主要结构

移动加氢车由牵引车、半挂车及上装组成。上装部分是移动式加氢车的主要功能部件，高度集成了包括高压储氢瓶组、氮气系统、增压系统、加注系统、控制系统等设备。采用40ft（1ft=0.3048m）标准集装箱框架结构，通过集装箱角件与半挂车上的锁具实现可靠连接。牵引车与半挂车通过牵引销的连接，实现拖动设备整体移动；在不需移动时，牵引车可与半挂车脱离，实现甩挂。

14.3.2 高压储氢瓶组

（1）储氢瓶组　是移动式加氢车储存氢气的主要设备，气瓶采用国内标准件。

（2）氮气系统　包括液氮瓶、汽化器、高压储氮气瓶等。使用时，液氮经汽化器的汽化，进入高压储氮气瓶，再减压至0.8MPa左右作为增压机组的驱动气源，或气动控制阀的气源。

14.3.3 增压机组

由于气体增压器体积小、自质量小、不需电力驱动、造价相对低廉，适合于移动式加氢车的增压。移动式加氢车的最大增压能力可以超过70MPa，可以满足目前国际氢燃料电池车70MPa的要求。

14.3.4 加注装置

移动式加氢车的加注装置主要包括高压管路、控制阀门、加注枪、计量装置等。为提高效率，储氢瓶数目按1：2：3的比例分为高、中、低压3组。移动式加氢车的加氢流量计量及价格数据均在操作面板触摸屏显示。

14.3.5 控制系统

控制系统包括蓄电池组及电磁控制部分，其中蓄电池组用于给电磁阀提供电力驱动，以控制各气动阀氮气。

移动式加氢车的工作流程如图14-25所示。

14.3.6 安全

氢安全十分重要，移动加氢车在设计时采取多项安全措施，严格操作规程、严格管理、以确保移动式加氢车的安全使用。相关的安全装备如下。

（1）氢泄漏检测仪　在移动式加氢车加注口最近处有氢气泄漏检测仪器。当空气中氢气浓度达到0.5%时，测仪器报警。要求停止加注操作，排除故障后方可投入使用。

（2）安全泄放装置　移动式加氢车的每支储氢瓶端口均设置有安全泄放装置，在氢气压力超过设定标准时立即泄压。

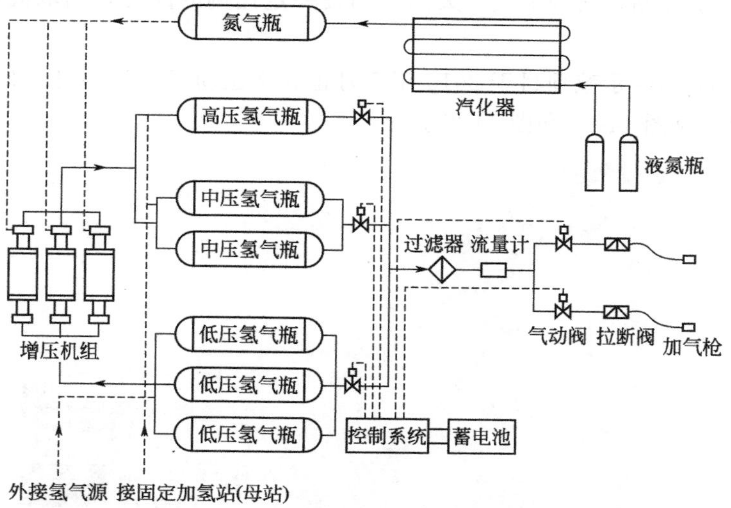

图 14-25 移动式加氢车的工作流程

摘自参考文献 [3]

(3) 导静电装置 为将运输过程中设备上的静电荷及时导出，在移动式加氢车的尾部设置有导静电拖地胶带。还设置导静电接地夹，在充卸作业前必须将其与地面或加注对象连接，及时导出静电。

(4) 拉断阀装置 为防止在加气过程中拉断管路造成氢气外泄，加注枪的连接软管设有拉断阀装置。

(5) 紧急切断系统 在遇到紧急情况，按下操作面板上的紧急按钮，强制停止加注。

(6) 压力监测系统 用压力传感器实时监测高、中、低压储气瓶压力变化。

(7) 管路安全阀 储氢瓶端口处均设置安全泄放装置以保护气瓶的安全使用。

(8) 阻火器 在各放空管口前均设置有阻火器，防止氢气排空时出现明火现象。

(9) 灭火器 在半挂车部分的两侧各配置一只不小于 5kg 的干粉灭火器。

14.4 氢气/天然气混合燃料加注站

14.4.1 中国山西国新 HCNG 加注站

山西省国新能源发展集团有限公司与清华大学核研究院、中国可再生能源学会氢能专业委员会合作开展混氢天然气燃料汽车及 HCNG 加注站项目。计划利用焦化企业焦炉煤气制取 LNG 装置副产的氢气，并在山西省河津地区建设 HCNG 加注站，实现氢气与天然气的按一定比例的配比，制取混氢天然气（HCNG）。

河津 HCNG 示范项目于 2010 年 7 月正式破土动工，2010 年 12 月底完成实体工程，见图 14-26 和图 14-27。

图 14-26　山西国新 HCNG 加注站（毛宗强摄）

图 14-27　施工中的山西国新 HCNG 加注站高压储气罐（为钢带缠绕预应力型高压 HCNG 储罐，压力 25MPa，其水容积为 2 只 $10m^3$ 和 1 只 $15m^3$，外径均为 1m，毛宗强摄）

加注站详细技术方案如下：

压力约 2.0～2.5MPa 的河津分输站天然气主干线来的原料天然气进站后，与站内经初次压缩过的由太原理工大学天成科技股份有限公司焦炉煤气制液化天然气装置经管道输送来的氢气各分两路分别进入两个混气橇：一路按氢气：天然气＝1∶9 混合后以 2.0～2.5MPa 的压力输送至下游鑫胜镁业公司等工业用户，HNG 设计规模为 $15\times10^4\mathrm{m^3/d}$；另一路按氢气：天然气＝2∶8 进入混气橇混合，然后进入缓冲罐，再进入隔膜压缩机压缩，经压缩后的混合气压力为 20～25MPa，进入高、中、低压三组储气罐储存，最后经加气机或加气柱向汽车或槽车加气，HCNG 供气规模为 $5\times10^4\mathrm{m^3/d}$。设计氢气最大用量为 $2.5\times10^4\mathrm{m^3/d}$。

HCNG 加气站为国新集团的 10 辆载重卡车加注 HCNG 燃料，也试验为附近的出租车加注 HCNG，取得很好的经济、环保和社会效益。

为此，山西省国新能源发展集团有限公司获得国际氢能协会（IAHE）的 2014 年度鲁道夫·艾茌奖。鲁道夫·艾茌奖是国际氢能界对氢能热利用的杰出贡献者的表彰，德国宝马汽车公司、荷兰壳牌石油公司等均得过此奖。授奖仪式已于 2014 年 6 月在韩国举办的第 20 届世界氢能大会（WHEC2014）上进行。

14.4.2　印度 HCNG 加注站

国外有报道的 HCNG 加注站只有印度石油公司 2009 年在新德里建成的 HCNG 加注站（见图 14-28）（在此之前，2005 年印度在其国家石油研发中

图 14-28　印度新德里德瓦卡（Dwarka）的 HCNG 加注站（毛宗强摄于 2009 年印度新德里）

心，建过一 HCNG 加注站，运行 2 年后退役）。

该站为示范站。生产能力只有 500m^3/d，没有高压储罐，依靠压缩机现场混合并加注，故加注时间长。加注站只有一台小混气机，只能提供一种混合浓度的 HCNG。

山西国新 HCNG 加注站的性能前面已经描述；两国加注站性能比较见表 14-3。

表 14-3 中国和印度 HCNG 加注站性能比较

项目	中国山西国新加注站	印度新德里德瓦卡加注站
生产能力/(m^3/d)	150000	550
氢气量/(m^3/d)	24000	110
HCNG 压力/MPa	25	25
HCNG 浓度/%	5,10,20	18
压缩机	隔膜压缩机	无
加注车辆	5L 发动机 20t 载重卡车	200mL 发动机轻便三轮车
加注时间/min	3	20

从表 14-3 中可见我国 HCNG 加注站在各方面均优于印度的 HCNG 加注站，为国际先进水平。

14.5 焦炉煤气加注站

我国贵州省的“六盘水新蓝天科技有限公司”在六盘水市建成一座日加气量

图 14-29 贵州六盘水的焦炉煤气加注站

(http: //tp. lpswz. com/09news/2012-12/11/content _ 206131. htm)

30000m³ 的焦炉气汽车加气示范站并已使用，在盘县红果建设的焦炉气汽车加气示范站已经基本完工（http：//gz. hrss. gov. cn/zggzjlhzw/939847159145037824/20130320/2252822. html）。据《六盘水日报》记者黄蜀锦 2012 年 12 月 11 日报道，记者在六盘水新蓝天科技有限公司现场看到多辆“蓝天氢能新能源客车”在加气，记者没有报道加气站具体参数，展示了加注站的照片，见图 14-29（http：//tp. lpswz. com/09news/2012-12/11/content _ 206131. htm）。

参考文献

[1] 毛宗强. 氢能——21 世纪的绿色能源. 北京：化学工业出版社，2005.

[2] 肖方暐，吴竺，阮伟民，霍超峰，傅玉敏. 上海世博会燃料电池汽车加氢站设计与工程建设实践. 城市燃气，2011（11）.

[3] 刘玉红，李迎辉，张志辉. 一种新型的移动加氢车. 商用汽车，2012（4）：37-39.

[4] 张立芳，张硕. 制氢加氢站关键技术及系统的研究//第六届中国智能交通年会暨第七届国际节能与新能源汽车创新发展论坛优秀论文集（下册）——新能源汽车. 北京：2011.

[5] 孟庆云，何文，盛云龙. 北京加氢站的功能完善和燃料电池汽车奥运示范. 客车技术与研究，2009（2）：31-34.

[6] 傅玉敏，吴竺，霍超峰. 上海世博会专用燃料电池加氢站系统配置的研究. 上海煤气，2010（5）：4-10.

[7] 吴竺，傅玉敏，肖方暐，霍超峰. 上海世博会氢燃料电池汽车加氢站设计. 煤气与热力，2013（3）.

[8] 加氢站技术规范. GB 50516—2010，2010.

第15章 氢燃料与燃氢交通工具

本章介绍使用氢气作为燃料、在发动机内发生热化学反应而驱动的交通工具。不包括使用氢气作为燃料的电化学发电装置——燃料电池所驱动的各种交通工具。

15.1 氢内燃机基本概念

(1) 氢气作为内燃机燃料的特点　氢气的特殊性质，使其作为内燃机的燃料时，会带来新的问题，例如早燃、回火、爆燃等异常燃烧的现象，使发动机正常工作过程遭到破坏。

① 早燃（pre-ignition）　指火花塞点火以前，混合气已开始燃烧。由于氢气极易燃烧，其点火能量为汽油的1/10，故燃烧室中的尖角、火花塞的过热电极、排气门、机油高温分解的碳粒、杂质的过热沉积物等都能点燃氢气。在浓混合气时会发生早燃，使发动机正常工作程序遭到破坏。

② 回火（backflash）　所谓回火，就是在进气门尚未关闭，气缸内的火焰传播到进气管内，即“倒灌”，是一种不正常现象。

③ 爆燃　由于氢的滞燃期短，高的火焰传播速度导致气缸内压力急剧增高，燃烧过早结束。此时，飞轮因克服不了压缩功，会造成突然停车。

专家认为适当地采取一些措施来减缓混合气的火焰传播速度，降低燃烧温度，并尽可能减少热点形成的趋势，即可防止早燃、回火等的发生。一般采用以下一些控制措施。

① 尾气再循环　向气缸中引入一部分发动机的排出尾气，增加气缸中惰性气体（水蒸气、氮气）含量。这会减缓着火的化学过程，降低燃烧温度和燃烧速度等。试验证明这是控制早燃、回火等异常燃烧的有效措施，并可降低

NO_x 排放量。其缺点是由于尾气通入气缸，减少了新鲜混合气的含量，功率有所下降。

② 向气缸中氢-空气混合气喷水 通过喷入的水的蒸发，吸收一部分热量，从而降低燃烧温度，减缓着火前的化学过程和燃烧速度。这也是控制早燃、回火的有效措施，也可有效地降低 NO_x 排放量。同时可避免功率的下降。

③ 提高压缩比 适当提高压缩比，相对地增加了激冷面积；同时，压缩比提高导致膨胀比也大、膨胀后期的排气温度更低，使燃烧室壁面和热点的温度降低。

（2）氢燃料的意义 氢作为燃料用于内燃机的主要意义如下。

① 替代有限的化石燃料。化石燃料是地球万亿年变化生成的，地球上化石燃料不可再生，消耗化石燃料，其储量日益减少，总有一天这些资源要枯竭。而氢气不依赖化石燃料，可从太阳能、风能等可再生能源获得，取之不尽、用之不竭。

② 化石能源会放出温室气体 CO_2，使大气 CO_2 含量提高，造成气温上升、海平面上升，物种消亡的悲剧。而氢气使用后，只生成水；生成的水又可以制成氢气。氢气使用过程对地球没有任何污染，是“零排放”燃料。

15.2 氢内燃机历史与煤气机

15.2.1 氢内燃机历史

氢内燃机历史很长，早在1820年，Rev. W.·Cecil 就发表文章，谈到用氢气产生运动力的机械，还给出详尽的机械设计图。

1860年琼·约瑟夫·艾蒂安·勒努瓦（Jean Joseph Etienne Lenoir）在比利时/法国建造了第一辆车载自生产氢燃料的内燃机车，氢由车上的蓄电池电解水制得（http：//www. brownsgas. com/history. html）。

1918年，查尔斯·弗雷泽先生发明了第一个“氢助推器”系统内燃机并申请美国专利（US 262034）。他声称他的发明：①增加内燃机的效率；②为完全燃烧的碳氢化合物；③引擎将保持清洁；④可以使用低品位燃料而保持同样的性能（http：//www. brownsgas. com/history. html）。

氢内燃机继承了内燃机100多年来发展过程所积累的全部理论和经验，没有特别的不可逾越的技术障碍。德国的宝马（BMW）公司、奔驰公司，日本的三菱公司，美国的福特公司受第一次石油危机的启示，在20世纪70～80年代开始对内燃机进行了全面的、系统性的开发研究。其中德国BMW公司所取得的成果最令人瞩目，从70～80年代迄今，BMW公司研制的氢内燃机轿车、三辆装用MAN公司生产的氢内燃机（排量12L、140kW）公共汽车，已连续运行了多年，至今运行情况良好。随着1999年5月德国第二个商用加氢站在慕尼黑的落成（第一个加氢站已于1999年1月在汉堡开始商业运作），BMW公司有15辆使用液氢燃料的大型高级轿车，用于接送到慕尼黑“清洁能源”项目研究中心参观访问的客人。后来，BMW集团在汽车生产线生成了100辆氢内燃机的车队，已经进行环球巡游来演示氢内燃机的可行性。

1998年，美国福特公司开发研究氢内燃机汽车。其目的是：以较低的费用制造出能满足LEV-Ⅱ低排放标准的汽车发动机。经过近两年的工作也取得了实质性的成果。通过试验考核，福特公司研制的氢内燃机在不采用任何催化转换装置情况下，HC和CO的排放接近于零，NO_x的排放也很低，整个发动机有害物排放达到了LEV-Ⅱ排放标准。

15.2.2 煤气机

用可燃气体作燃料的内燃机，又称气体燃料内燃机。富含氢气的煤气是最早的可燃气体，煤气机是最早的一种内燃机。1860年，法国的勒努瓦制出第一台实用的煤气机。1876年，德国的N. A. 奥托制成单缸往复活塞式四冲程煤气机（奥托内燃机）。1881年，英国的D. 克拉克制成二冲程煤气机。20世纪20～30年代开始，由于石油工业的发展，燃用液体燃料的汽油机、柴油机得到更大的发展，煤气机逐渐衰落。第二次世界大战以后，特别是70年代以后，随着气体燃料的开发，为节约石油燃料，煤气机又重新得到重视和发展。煤气机大多用于发电站和动力站作为固定动力，也可用作船舶、车辆等的动力。煤气机与汽油机结构类似，一般由本体（缸盖、缸体、曲轴箱）、曲柄连杆机构、配气系统、点火系统等组成。

煤气机所用燃料主要有甲烷（如天然气、沼气，即今天的天然气汽车）、一氧化碳（如发生炉煤气）、氢气（如氢气、焦炉煤气）和其他烷类（如液化石油气）等。这些气体燃料的成分和抗爆震性直接影响煤气机的动力性指标和燃料经济性指标。由于不同气体燃料的成分和抗爆震性差别较大，煤气机的性能指标也相差很大，燃用以甲烷为主要成分的燃料，热值高且抗爆震性好。燃用非甲烷成分的燃料的煤气机的性能低（http：//baike. baidu. com/view/176531. htm）。

据2009年5月11日贵州电视台报道，由六盘水新蓝天公司与清华大学联合开发的用焦炉煤气代替汽车燃料项目，目前初步试验成功，实验指标符合国家节能减排的产业政策。目前，六盘水新蓝天公司已经取得这个项目的专利证书。焦炉煤气是原煤经过高温干馏后，由氢气和甲烷为主要构成的可燃气体，是炼焦产品的副产品。在六盘水市每年要向大气排放约 50 亿立方米的焦炉煤气。在当前焦炉煤气利用率偏低的情况下，把焦炉煤气作为汽车燃料使用，既减少了焦炉煤气对外排放造成大气污染，又解决了汽车燃料等能源问题。截至目前，该项目已完成了两辆城市公交大巴车、一辆普通桑塔纳轿车和一辆昌河面包车的改装工作。六盘水新蓝天公司有关负责人介绍说：目前两辆试验的大巴车已在六盘水使用焦炉煤气运行了 800km 的道路试验，桑塔纳轿车运行了 1000km，实验车辆的运行情况良好，与普通烧油汽车相比较，试验汽车尾气排放大幅下降。据了解，这个项目正在进一步开展实验和测试工作（www. sme. gov. cn，2009-05-11. 贵州电台）。

据 2012 年 12 月 11 日《六盘水日报》报道，六盘水新蓝天公司经六盘水科技局立项于 2008 年成立，同年开始自行研发焦炉气汽车新能源技术。目前，公司取得发明专利 4 项，实用新型专利 9 项。2011 年 3 月，这一技术开始试验，被运用到 12 台公交大巴和多辆出租车上运行。经过近一年的试验，“车用焦炉气”项目车辆运行良好，效果明显。目前，焦炉气汽车示范站获省科技厅 500 万元重大专项立项支持（焦炉气汽车变废为宝节能清洁. http://tp. lpswz. com/09news/2012-12/11/content_206131. htm）。

据六盘水公司在招聘材料中介绍（http://gz. hrss. gov. cn/zggzjlhzw/939847159145037824/20130320/2252822. html），2007 年以来，六盘水新蓝天公司先后将上海大众桑塔纳轿车、东风日产天籁车、昌河面包车、上海通用别克商务车、一汽大众捷达车和大型公交车等各型汽车 9 辆改装为焦炉气汽车，目前各型车辆已累计安全行驶 100 余万公里，其中 5 辆焦炉气公交车已在六盘水市推广运营两年。至 2011 年 3 月，公司获得了“机动车用氢氧混合器”“机动车压缩氢气汽车控制喷射器”“焦炉气燃气汽车减压器” 3 项国家发明专利授权；“氢气、天然气汽车供气装置防止意外泄漏保护系统”“压缩焦炉煤气汽车供气系统”“焦炉气燃气汽车减压器”“焦炉气与柴油混燃柴油限流阀”“压缩氢气汽车气体控制喷射器”“柴油机使用焦炉气与柴油混燃焦炉气控制喷射器”“柴油机使用焦炉气与柴油混燃空气混合器”等 9 项国家实用新型专利授权；取得了 6 项企业标准。2009 年 10 月研究成果通过了贵州省科技厅科技成果鉴定；成果达到国内领先水平。2010 年 3 月通过了国家机动车质量监督检验中心（重庆）的整车试验。

笔者认为：焦炉煤气作为车用燃料早已有人尝试过。焦炉煤气可以用作农村、山区农用车辆燃料；也可作为低端发电机的燃料。不过，由于目前焦炉煤气来源不稳定、动力及排放实验数据不足、车辆及加注站技术标准的不完整性，贸然大力推广，实在存有疑虑。

15.3 氢内燃机汽车

氢内燃机汽车是以氢作为燃料的氢能汽车。在氢和氧反应释放能量的过程中，它既不会产生 HC、CO，也没有 CO_2，也没有固体颗粒。因此既不会对大气造成污染，也不会加重日益严重的温室效应。至于 NO_x 的排放量，视反应的方法不同，NO_x 极低甚至为零。因此要满足21世纪的要求，氢能汽车是唯一的选择。氢能汽车主要有 2 种：氢内燃机汽车和燃料电池电动汽车。燃料电池电动汽车有最高的效率和优良的性能，是目前盛行的汽油车、柴油车的“终结者”。2015 年将是氢燃料电池车的元年，介绍氢燃料电池车的书籍和文章已经很多。由于本书只介绍氢能的热化学利用，故本章只介绍氢内燃机汽车。

氢内燃机汽车用以氢为燃料的氢内燃机作为汽车的动力装置，氢内燃机的结构和工作原理与传统的内燃机没有本质的区别。由于它所使用的氢燃料与传统的汽油机、柴油机的燃料不同，氢作燃料会早燃、回火、爆燃以及生成水蒸气。因此需根据氢燃料的特点，对燃料供应系统及燃料燃烧过程的组织作相应的改进设计。凝结的水容易沿着气缸壁漏入油底壳，会引起机油乳化而丧失润滑能力及锈蚀气缸壁，因此需研制抗乳化机油或含水后不丧失润滑能力及不结冰的合成机油。此外，火花塞受潮时会引起短路而不跳火，因此需改进点火系统，使之具有抗短路及抗干扰的能力。

福特公司的氢内燃机的空燃比为（14～15）：1，接近柴油机的水平，热效率比现在的汽油机高 15%左右，并有望提高到 25%；由于氢内燃机采用了稀薄燃烧技术，有效地降低了发动机的最高燃烧温度，从而使 NO_x 的排放量达到极低的程度。

现在氢内燃机汽车一般采用高压氢气作为燃料。初期使用过液氢作为燃料，后来的实验车上直接重整碳氢燃料来获得氢，但是都不那么成功。

2003 年，福特汽车公司在北美国际汽车展（NAIAS）上纪念福特百年历程。超过 1 万平方米的场地展出了福特、水星、林肯、马自达、沃尔沃、美洲豹、陆虎和阿斯顿马丁等品牌的新产品。其中，U 型概念车是福特氢内燃机汽车，U 型车采用 2.3L 四缸机械增压中冷氢内燃机与混合电力驱动系统。它可以提供很高的经济性-相当于 19.12km/L 与近 480km 的续驶里程，装备了一系列可升级的技术和一种多功能尾板，还采用了先进的绿色材料与工艺，U 型车是对未来氢能的一种想象。

福特公司氢内燃机外形如图 15-1 所示。

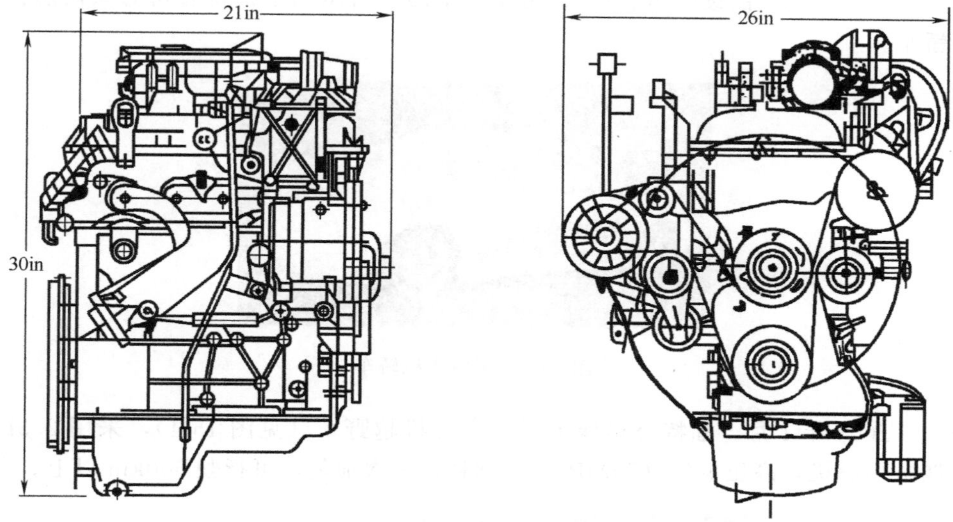

图 15-1　福特公司氢内燃机外形

发动机型号：Ford 2.3L DOHC，14。

压缩比：9.7∶1。

净重：275lb（1lb=0.45359237kg）。

长×宽×高：21in×26in×30in（1in=0.0254m）。

功率：83hp（1hp=745.7W），3000r/min。

扭矩：145lbf·ft（1lbf·ft=1.35582N·m），3000r/min。

图 15-2 所示氢内燃机大客车为 41 座氢内燃机混合动力公共汽车，它装备了福特 2.3L 氢内燃机，最大功率 160kW，扭矩 1800N·m；刹车能量回收；氢气储罐采用 8 个 Dynetek 公司 W205 型耐压罐，压力 25MPa，可装 28.8kg

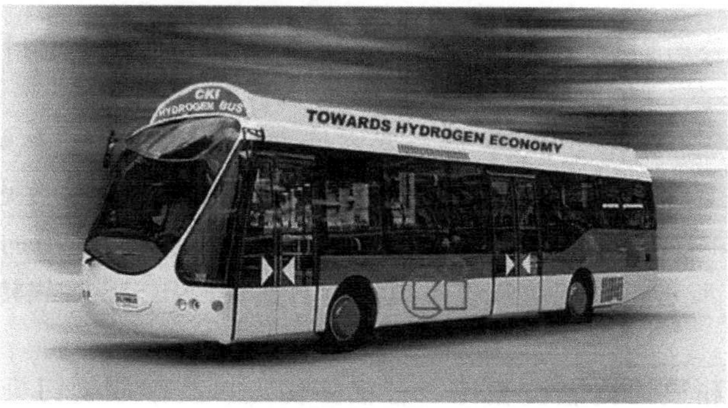

图 15-2　氢内燃机大客车

氢气；一次充气的续驶里程约 350km。图 15-3 所示则是福特公司的氢内燃机轿车。

图 15-3　氢内燃机轿车

2003 年 1 月，福特公司展示了氢内燃机越野车（见图 15-4），采用 2.3L 四缸内燃机，高压氢气（70MPa）为燃料，一次加氢，可行驶 500km 以上。

图 15-4　福特公司氢内燃机越野车

德国宝马公司积极开发氢燃料电池轿车，采用液氢作燃料。已经组织了 15 辆车作为车队，在世界各地展示。发动机功率 250kW，最高速度可达到 250km/h，百公里耗氢 2.3kg，储氢器容量 190L，一次加氢，可行驶 580km。后在生产线上生产 100 辆氢内燃机轿车，并到世界各地展示（见图 15-5）。

2003 年 10 月日本马自达公司在 2003 年东京汽车展展出的氢内燃机轿车样车如图 15-6 所示，采用氢气作燃料，马自达 RENESIS 氢气转子发动机，可乘 5 名人员。

氢内燃机和汽油内燃机相比，有很多优点，其排放物污染少，系统效率高，发动机的寿命也长，具体比较参阅表 15-1。

图 15-5　德国 BMW 公司的 BMW750HL 氢内燃机轿车在清华大学能科楼前展示（2007 年 07 月 04 日毛宗强摄于清华大学能科楼）

图 15-6　日本马自达公司的氢内燃机轿车样车

表 15-1　氢内燃机和汽油内燃机的主要技术经济指标比较

项目	汽油内燃机技术经济指标	氢内燃机技术经济指标
CO_x 排放量/(g/MJ)	89.0	零
NO_x 排放量/(g/MJ)	30.6	不加技术处理时 28.8
燃烧热/(MJ/kg)	44.0	141.9
系统效率/%	20～30	40～47
90 汽油零售价/(元/L)	3.00	2.46(折算等效汽油价)
发动机使用寿命/(万公里)	30	40

目前氢内燃机汽车还在示范阶段，宝马公司的纯氢内燃机轿车的基本参数见表 15-2。

表 15-2　宝马公司 BMW750HL 型轿车性能

项目	性能指标	项目	性能指标
发动机参数		燃料罐容积	140L
气缸	12/2		
燃料类型	液氢或汽油	续驶里程	350km
容积	5379mL	燃料来源	无限制
功率	150kW		
整车性能		排放	无
0～100km/h 加速时间	9.6s	车载电力供应	
最高速度	226km/h		
燃料参数		发电设备	燃料电池
平均燃耗	2.8kg 氢/100km	电力输出	5kW/42V

2004 年 5 月 25～28 日，在北京举办的第二届国际氢能论坛上宝马公司展出了他们的可以使用汽油和氢气的汽车发电机实物，引起人们极大的兴趣。

目前，氢内燃机汽车的困难在于没有强有力的车载储氢方法。液氢用于汽车有很多缺点而高压氢气的续驶里程又不及汽车。况且加氢站很少，极大地限制了氢内燃机汽车的应用。

15.4　氢涡轮发动机

人们重视汽车给城市带来的污染，而往往忽略万米高空飞机对地球大气的污染。根据联合国气候变化委员会（IPCC）的最新资料指出，由人类活动产生的温室气体中，有 3.5%来自飞机废气。令人担心的是，客机在大气对流层排放的污染物质和温室气体会加剧全球变暖。由地面至大约 12000m 的高空，属于地球大气层中的对流层，影响地球各地气候。在低对流层，客机排出的氮氧化物会催化臭氧的产生，而臭氧导致的温室效应是二氧化碳的一千倍。然而在高对流层，客机排出的氮氧化物却会加快破坏那里的臭氧层，削弱臭氧层过滤太阳的紫外线的效能。有人统计过，大型客机由降落至另一次起飞期间，发动机空转所产生的废气，相当于一辆汽车行驶 6400km；一架波音 747 每次飞行可消耗超过 200t 燃料，相当于 6600 辆小轿车的油耗。英国皇家环境污染控制委员会发表的通报也指出：“1994～1997 年间，航空飞行造成的环境污染程度比过去增加了一倍。”因此，为了环境保护和减少对化石能源的依赖，在超声速飞机和远程洲际客机上以氢作动力燃料的研究已进行多年。

因为氢气质量轻以及优秀的燃烧特性，氢是飞机的理想燃料，在 1956 年，Pratt&Whitney 研发了氢动力的涡轮喷气发动机，装载在一架 B-57 轰炸机的一侧机翼上，并取得了一些飞行数据，在 1974 年之后，氢燃料飞机更加活跃。1973 年美国宇航局（NASA）开始研究超、亚声速液氢飞机的设计方案，洛克希德公司也对以氢为燃料的商业飞机进行了系统的设计和研究——其研究对象包括航程 780km、130 座的短程客机，航程 5560km、200 座的中程客机和航程 9265km、400 座的远程客机。

研究表明，液氢飞机较之使用 Jet A 标准航空燃料的同类型客机无论在燃料消耗、发动机台数、推力-重量比，还是跑道长度、安全性、噪声等方面均占有优势。1979 年在德国（在当时的联邦德国）召开的“航空用氢讨论会”上肯定了液氢是未来最有希望的航空燃料。

1988 年 4 月 15 日，第一架采用了一个氢燃料引擎的载人飞机在莫斯科附近试飞。这架 Tupolev 155（与美国波音 727 飞机相当）装备了两个引擎，一个是喷气燃料引擎，另一个是由液氢储存系统、供应控制系统组成的氢气燃料引擎，飞机起飞降落采用的是喷气燃料引擎，但是在飞行过程中采用的是氢气。俄罗斯各大航空企业以及 Tupolev 研究所曾研制名为 Tupolev 204 的全氢燃料引擎的超声速载人飞机。

1988 年 6 月 17 日，在苏联进行氢燃料引擎飞机试飞后的两个月，一名退役的美国空军驾驶员 Bill Conrad，在 Fort Lauderdale（FL）进行了一次单氢燃料引擎的飞机试飞。虽然飞行仅仅持续了 36s，但是起飞、飞行以及降落全部采用氢燃料，创下了一个记录。实际上，Conrad 先生的计划是在跑道上滑行到起飞点，然后起飞。在机场和附近陆地上空盘旋，并全部采用氢燃料。因为氢燃料比传统燃料效率更高，飞机还在跑道上滑行的时候就突然起飞。Conrad 先生马上减少了能量供应，让飞机回到跑道，继续滑行到了起飞点，准备起飞。这时国家航天部的官员和其他记录官告诉 Conrad 先生他已经创造了一个记录并且不必再飞行了。

欧洲空中客车公司已经开始了研制氢燃料飞机的计划，他们的研究表明虽然氢燃料成本比喷气燃料成本高，但是采用氢作为燃料后的飞机票价与现在的飞机票价相比很有竞争力，这是因为以氢气为燃料会减轻飞机总重量。德国和俄罗斯签署了一份共同开发氢气燃料飞机的协议。日本已经开始了以氢气为燃料的超声速飞机的研究，因为氢作为燃料有着优秀的燃烧特性、重量轻以及对环境友好等优点。

2001 年 4 月 28 日美国宇航局用 B-52 挂载曾装备在“飞马”火箭前端的 X-43A 氢发动机进行飞行试验，见图 15-7。

图 15-7 装有 X-43A 氢发动机的飞机

目前已提出对波音、A300、DC-10 等类飞机改用液氢燃料的设计方案。多家航空公司对民航喷气发动机设计方案进行了研究，典型的液氢飞机设计见图 15-8 和图 15-9。2003 年，美国国防部高级研究计划署（DARPA）首架完全由燃料电池驱动的微型飞行器“大黄蜂”在加州的西米谷成功进行了处女飞行，成为首架完全由燃料电池驱动的飞行器。

(a)侧视图

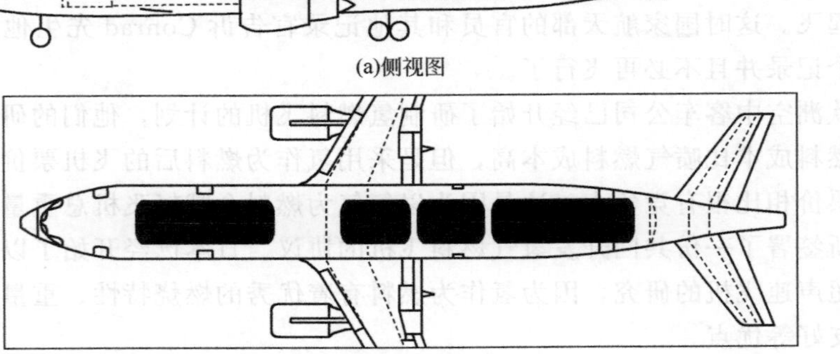

(b)俯视图

图 15-8 液氢飞机的侧视图和俯视图

图 15-9　液氢飞机的正面视图

“大黄蜂”根本不使用电池、电容或其他电源。飞行器的无线电系统、伺服系统、电动机、泵和其他系统都由燃料电池供电，燃料电池安装在机翼结构中。“大黄蜂”是一种带全翼设计的无线电控制飞行器。翼展 15in，带燃油总重 6 盎司。飞行器结合使用“即时可用”部件和定制燃料电池系统，能够产生较任何同样尺寸电池系统都大的能量密度。在飞行过程中，燃料电池平均输出功率超过 10W。

飞行器的燃料电池是一种能量转换装置，储存在飞机上的氢与来自机翼的气流中的氧反应从而产生电流。燃料电池装置与一个坚硬的金属网结合，还可以作为加固机翼的一个机械结构。氢由一套发生系统提供，其利用一种干燥、固态和粒状的化合物储氢，当水与之混合时释放出氢，水也是由飞机自带的。带有氢发生器的燃料电池在这种应用中可以获得高达 400W·h/kg 的比能。

液氢飞机必须向高超声速（马赫数 $M>6$）、远航程（1 万公里以上）、超高空（3 万公里）发展，才能更好地发挥液氢的优越性，以替代现在航速较低、飞行时间长、航空煤油消耗量多的大型客机。

氢氧发动机的推进比冲 $I=391$s，目前世界上性能最先进的发动机仍是氢氧发动机。

新一代天地往返运输系统——空天飞机将成为 21 世纪的新型运输工具，液氢仍然作为选用的燃料，在大气吸入空气中的氧作为氧化剂，在真空中才使用机载液氧。

15.5　氢燃料火箭

15.5.1　氢燃料火箭背景

早在第二次世界大战期间，氢即被用作 A-2 火箭发动机的液体推进剂。

1960年，液氢首次用作航天动力燃料。1970年，美国用液氢作燃料发射“阿波罗”登月飞船的起飞火箭。氢的能量密度很高，是普通汽油的3倍，这意味着燃料的自重可减轻2/3，这对航天飞机无疑是极为有利的。今天的航天飞机以氢作为发动机的推进剂，以纯氧作为氧化剂，液氢就装在外部推进剂桶内，每次发射需用1450m³，质量约100t。

15.5.2 我国的氢火箭发动机

我国自行开发了一系列运载火箭，用于航空航天。这里介绍长征三号系列运载火箭。长征三号系列运载火箭由长征三号、长征三号A（见图15-10）、长征三号B和长征三号C四种火箭组成。它们都是由中国运载火箭技术研究院研制的。它们都是三级火箭；第三子级使用液氧和液氢作为推进剂；氢发动机可以多次启动；长征三号系列运载火箭三子级推进系统由YF-75氢氧发动机、输送系统、增压系统、推进剂利用系统、推进剂管理系统及其他系统组成。下面加以介绍。

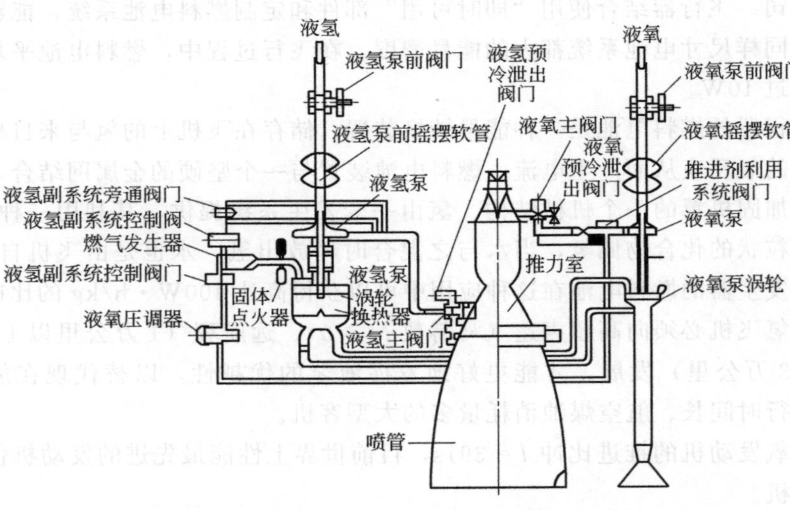

图15-10 长征三号A三子级发动机系统

（1）YF-75氢氧发动机　YF-75氢氧发动机是新研制的发动机，由两台单机通过机架并联构成，每台单机自成系统，独立运行，可进行双向摇摆，最大摆角为4°。发动机采用燃气发生器循环方案，由两台气动串联的涡轮泵分别为推力室供应液氢和液氧。发动机可进行二次启动，用固体火药启动器作为涡轮泵的启动能源，推力室用固体烟火点火器点火，两次启动之间的滑行时间不受限制。

YF-75氢氧发动机由推力室、燃气发生器、涡轮泵、各种阀门和总装元件构成，其参数见表 15-3。

表 15-3　YF-75 发动机的主要性能

项目	性能参数	项目	性能参数
真空推力	78.45kN	推力室压力	3.67MPa
真空比冲	4315N·s/kg	液氢泵转速	40000r/min
质量混合比	5.0	液氧泵转速	20000r/min
液氢流量	3.08kg/s	干质量	245kg
液氧流量	15.15kg/s	外廓尺寸	2805mm×3068mm(高×直径)

推力室包括头部、身部和延伸喷管三部分。头部采用同轴式氢氧喷嘴单元，氧喷嘴为离心式，喷嘴为直流缝隙式。所有的喷嘴单元都相同，并按同心圆排列。身部采用锆铜合金的沟槽内壁，用电铸镍形成外壁。喷管延伸段采用螺旋管束式结构方案，用氢作排放冷却剂。燃气发生器头部采用离心式氧喷嘴和直流式氢喷嘴，并带有扰流装置，身部为单层壁不冷却结构。

涡轮泵包括氢涡轮泵和氧涡轮泵两部分，两者为非共轴气动串联系统，两台涡轮泵分设在推力室两侧。燃气发生器供应的燃气首先驱动氢涡轮，然后再驱动氧涡轮。氢涡轮泵主要由氢涡轮、氢泵、上支座、下支座、动密封和轴承等组成。氢涡轮转子为超临界柔性转子，采用轮盘、叶片、主轴的整体结构。氢涡轮为超声速、轴流、速度复合级涡轮。氢泵采用离心泵，泵与涡轮之间设有动密封。轴承为滚珠轴承，由液氢冷却。从氢涡轮排出的燃气经过换热器之后进入氧涡轮。氧涡轮泵由氧涡轮、氧泵、上支座、下支座、密封和轴承等组成。氧涡轮泵转速低于一阶临界转速。氧涡轮为轴流、速度复合级涡轮。氧泵采用离心泵。轴承为滚珠轴承。在泵与涡轮之间设有多道密封。

每台单机的阀门主要有：氢泵前阀、氧泵前阀、氢主阀、氧主阀、推进剂利用阀、氢副控阀、氧副控阀以及电动气阀门等。

总装元件包括常平座、摇摆软管、换热器、点火器和火药启动器。

(2) 输送系统　省略。

(3) 增压系统　省略。

(4) 推进剂利用系统　省略。

15.6 混氢燃料

由于氢气与目前常用的燃料有很大的差别，故氢与任何一种常用的燃料相混，都会得出不同的效果。表 15-4 给出氢与各种常用燃料的性能对比。

表 15-4　氢与各种常用燃料的性能对比

项　目	氢	甲烷	一氧化碳	汽油
低热值/(MJ/kg)	141.91	49.80	14.59	44.0
/(MJ/m³)	10.79	35.82	12.64	
燃点/K	820～870	920～1020	900～950	740～800
燃烧温度/K	2500	2300	2640	2470
火焰传播速度(最大值)/(m/s)	3.10	约 0.34	0.42	1.2
最小点火能量/mJ	0.02	0.28		0.25
按可燃极限计算的过量空气系数	10.0～0.15	2.0～0.6	2.94～0.1	1.35～0.3
扩散系数/(cm²/s)	0.63	0.2	4	0.08

从表 15-4 可见，在这些燃料中，氢的点火能量最低、火焰传播速度最快。氢的这一突出性能，使得氢气与任何燃料混合，都会比原燃料的启动、均匀燃烧等有很大的不同。

15.6.1　氢-汽油混合燃料

氢-汽油混合燃料对发动机的功率有很大影响。实验表明纯燃氢发动机缸外混合，功率仅能实现原机的 85%，而缸内混合，则可达 118%。如果采取向缸内掺氢后的油氢混燃，功率会有所提高。排放情况分析如下。

① 因氢碳比提高，则在足够空燃比下，烟度必定降低。研究证明所测烟度最大值一般不超过 2.0BSU（烟度单位）。

② 燃油掺氢后，为了减少负功，喷油提前角延后，但因为氢的燃速远大于燃油，故有可能导致少量燃油被推迟至膨胀过程燃烧，从而使排气温度提高。但因氢的速燃有助于减少燃烃的排出，故使内燃机热效率提高、缸内温度同时提高，造成 NO_x 排放量增大。

③ 因喷油延迟且氢气早燃，导致缸内高温持续期缩短，使 NO_x 的生成量因高温而增长的趋势受到抑制。

④ 在等热值情况下，由于氢掺入后的空气只有部分留在副室中，使副室中的燃油在初期与较多的氧气接触，从而提高副室中的燃烧压力并因之使涡流强度增长。

从表 15-4 可见，氢的热值约为汽油的 3 倍，比汽油具有更宽广的着火界限。混合比在过量空气系数很大的范围内变动时均可稳定燃烧，因此发动机可燃用稀混合气。热效率高，点火能量低，最小点火能量仅为汽油最小点火能量的十余分之一（0.02mJ），氢的火焰传播速度比汽油快得多，低温下容易启动。汽油车容易改装为氢气车。氢气车的排放物主要是 H_2O（水蒸气）、N_2、O_2 和少量的 NO_x。在常用工况下，低负荷时 NO_x 的排放量很少，仅在全负荷时，接近或少许超过汽油机的 NO_x 排放量，但也可采取措施予以降低。

在氢-汽油混合燃料发动机中，氢在燃烧时起促进作用。由于氢的点火能量低，稀混合气易于燃烧，发动机可燃用稀混合气；由于氢的活化能低，扩散系数大，混合气的滞燃期缩短，火焰传播速度加快，实际循环比汽油机更接近于等容循环，燃烧时间短；由于氢是双原子分子及可燃用稀混合气，双原子分子含量相对增加。所有这些，都使发动机的热效率得以提高。试验结果表明，汽油机中加入 5%的氢后，约可节省汽油 30%以上，故具有节油的优点。由于在燃烧中促进了 CO 完全燃烧为 CO_2，发动机的 CO_2 排放量减少至原汽油机的 1/4 以下，HC（碳氢化合物）排放量降低至原汽油机的 3/4 以下；燃用稀混合气时，NO_x 排放量也能够减少。氢-汽油混合燃料汽车在实际应用时，在常用的中、低负荷工况下，加氢率应高些，以便较多地克服汽油机中、低负荷时油耗率高和有害排放量高的缺点；在高负荷时，少加氢，以免功率下降，保持其动力性。

文献介绍了一种氢-汽油双燃料发动机，这种双燃料发动机装有余热制氢装置，可用甲醇制取氢并燃用氢与汽油混合燃料。对余热制氢装置及氢-汽油双燃料发动机的各项性能进行试验研究。试验结果表明，装有余热制氢装置的氢-汽油双燃料发动机功率和扭矩有所提高，外特性和负荷特性燃油消耗率下降 5.3%～7.5%；怠速排放中 CO 和 HC 均有所减少。汽油和掺氢混油对发电机性能的影响参见表 15-5～表 15-8。

表 15-5　汽油和掺氢混油对发电机外特性的影响

项目	峰值功率 P_e（最大）/kW	最大扭矩 T_{tg}（最大）/N·m	燃油消耗率 /[g/(kW·h)]
燃用汽油	61.7	162.7	325.3
用掺氢汽油	63.4	172.3	308.2
变化率/%	2.8	5.9	5.3

表 15-6　汽油和掺氢混油对发电机怠速排放对比

项　目	CO/%	HC/$\times10^{-6}$
燃用汽油	0.3	750
用掺氢汽油	0.2	650
GB 14761.5—93 要求	4.5	900

表 15-7 汽油和掺氢混油对发电机负荷特性最低燃油消耗率对比

项目	转速/(r/min)					
	3000	2700	2400	2100	1800	1500
燃用汽油/[g/(kW·h)]	292.1	286.3	286.4	284.7	288.2	287.8
用掺氢汽油/[g/(kW·h)]	272.3	270.6	269.6	263.6	266.7	270.2
变化率/%	−6.8	−5.5	−5.9	−7.4	−7.5	−6.1

表 15-8 汽油和掺氢混油对发电机模拟汽车等速行驶（百公里）排放试验对比

项目		车速/(km/h)				
		30	40	50	60	70
燃用汽油	CO/%	2.18	0.39	0.11	0.17	0.11
	HC/$\times 10^{-6}$	471	292	205	170	141
用掺氢汽油	CO/%	0.05	0.07	0.13	0.13	0.1
	HC/$\times 10^{-6}$	75	65	88	59	34

阿尔塞特（Alset）公司已经将氢-汽油混合燃料技术产品化。阿尔塞特是一家总部位于奥地利格拉茨的技术公司，主要致力于研究氢动力汽车。Alset研发出的最新技术是用进气道喷射，氢和油双重燃烧或者以任意比例混合燃烧。这一技术是目前现有所有发动机过渡到氢燃料发动机的最快方法。Alset发动机操作系统按照具体的驾驶要求自动控制内燃烧，驾驶人员无需改变驾驶习惯，与现在的汽油或者柴油车操作方法完全一样，但是大大降低了二氧化碳的排放。

2013 年，阿尔塞特公司与英国豪华跑车制造商阿斯顿马丁（Aston Martin）公司合作共同研发将阿斯顿马丁 Rapide S 跑车改装为混合氢动力内燃机跑车。同年 5 月，该跑车参加了德国纽伯格林 24h 汽车竞赛，并在同等级别中获胜（见 http：//alset. at/alset-in-pictures/）。Rapide S 氢动力跑车配置了四个 35MPa 氢气储罐作为燃料和安全系统，对自然吸气 12 缸发动机做了相应的改动以至于可以同时使用氢气和汽油。另外两个集成汽轮增压器保证了 440hp 的功率，这也是目前氢燃料汽车能达到的最大功率。阿斯顿马丁的 Rapide S 氢动力跑车在要求极高的情况下顺利地完成了 24h 比赛。证明了该汽车整体系统的性能和可靠性以及清洁出行，也证明了该技术的成熟性。

15.6.2 氢-柴油混合燃料

氢气与柴油混合做燃料，对柴油机的燃烧和排放特性都有很大改善。北京交通大学姜大海等经过试验，得出如下结论。

① 随着进气加氢量的增加，在低负荷工况下，缸内最高爆发压力点出现时刻延迟，最高爆发压力下降，燃烧持续期延长；而在高负荷工况下，缸内最高爆发压力出现时刻提前，最高爆发压力上升，燃烧持续期缩短。

② 进气加氢量较大时，随着发动机循环喷油量（发动机负荷）的增加，最高爆发压力点相对于进气加氢量较小时的情况向前移动，说明进气加氢量较大时，在较高的循环喷油量条件下，急燃期内的缸内压力升高率有明显的提高。

③ 当发动机最大平均有效压力保持不变时，引燃柴油量及引燃柴油量占最大循环喷油量的比例随发动机转速的上升而增加。

④ 进气加氢可以有效地减少发动机的碳烟排放，进气加氢量越多，排放烟度越低。

⑤ 在发动机中小负荷工况下，NO_x 排放随着进气加氢量的增加而减小；在高负荷工况下，NO_x 排放随着进气加氢量的增加而增大。

15.6.3　氢和天然气混合燃料

(1) 氢和天然气混合燃料（HCNG）背景　天然气作为汽车燃料，虽然可以降低 CO_2、SO_2、Pb、PM2.5 等污染物的排放量，但是，由于甲烷热值较高，达到 36000kJ/m^3，在高温高压下燃烧，燃烧温度可以达到 2300℃，容易产生 NO_x 气体，在实际使用过程中，和汽油、柴油车相比，天然气汽车并没有降低 NO_x 气体的排放。

将氢按一定比例添加到天然气中，混合后的燃气用作汽车的燃料有很大的好处。氢气和天然气可以很容易地按任何比例混合，国内外的试验都表明，5%～7%（质量分数）的氢气和天然气混合燃料使内燃机具有最低的 NO_x 排放。

HCNG 燃料的优点可以概况如下。

① 提高发动机热效率　HCNG 的燃烧速度快，点火可以更靠近发动机的上止点。HCNG 可以提高混合燃料的等熵指数，进而可以提高循环热效率。

② 降低温室气体排放量　由于氢气的掺入，提高了燃料的氢碳比，即从燃料本身减少了 CO_2 的生成。马凡华等人在不同过量空气系数和掺氢比下测量 CO_2 和 CO 的排放量，试验表明燃烧产物中 CO_2 和 CO 摩尔分数明显降低，说明稀燃和掺入氢气可以降低 CO_2 和 CO 的排放量。图 15-11 所示为美国丹佛（Denver）示范项目的试验结果，给出了不同燃料的 CO_2 排放量比较，HCNG 对 CO_2 的减排有明显的效果。

③ 降低 NO_x 的排放量　将氢气掺混到天然气中用作燃料，可以有效降低燃料的燃烧温度，从而减少排放气中 NO_x 的含量。美国国家可再生能源实验

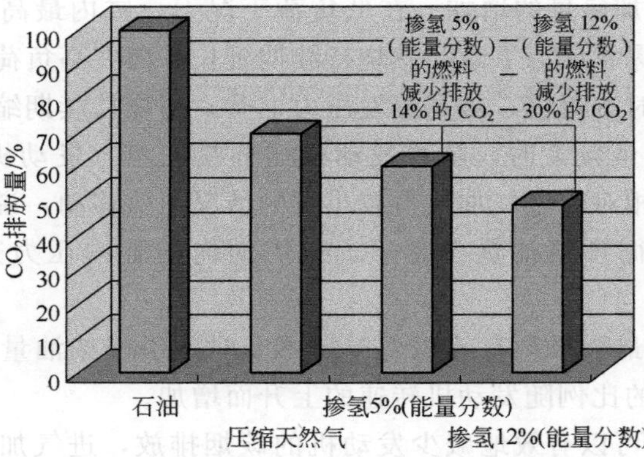

图 15-11　不同燃料 CO_2 排放量比较（试验数据）

室的研究结果指出，天然气中加入 5%～7%的氢气（能量分数），即 15%～20%（体积分数），那么 NO_x 的排放量将减少 50%。图 15-12 给出美国 Denver 示范项目的结果，可见和天然气相比，5%（质量分数）氢气和天然气混合燃料的碳氢化合物（THC）、CO 和 NO_x 的排放量分别降低约 30%、50%和 50%。

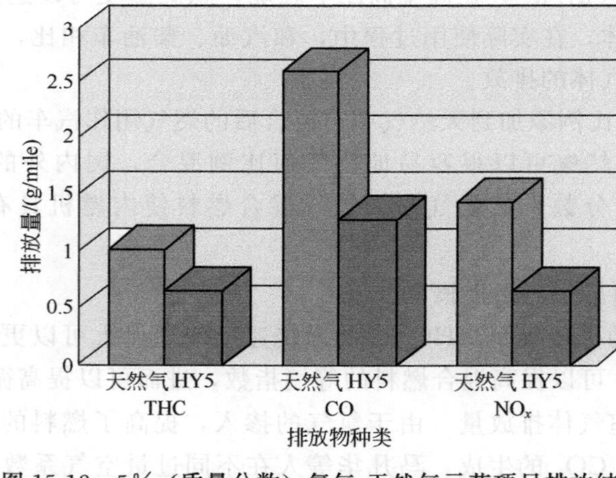

图 15-12　5%（质量分数）氢气-天然气示范项目排放结果

数据来源：Courtesy of Colorado Department of Health，1993

HCNG 能降低 NO_x 的原因是少量氢气的加入可以拓宽混合气的可燃范围，实现更稀薄燃烧，从而降低了发动机内的燃烧温度，进而降低了 NO_x 的排放量。氢气的可燃空燃比界限宽，稀燃极限达 0.068，淬熄距离只有天然气的 30%。

④ 经济可行　氢气的热值虽然只有天然气的 1/3，但在应用于汽车的条件下，实验表明 1m^3 氢气的作用与同体积的天然气相当。如果氢气的价格比车用天然气的价格低，则经济上可行。如果利用副产氢气则其本身价格就很低，如果利用煤层气重整制氢，价格在 0.6 元/m^3 左右，比车用天然气价格优势明显。

HCNG 混合燃料汽车的价格与目前的天然气汽车大体相当，如果由天然气汽车改装，只需在原有天然气发动机上做微小的改动，原有的天然气加气设施都可以继续使用，改造费用低。HCNG 燃料加气站建设与天然气加气站类似，加上政府对新能源的优惠政策，经济上可行。

(2) 美国 HCNG 项目　1989 年，美国人林奇在科罗拉多州首次提出了天然气与氢气混合使用。1990 年，第一辆以 HCNG 为燃料的汽车问世，如图 15-13 所示。

图 15-13　世界第一辆 HCNG 燃料汽车

在压缩天然气中掺入了质量分数为 5%的氢气称为 HY5，美国加州空气管理署对 HY5 汽车进行了检测，最后将 HY5 汽车列为超低污染物排放车辆。1992 年，美国科罗拉多州的丹佛市进行了分别以汽油、压缩天然气、HY5 为燃料的 3 辆轻型货车尾气排放对比试验，研究表明以 HY5 为燃料的汽车可以降低 NO_x 和 CO 的排放量。

① 拉斯维加斯项目　开始于 1999 年，10 辆小货车（F-150），是 5.4L 增压式发动机。

② 宾夕法尼亚项目　开始于 2006 年，用于运输车辆和厢式货车，是

5.4L 增压式发动机和 Doosan 11L（低涡流）发动机。

③ UC Davis 项目

a. 将会用于 2 种 HCNG 车：John Deere 8.1L（强涡流）和 Doosan 11L（低涡流），参见图 15-14。

图 15-14 美国 HCNG 车

b. 加注站基础设施：能够支持 3600psi 的 HCNG 及 5000psi 的氢气；提供 1500Gal($1Gal=3.78541dm^3$) LH_2 的低温储罐储存；可以使天然气和氢气在高压燃油泵里混合。

④ 其他项目应用　美国可论证的关于 HCNG 的使用最大的突破在 2009 年 8 月由 California Air Resources Board 授予福特 E-450 的 6.8L V10 发动机。这些机动车是美国 BAF Technologies 和澳大利亚 Hythane Company LLC 共同合作进行改装的。HCNG 在这类发动机中的使用被报道称可以减少 40%的无甲烷碳氢化合物的使用、大约 50%的甲烷排放和 70%的颗粒物排放（对比用天然气的发动机）。这个鉴定显示 HCNG 机动车的商用销售可以开始，不限制可控示范项目的燃料的应用。之后发动机的校准展现在一个在美国旧金山机场的 HCNG 项目的机动车。在这个项目中，27 辆福特 E-450 型汽车被改装成 HCNG 燃料用车（见图 15-15），一个加注站也将由 Hythane Company LLC 在该机厂建立。

还有一个在 Las Vegas 的 DOE 的 4 年项目，9 辆压缩天然气机动车被改装而且得到行驶 5500～60000km 不同的结果。总的说来，在第一次改装问题被解决之后只有很少的维持问题。燃料在不同的机动车上有不同的消耗，一些

图 15-15　福特 E-450 型汽车

机动车减少了 20%而一些反而增加了 30%的燃料消耗。操作经历中同样存在一些不好的表现，比如缺少电力或者发动机启动不了，当天然气中的氢气水平低和高氢气浓度时可能出现严重的发动机损坏。多数机动车改造后达到零氮氧化物排放的标准。即使这些项目已经结束，但是这些机动车仍然在使用中。

此外美国城市引擎（City Engines）公司也在开发 HCNG 技术，认为这种技术对未来十几年内解决重型车尤其是城市公交车的排放，是一种非常可期待的技术。该公司的马歇尔·米勒介绍，应用 HCNG 技术，只需在原有发动机上做少量改动，使用费用与现在的商用柴油机相比略高，原有的天然气加气设施都可以继续使用，维修人员不用重新培训。

（3）印度 HCNG 项目　印度正致力于 HCNG 的大力发展，来降低二氧化碳、氮氧化物的排放等。2009 年在印度召开的第 3 届世界氢能技术大会（WHTC2009），号称印度核弹之父的印度前总统卡拉姆出席并讲话，表示要将 HCNG 作为印度发展氢能的国策。

印度天然气经销商公司加入澳大利亚 Eden Energy 科技公司可能是最大的 HCNG 在运输上的项目。将本项目视为商业范畴，Eden Energy 科技公司称这个项目是为了降低印度大量公共交通汽车的污染等级。

2009 年印度示范加注 HCNG 的三轮车和简易轿车如图 15-16 所示。

2010 年印度汽车研究协会（ARAI）在他们的 PTE 实验室研究出了四气缸的发动机，这是 3.9L 的发动机，从已有的天然气发动机改造而成，可以支持 18%氢气混入压缩天然气，即 HCNG。这将可以减少二氧化碳、氮氧化物和其他污染物的排放。

为推广氢/压缩天然气混合燃料的广泛运用，政府还设立了一个试运行项目，即在现有压缩天然气汽车上使用这种混合燃料。对该项目，政府计划与印

图 15-16　2009 年印度示范加注 HCNG 的三轮车和简易轿车

度汽车制造商协会（Society of Indian Automobile Manufacturers，SIAM）合作，为期两年。如双方顺利合作，此次试运行项目将成为印度新德里地区第一个公私合作的项目。

不过由于利益集团之间的博弈，印度 HCNG 项目进展远比计划要慢。

（4）瑞典 HCNG 项目　瑞典南部城市马尔默两辆城市巴士在 2003～2005 年之间跑了大约 160000km。这些车采用 1996 年沃尔沃的稀燃发动机，在用 8%的 HCNG 燃料时不需要改装，而用 20%的氢气含量的 HCNG 时，需要调整车用电脑（ECU）。HCNG 对比 CNG 燃料消耗减少，但是对于 8%或者 25%的氢气比例并没有很大的区别。25%的氢气比例的路面排放测试显示上坡时减少了 50%的碳氢化合物，一氧化碳排放没变化，氮氧化物增加 200%；不变速率时减少了 30%～50%的碳氢化合物，一氧化碳稍微升高，燃料消耗降低大约 3%，氮氧化物增加 100%。从零速度加速 24s 时，碳氢化合物降低 50%，氮氧化物升高 50%，一氧化碳减少 30%，燃料消耗降低 10%。在加速过程中降低了燃料消耗这点引起了很多关注，因为很多城市巴士不能长时间稳定地运行，而且很多时候是刹车、闲置或者加速阶段。

（5）挪威 HCNG 项目　在挪威西南部的卑尔根市，2008 年后半年 HCNG 有了应用展示。早期排放测试显示碳氢化合物和一氧化碳没有降低，氮氧化物增加少许，二氧化碳降低 5%，原因是提高了效率和降低了燃料中的碳含量。这些巴士应用稀燃技术。

（6）意大利 HCNG 项目　意大利有大概 60 万辆天然气汽车，而且有 80 多年的天然气汽车的使用经验。在 2008 年，意大利建立了一个 1000 万欧元氢气平台基金，包括了 HCNG 发展应用。这个计划由于缺乏灯塔式项目，而需要建立加注站网络。HCNG 被认为是架起未来氢能技术和一些可以提供 HCNG 的天然气加注站的桥梁，比如 2010 年 2 月在米兰开始使用的一个加注站。实验室测试显示 HCNG 非常有前景，将会进行路面测试。菲亚特也表示概念车 Panda Aria 可以使用 30%氢气比例的 HCNG。

2010 年菲亚特在德国亚琛的第 18 届世界氢能大会（WHEC）展出了最新研发的 HCNG 轿车（见图 15-17）。

图 15-17　菲亚特在 2010 年第 18 届世界氢能大会展出的 HCNG 轿车

（7）加拿大 HCNG 项目　加拿大的西港公司早就开始了 HCNG 发动机的研究，并取得了一定的研究成果（见图 15-18）。在加拿大开展的 HCNG 项目包括 2 辆用 50%氢气含量 HCNG 燃料的小货车。在温哥华，清洁能源（Clean energy）公司将 Trans Link（运输联线）的大容量压缩天然气加注站引入一个新的可以提供 HCNG 的加注站。新设计的加注站可以加注从 100%的压缩天然气到 100%的氢气。这个项目用的是 20%的氢气和 80%的压缩天然气，不仅可以和那些应用纯氢气的一样减少污染物排放，而且和当今压缩天然气汽车是兼容的。

（8）中国 HCNG 项目　氢天然气混合燃料汽车和纯天然气汽车几乎没有什么差别，目前我国有 300 多万辆天然气汽车在运行，目前的运行经验和基础设施都有利于这种燃料的推广。笔者早在 2005 年 2 月出版的《科技导报》中就著文《氢能及其近期应用前景》，指出氢天然气混合燃料内燃机汽车将是连接现在汽车和零排放氢燃料电池汽车之间的一个实用和可行的桥梁，现在也更加相信这点。

中国最早是由北亚集团开始 HCNG 项目。与美国 HCNG 第一人林奇合

图 15-18　加拿大 HCNG 车

作，对中国玉柴的重型天然气发动机（型号 YC6G260N）进行 HCNG 燃料试验，取得了很好的效果，见图 15-19 和图 15-20。

图 15-19　我国首次 HCNG 试验发动机

稍后，中国国内有多家单位研究了 HCNG 发动机，包括清华大学、西安交通大学、北京交通大学等，一致认为 HCNG 相比 CNG 有其独特的优点，应予推广。

2011 年 10 月 21 日，国家能源局能源节约和科技装备司主持召开的“高效率低排放天然气掺氢燃料（HCNG）发动机关键技术”科技成果鉴定会在京举行（见图 5-21）。该成果由清华大学项目团队历时多年研发完成。成果得到中国科学院院士吴承康、中国内燃机学会名誉理事长蒋德明等专家组成的鉴定委员会的高度评价，认为该项目研究的 HCNG 发动机关键技术达到国际先

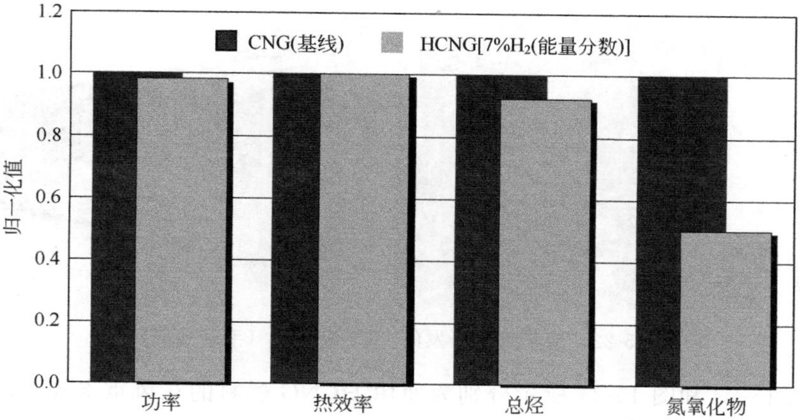

图 15-20　我国首次 HCNG 试验发动机试验结果

图 15-21　国家能源局 HCNG 发动机科技成果鉴定会现场照片（出处：清华新闻网）

进水平。

在国家科技部 863 项目支持下，清能华通公司联合清华大学先后研发出 4 辆 HCNG 城市公交车，累计运行里程超过 15000km（见图 15-22）。在与压缩天然气汽车消耗相等费用能源的前提下，HCNG 公交车的 NO_x 排放量减少了 50%，非甲烷碳氢化合物排放量减少 56%，二氧化碳排放量减少 7%。

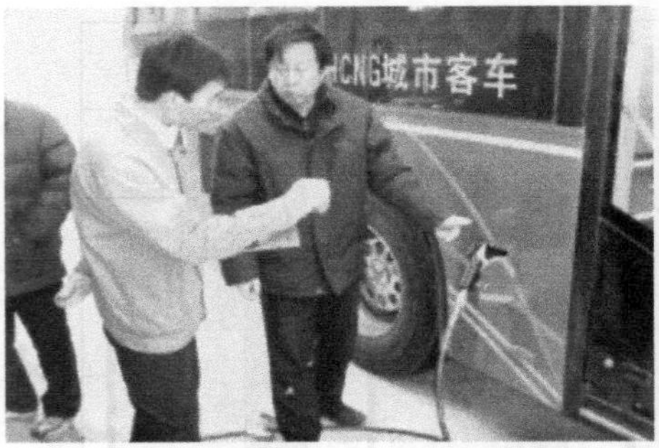

图 15-22　清华大学研发的 HCNG 大巴（毛宗强提供）

图 15-23 和图 15-24 所示分别为使用 HCNG 燃料的东风重卡和长城 SUV（运动型多用途汽车）。

图 15-23　使用 HCNG 燃料的东风重卡（型号 N6105S2303，发动机 YC6J210-33）

2014 年 12 月，国家发改委批准在吉林示范风电制氢，并且利用氢气生产 HCNG 车用燃料项目。该项目如果成功，将大大推动我国 HCNG 燃料的发展。

15.6.4　焦炉煤气燃料

以煤为原料，经高温干馏（900～1050℃）获得焦炭和焦炉煤气。焦炉煤气是混合物，其产率和组成因炼焦用煤质量和焦化过程条件不同而有所差别，一般每吨干煤可生产焦炉气 300～350m^3（标准状态）。其主要成分为氢气（55%～60%）和甲烷（23%～27%），另外还含有少量的一氧化碳（5%～8%）、C_2 以上不饱和烃（2%～4%）、二氧化碳（1.5%～3%）、氧气（0.3%～0.8%）、氮气（3%～7%）。其中氢气、甲烷、一氧化碳、C_2 以上不饱和烃为可燃组分，二氧化碳、氮气、氧气为不可燃组分。

图 15-24　使用 HCNG 燃料的长城 SUV（毛志明摄）

经回收化学产品和净化后的煤气称为净焦炉煤气，也称回炉煤气，其杂质的质量浓度见表 15-9。焦炉煤气的成分组成及低发热值和密度见表 15-10。

表 15-9　净焦炉煤气中杂质的质量浓度　　单位：g/m^3

名称	质量浓度	名称	质量浓度
焦油	0.05	氨	0.05
苯族烃	2～4	硫化氢	0.20
萘	0.2～0.4	氰化氢	0.05～0.2

表 15-10　焦炉煤气的成分组成及低发热值和密度

名称	$w(N_2)$ /%	$w(O_2)$ /%	$w(H_2)$ /%	$w(CO)$ /%	$w(CO_2)$ /%	$w(CH_4)$ /%	$w(C_mH_n)$ /%	$Q_{低}$ /(kJ/m^3)	密度 /(kg/m^3)
焦炉煤气	2～5	0.2～0.9	56～64	6～9	1.7～3.0	21～26	2.2～2.6	17550～18580	0.45～0.50

注：摘自参考文献［6］。

焦炉煤气的特点：

① 焦炉煤气发热值高（16720～18810kJ/m^3），可燃成分较高（约 90%）；

② 焦炉煤气是无色有臭味的气体；

③ 焦炉煤气因含有 CO 和少量的 H_2S 而有毒；

④ 焦炉煤气含氢多，燃烧速度快，火焰较短；

⑤ 焦炉煤气如果净化不好，将含有较多的焦油和萘，会堵塞管道和管件，

给调火工作带来困难；

⑥ 着火温度为600～650℃；

⑦ 焦炉煤气含有H_2(56%～64%)，CH_4(21%～26%)，CO(6%～9%)，CO_2(1.7%～3.0%)，N_2(2%～5%)，O_2(0.2%～0.9%)，C_mH_n (2.2%～2.6%)；密度为0.45～0.50kg/m³。

15.6.5 各种燃料比较

使用各种燃料的汽车效率和排放的比较见图15-25、图15-26和表15-11。

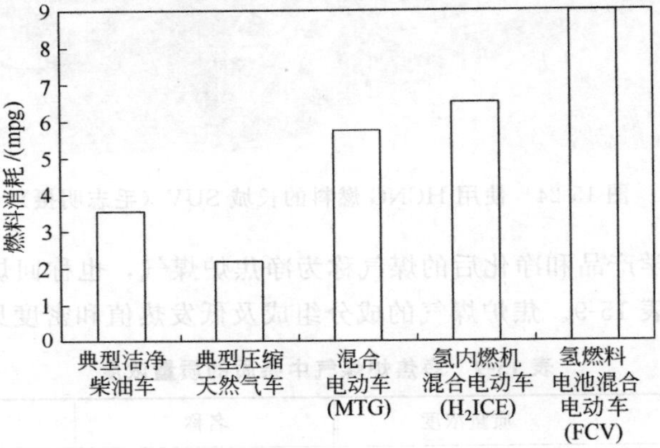

图15-25 各种燃料的汽车效率比较

mpg—英里/加仑，1mile（英里）=1609.344m，1USgal（美加仑）=3.78541dm³

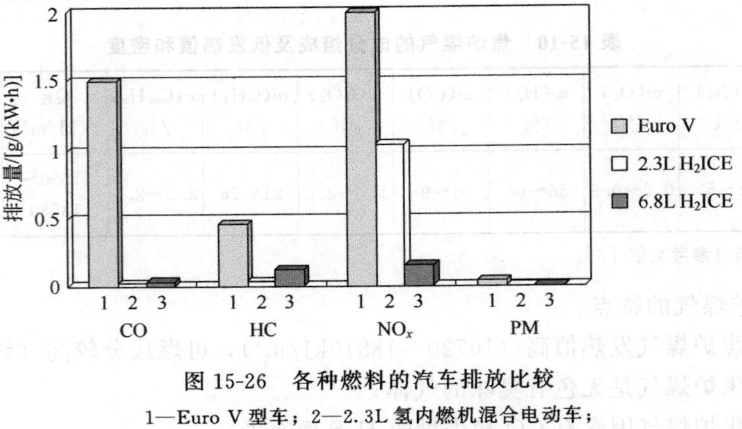

图15-26 各种燃料的汽车排放比较

1—Euro V型车；2—2.3L氢内燃机混合电动车；
3—6.8L氢内燃机混合电动车

表 15-11　使用各种燃料的怠速排放试验对比

项目	天然气	掺氢天然气	汽油	掺氢汽油	国家标准 (GB 14761.5—93)
CO/[g/(kW·h)]	0.5	0.04	2.9	0.03	4.0g/(kW·h)
HC/$\times 10^{-6}$	500	0.23g/(kW·h)	495	121	0.55g/(kW·h)
NO_x/$\times 10^{-6}$	5.0g/(kW·h)	2.5g/(kW·h)	66	28	3.5g/(kW·h)

参　考　文　献

[1]　毛宗强. 氢能——21 世纪的绿色能源. 北京：化学工业出版社，2005.

[2]　蒋德明，黄佐华. 内燃机替代燃料燃烧学. 西安：西安交通大学出版社，2007.

[3]　三子级推进系统//世界航天运载器大全 [2014-12-1]. http：//www.yondor.com/library/jstd/y/yiming/zgkj/120.htm.

[4]　徐挺，石鲁民，王志中，张友坤，王静茹. 传统柴油机的排放情况及掺氢燃烧后的排放预测. 吉林工业大学学报，1996，26 (2).

[5]　姜大海，宁智，刘建华，资新运，姚广涛. 预混合氢气/柴油发动机燃烧及排放特性. 燃烧科学与技术，2010，16 (2)：149-154.

[6]　高建业，王瑞忠，王玉萍编著. 焦炉煤气净化操作技术. 北京：冶金工业出版社，2009.

第16章 燃氢锅炉

纯净的氢气在点燃时，是氢分子与氧分子在点燃处与氧气接触，即在导管口处接触，而导管里只有氢分子没有氧分子，导管内不发生化学反应；当氢气不纯净时，导管内的氢气与氧分子已经充分接触，当达到爆炸极限时，一经点燃，导管内及容器内的氢氧分子就发生剧烈的化学反应，由于此时的化学反应发生在有限的空间内，并且此反应要放出大量的热，使产生的气体迅速膨胀而产生爆炸。

氢气比例高于爆炸极限的上限或低于下限时，由于氢气或氧气有一个不足，所以是平静的燃烧。如果在爆炸极限内，两者比例合适，反应速度很快，热量迅速大量积累，将导致爆炸。

16.1 氢气锅炉

16.1.1 原理

锅炉是一种能量转换设备，将燃料的化学能转换为热能。燃料包括煤炭、天然气、重油、生物质；也可以将太阳热作为燃料。锅炉中产生的热水或蒸汽可直接为用户提供热能，也可通过蒸汽动力装置转换为机械能，再通过发电机将机械能转换为电能。锅炉的种类依据其用途而分。提供热水的锅炉称为热水锅炉，产生蒸汽的锅炉称为蒸汽锅炉。氢气锅炉就是用氢气作为燃料的锅炉。由于氢气特别的性质，故氢气锅炉类似常规气体燃料（如城市煤气、液化石油气、天然气）锅炉，但也有自己的特点。

氢气锅炉经历了初始、成熟、发展的阶段。即早期设计建造以立式氢气锅炉形式来回收氢气热能；之后过渡到以卧式氢气锅炉形式来回收氢气热能；近几年又形成了新建炉窑或利用已建炉窑设备来回收氢气热能的多种形式。

氢气能源回收系统由氢气燃烧器及其燃烧系统、自控系统与仪表、锅炉与辅机和氢气收集处理输送系统四大部分组成。其中氢气燃烧器及其燃烧系统是氢气锅炉的关键设备与核心。氢气压缩后由管道输送至氢气锅炉底部的燃烧器进口燃烧，纯水通过给水泵加压、除氧器除氧，送入锅炉顶的省煤器内进行预加热，然后进入锅炉列管中进行加热，产生的蒸汽进入锅炉顶部的炉外汽水分离罐，通过总汽包后送至厂区低压蒸汽管网，供生产、保温、生活等岗位使用。氮气主要用于开停车进行空气置换，防止氢气爆炸。

16.1.2 特点

氢气锅炉虽然是燃气锅炉，但与普通的煤气或天然气锅炉相比有更高的安全性要求。这些要求带来氢气锅炉的特别之处。

(1) 点火系统　氢气锅炉采用二次点火方式。即先点燃液化气后再点燃氢气，目的是使氢气在点火燃烧时更安全。氢气锅炉的点火分自动点火和手动点火两种方式。注意：氢气锅炉在点火前必须对燃烧室进行可燃气体检测分析，确保炉膛内不含任何氢气方可实施点火。

① 自动点火　炉膛经可燃气体检验合格后，锅炉进入自动点火操作程序。首先，系统进行氢气管路自动检漏分析，当检测到氢气无泄漏时，系统再进行炉膛氮气吹扫、由高能点火器发出脉冲火花、自动开启液化气阀门，点燃副点火烧嘴。经液化气稳定燃烧一定时间后后，自动开启氢气阀门，氢气主燃烧嘴被正式点燃。通过火焰监测器来观察主、副点火烧嘴是否被点燃；如果副点火烧嘴或主燃烧嘴没被点燃，操作顺序均会自动停止，氮气阀门会自动开启再执行炉膛吹扫顺序，当炉膛可燃气体再次检测分析合格后，才执行上述点火操作步骤。

② 手动点火　手动点火操作与自动点火顺序基本一致，只是由操作手动按钮完成每一步操作步骤。

(2) 燃烧控制系统　燃烧控制系统是氢气锅炉装置的关键系统，因为氢气流量、压力、锅炉水位、产出的蒸汽用量等工艺参数直接影响氢气燃烧的稳定性及锅炉的正常运行，故需加以调节与控制。通常氢气和空气阀门设置比例调节；点火控制系统采用可编程序控制器 (PLC)；锅炉操作控制采用集中显示、控制工艺参数。

为保证氢气燃烧时不会产生回火现象，燃料氢气的压力要求大于各种辅助气体压力。

氢气锅炉采用多重连锁保护装置，锅炉的任何异常波动均会自动报警直至连锁停车。

氢气锅炉及所有辅机均露天设置，防止泄漏氢气在封闭的厂房内积聚而达到爆炸范围。

典型的设备参数见表16-1。

表16-1 工业用卧式氢气锅炉规格

蒸发量/(t/h)	氢气用量/(m^3/h)	蒸汽压力/MPa	饱和蒸汽温度/℃	热效率/%	节省蒸汽费用/(万元/年)
2	560	1.0～3.8或更高	184～425或更高	≥90	320
4	1120				640
6	1680				960
8	2240				1280
10	2800				1600
15	4200				2400
20	5600				3200
25	7000				4000
35	9800				5600
70	19600				11200
120	33600				19200

注：按年工作时间8000h，蒸汽价格200元/t计算（http://www.shdezhou.com/product.asp?pid=6）。

16.1.3 应用

氢气锅炉常使用在有副产氢气而且副产氢气没有用处的地方。目前，全国不少氯碱厂使用了氢气锅炉生产蒸汽。据不完全统计已有20多家使用了氢气锅炉，如上海氯碱化工有限公司（2001年），江苏苏州精细化工（双狮）有限公司（2002年），上海三爱富氟化学工业有限公司（2002年），浙江联盛化学工业有限公司（2003年），山东铝业集团氯碱厂（2004年），江苏大和氯碱化工有限责任公司（2005年），广东乳源阳光实业发展有限公司（2006年），山东烟台万华氯碱有限责任公司（2008年），江苏江东化工股份有限公司（2008年），江苏双菱化工集团有限公司（2009年），山东信发华宇化工有限公司（2009年），广西梧州联溢化工有限公司（2010年），浙江宇达化工有限公司（2010年），山东德州实华化工有限公司（2010年），南通江山农药化工股份公司（2010年），山东淄博永大化工有限公司（2011年），湖北宜昌楚磷化工有限公司（2011年），江西蓝恒达化工有限公司（2011年），新浦化学（江苏泰兴）有限公司（2012年），南通江山农药化工股份公司（2012年），东营赫邦化工有限公司（2012年）等。

16.2　燃氢热风炉

燃氢热风炉由氢气燃烧器、高温气体净化室和混风室组成。燃氢所产生的高温气体进入高温气体净化室，高温烟气在净化室内进行二次燃烧，净化室内出来的洁净热风（约1000℃）掺入一定量的冷风，混合成物料干燥所需温度的热风进入干燥设备（如喷雾塔、回转窑、气流干燥器等）对物料进行干燥。

燃氢热风炉里，氢气代替了煤炭、天然气等作为燃料。

燃氢热风炉是氢气锅炉的一种，故其氢气系统与氢气锅炉的氢气系统相同。

16.3　燃氢导热油炉

导热油炉是将电加热器直接插入有机载体（导热油）中直接加热，并通过高温油泵进行液相循环将加热后的导热油输送到用热设备，再由用热设备出油口回到导热油炉加热，形成一个完整的循环加热系统。

导热油炉也叫有机热载体炉，俗称导热油锅炉，官方名称为热油炉。其是以煤、油、气为燃料，以导热油为循环介质供热的新型热能设备，导热油炉指载热工质为高温导热油（也称热媒体、热载体）的新型热能转换设备，通常也用“MW”（兆瓦）表示炉的容量，旧单位也用“万千瓦/时”或“万大卡/时”（即“10^4kcal/h”）表示，导热油炉的优势在于“高温低压”、运行平稳，因而被广泛运用（以上摘自百度）。

燃氢导热油炉，即是以氢气作为燃料的导热油炉。燃氢导热油炉是氢气锅炉的一种，故其氢气系统与氢气锅炉的氢气系统相同。

16.4　燃氢熔盐炉

熔盐炉是用熔盐作导热介质。燃氢熔盐炉即是以氢气作为初始燃料，为熔盐炉提供热量。燃氢熔盐炉的燃烧系统相比较燃煤熔盐炉简单，主要由燃烧器、防爆门、烟囱等组成。目前，燃氢熔盐炉并不常见。

生产中采用的熔盐是一种三元无机盐类，是由硝酸钾（KNO_3）、亚硝酸钠（$NaNO_2$）及硝酸钠（$NaNO_3$）熔融后混合组成。常规配比为：KNO_3 53%，$NaNO_2$ 40%，$NaNO_3$ 7%。其商品名称为希特斯（又称HTS）热载体炉，将粉状的熔盐加热到熔点142℃以上，使其在熔融流动状态下循环使用。

工作温度为150～580℃，最高工作温度可达600℃的高温。工作压力为常压。

燃油（气）熔盐炉性能参数见表16-2。

表16-2 燃油（气）熔盐炉性能参数

项目	额定功率/MW					
	1.2	2.5	3.6	4.7	7	12
热效率/%	75	80	80	80	85	85
设计压力/MPa	1	1	1	1	1	1
介质最高温度/℃	550	550	550	550	550	550
循环量/(m^3/h)	100	180	250	270	400	600
配管连接口径/mm	125	150	200	200	250	350
系统装机容量/kW	40	66	85	90	120	200
设备总质量/t	6.2	11.5	25	29	40	47.5

注：摘自参考文献[2]。

由于熔盐炉能在较低的运行压力下，获得较高的工作温度，供热温度稳定，能精确地进行调整；液相循环供热，无冷凝排放损失，供热系统热效率较高；熔盐类热载体不爆炸、不燃烧、耐热稳定性能好，其泄漏蒸气无毒，安全性好；熔盐炉不需要水处理系统、熔盐传热系数是其他有机热载体的2倍；在600℃以下时，几乎不产生蒸气。熔盐炉可安放在用热设备旁边，热量输送方便，热损失较小。如此多的优点，使得熔盐炉广泛应用于化肥、三聚氰胺、氧化铝等高温加热生产工艺。

16.5 氢气炉

氢气炉又称烧氢炉，是以通氢气或氢、氮混合气体（氢含量>5%）作为保护气氛的加热设备。有立式和卧式两种。发热体通常采用钼丝（钼的熔点为2630℃），外壳为金属，保持气密性良好。窑具常用钼舟，可连续生产、效率高。立式氢气炉与卧式相类似，占地面积较小，适用于小批量生产。氢气炉可用于陶瓷烧结或金属化、钎焊、玻璃零件封接用的金属零件退火和净化等。也可用作粉末冶金及半导体合金的烧结等。在运行中要注意气路、电路及水系统的安全，尤其要防止漏入空气，以免引起高温氢气自燃爆炸事故（http://baike.baidu.com/link?url=JHMB6QHPQjxCYpapbeKCnVUr53F7lfhe-uCLp0jkOAmvz0sJZGgfhXnB5XoFiYkSzEFeJtzRfif-wWPmYoF6a）。可见，这里的氢气炉仅是在氢气气氛下的电炉，并非燃氢炉。氢气作为保护性气体而不是燃料，故与氢能源关系不大。

16.6　燃氢锅炉的安全

安全是有效消除危险、保障生产过程正常进行、避免人身伤亡和财产损失的首要条件，人们常说“安全第一”就是这个意思。由于氢气的特殊性质，燃氢锅炉的安全就格外重要。

为了燃氢锅炉的安全，从开始策划就要考虑请有资质的设计单位设计、采购符合国家爆炸物品安全管理条例的产品，并由有资质的施工单位和监理单位施工。对运行人员需达标、持证上岗。制定科学的管理程序和应急预案。此外，需注意下列安全措施。

① 采用紫外线温度检测仪代替红外温度检测仪，因为氢火焰的红外线较少。

② 采用氢气高压保护开关，防止进料的氢气压力过大而引发事故。

③ 采用氢气低压保护开关，防止进料的氢气压力过低而引发回火事故。

④ 采用双重燃气切断开关，确保能在需要时切断气源。

⑤ 采用气动开关，防止电动阀门产生静电。

⑥ 开车、停车前，用氮气吹扫炉膛 15～20min，以确保没有氢气集聚。

⑦ 采用氢气检测仪，定期检查有无氢气泄露，及时发现泄露点。

⑧ 在室内的燃氢锅炉要保证建筑物符合国家标准，务必达到建筑物内的换气标准。

参　考　文　献

[1]　毛宗强. 氢能——21 世纪的绿色能源. 北京：化学工业出版社，2005.

[2]　向锡炎，周孑民，陈晓玲，张忠霞. 熔盐炉及熔盐加热系统. 工业加热，2008 (2)：32.

[3]　氢气锅炉的安全技术. 中国氯碱网，2011-6 [2014-12-1]. http：//wenku. baidu. com/view/857b82e80975f46527d3e1f6. html.

[4]　王少武. 氯碱厂燃氢蒸汽锅炉工艺的设计和运行总结. 中国氯碱，2011 (4).

第 17 章 氢气炼铁

17.1 氢气炼铁背景

钢铁是世界工程支柱。所谓钢，就是在铁的基础上添加各种其他有色金属、稀有金属等而制得的材料。各种成分的金属材料组成庞大的钢铁家族。炼铁是生产铁的过程，为钢的基础。炼铁环节占整个炼钢过程的能耗和排放的70％，因此如何低能耗、低排放地炼铁就十分重要。

我国是世界上最早使用铁器的国家之一。《天工开物》就有炼铁的记载。如图 17-1 所示。

位于郑州市西北郊区古荥镇西门外的汉代冶铁遗址是我国现存的冶铁遗址。公元前 119 年，汉武帝在全国设置“铁官”49 处，古荥冶铁作坊是汉代河南郡铁官管辖的第一冶铁作坊，距今已有 2133 年的历史。古荥冶铁作坊占地 12 万平方米，发现两座炉缸呈椭圆形冶铁炉残迹，专家推算日产生铁约 1t。在炼铁炉周围还发掘出水池、水井、矿石堆、鼓风遗迹和鼓风管以及陶窑、船形炉渣坑，反映了当时完整的冶炼系统。

最早使用的还原性物质是木炭。秦汉时期冶铁的燃料就是木炭，但在古荥汉代冶铁遗址中发现了煤饼。这样，将煤冶炼的历史提前了 400 年。

炼铁的原理很简单，就是用一种还原性强的物质，可以是固体也可以是气体，将铁矿（统称氧化铁）中的氧夺过来，获得单纯的铁。人们早就知道木炭、焦炭、CO、H_2 都是很好的还原剂。烟煤在隔绝空气的条件下，加热到950～1050℃，经过处理制成焦炭。焦炭主要用于高炉炼铁和铜、铅、锌、钛、锑、汞等有色金属的鼓风炉冶炼，起还原剂、发热剂和料柱骨架作用。冶金史上的一个重大里程碑是炼铁高炉采用焦炭代替木炭，为现代高炉的大型化奠定了基础。

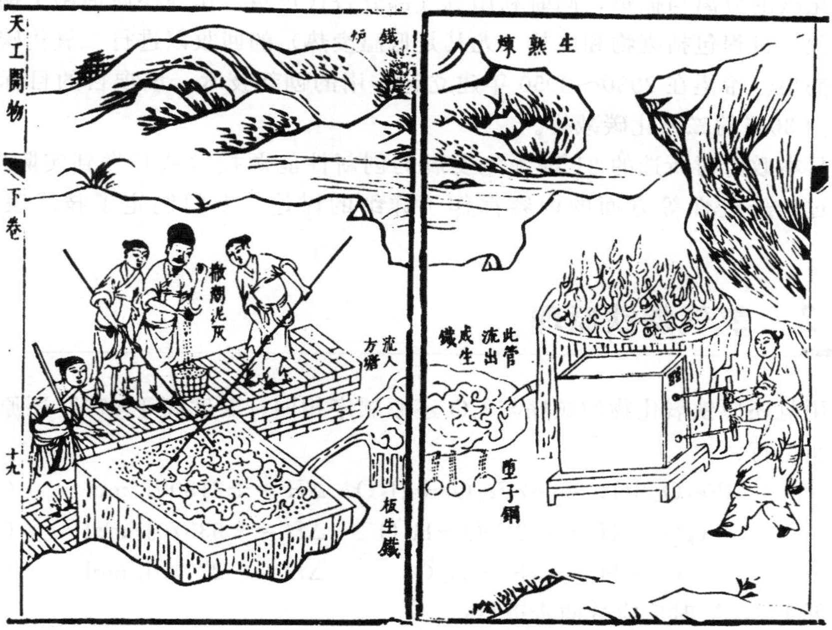

图 17-1　《天工开物》描绘的我国古代炼铁的场景

直接还原炼铁有两种工艺：天然气为还原剂的气基直接还原工艺和直接用煤作还原剂的煤基直接还原工艺。前者在全球范围内是主流，占直接还原铁总产量的 70%以上。

直接还原法已有上百年的发展历史，但直到 20 世纪 60 年代才获得较大突破。主要因为：①天然气的大量利用，为直接还原法提供了廉价的 CO 和 H_2 的合成气；②电炉炼钢的发展增大了对海绵铁的需求；③选矿技术进步，可提供高品位精矿，从而简化了直接还原技术。

氢气炼铁是气基直接还原工艺的革新，对于钢铁工业的节能与减排都非常重要。2007 年在海利根达姆举办的 G8 峰会上，关于气候变化的讨论达成了在 2050 年温室气体排放减半的目标，并将技术的发展视为控制气候变化和强化能源安全的关键。日本经济产业省委托 NEDO（日本新能源产业技术综合开发机构）对所有可能减排 CO_2 的项目进行排队，最终选出 21 项技术作为日本到 2050 年将 CO_2 维持到 2005 年水平的基础。这 21 项技术中，有 4 项与氢能直接相关，还有间接相关的。其中，第 11 项“创新性钢铁冶炼过程”即包括氢气炼铁。“创新性钢铁冶炼过程”项目包括了多项技术，致力于显著降低占综合性钢厂 70%能耗的钢铁冶炼过程的二氧化碳排放。主要涉及高炉煤气中二氧化碳的分离与捕集，同时利用氢气部分替代焦炭，作为还原剂用于钢铁冶炼过程。过程包括废物和废热（尤其是低温废热）的回收以进行二氧化碳的分离与捕集。希望在2030～2050年建立起实用的创新技术。该项目的目标是实现至少30%的二氧化碳减排。

日本政府对所选的21种优先发展的创新性能源技术从开发到实际应用，以及过程先进性等方面的内容都作了详细的讨论，专门制定了技术发展路线图。

17.2 氢气炼铁原理

用氢还原铁氧化物的顺序与CO还原顺序相同，温度高于570℃还原反应分三步进行：

$$3Fe_2O_3+H_2 = 2Fe_3O_4+H_2O \quad \Delta H=+21800J/mol \tag{17-1}$$

$$Fe_3O_4+H_2 = 3FeO+H_2O \quad \Delta H=-63570J/mol \tag{17-2}$$

$$FeO+H_2 = Fe+H_2O \quad \Delta H=-27700J/mol \tag{17-3}$$

低于570℃时反应分两步进行：

$$3Fe_2O_3+H_2 = 2Fe_3O_4+H_2O \quad \Delta H=+21800J/mol \tag{17-4}$$

$$Fe_3O_4+4H_2 = 3Fe+4H_2O \quad \Delta H=-20510J/mol \tag{17-5}$$

上述反应除 Fe_2O_3 还原是不可逆反应外，其余均为可逆反应。即在一定温度下有固定的平衡常数。

表17-1中，1～4为CO还原铁的反应，5～8为 H_2 还原铁的反应。表中的反应在不同温度下的平衡气组分见图17-2。

表17-1　CO、H_2 还原铁氧化物反应的基本热力学数据

编号	反应式	$\Delta H/(J/mol)$
1	$3Fe_2O_3+CO = 2Fe_3O_4+CO_2$	−67240
2	$Fe_3O_4+CO = 3FeO+CO_2$	+22400
3	$1/4Fe_3O_4+CO = 3/4Fe+CO_2$	−25290
4	$FeO+CO = Fe+CO_2$	−13190
5	$3Fe_2O_3+H_2 = 2Fe_3O_4+H_2O$	−21810
6	$Fe_3O_4+H_2 = 3FeO+H_2O$	+63600
7	$1/4Fe_3O_4+H_2 = 3/4Fe+H_2O$	+20520
8	$FeO+H_2 = Fe+H_2O$	+28010

注：摘自参考文献［1］107页。

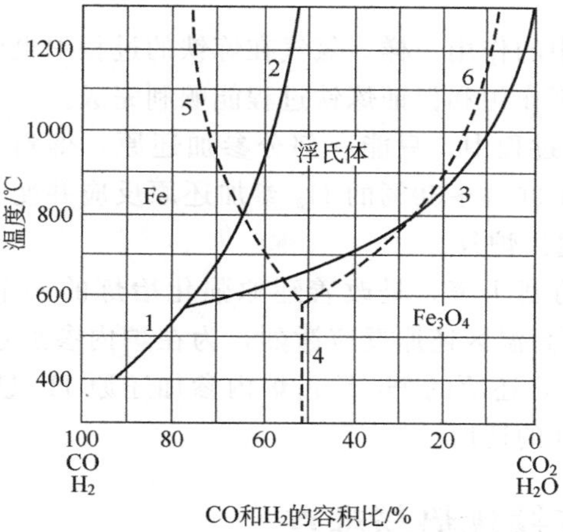

图 17-2　不同温度下 CO、H_2 还原铁氧化物的平衡气组分

1—$Fe_3O_4+4H_2$ ══ $3Fe+4H_2O$；2—$FeO+H_2$ ══ $Fe+H_2O$；

3—$Fe_3O_4+H_2$ ══ $3FeO+H_2O$；4—Fe_3O_4+4CO ══ $3Fe+4CO_2$；

5—$FeO+CO$ ══ $Fe+CO_2$；6—Fe_3O_4+CO ══ $3FeO+CO_2$

（摘自参考文献［1］107 页）

纵观表 17-1 及图 17-2，可见 H_2 与 CO 的还原相比有以下特点。

① 与 CO 还原一样，均属间接还原，反应前后气相体积（H_2 与 H_2O）没有变化，即反应不受压力影响。

② 除 Fe_2O_3 的还原外，Fe_3O_4、FeO 的还原均为可逆反应。在一定温度下有固定的平衡气相成分，为了彻底还原铁的氧化物，都需要过量的还原剂。

③ 反应为吸热过程，随着温度升高，平衡气相曲线向下倾斜，说明 H_2 的还原能力提高。

④ 从热力学因素看，810℃以上，H_2 还原能力高于 CO 还原能力。810℃以下时，则相反。

⑤ 从反应的动力学看，因为 H_2 与其反应产物 H_2O 的分子半径均比 CO 与其反应产物 CO_2 的分子半径小，因而扩散能力强。以此说明不论在低温或高温下，H_2 还原反应速度都比 CO 还原反应速度快（当然任何反应速度都是随温度升高而加快的）。

⑥ 在高炉冶炼条件下，H_2 还原铁氧化物时，还可促进 CO 和 C 还原反应的加速进行。因为 H_2 还原时的产物 H_2O（气），会同 CO 和 C 作用放出氧，而 H_2 又重新被还原出来，继续参加还原反应。如此，H_2 在 CO 和 C 的还原过程中，把从铁氧化物中夺取的氧又传给了 CO 或 C，起着中间媒介传递

作用。

和焦炭在炼铁中的作用一样。氢气在炼铁的过程中也要起到3个作用，即输送热量、起还原剂作用和保证炼铁过程能顺利完成。

H_2在高炉冶炼过程中，只能一部分参加还原，得到产物H_2O。据统计，在入炉总H_2中，有30%～50%的H_2参加还原反应并变为H_2O（气），而大部分H_2则随煤气逸出炉外。

如何提高H_2的利用率，是改善还原强化冶炼的一个重要课题。实践表明，H_2在高炉下部高温区还原反应激烈，为在炉内参加还原H_2量的85%～100%。而直接代替C还原的H_2约占炉内参加还原H_2量的80%以上，另一少部分则代替了CO的还原。

17.3 氢气炼铁优势与难点

氢气炼铁与目前常用的焦炭高炉炼铁技术相比有明显的优势。

① 氢气炼铁流程短，省去焦化、烧结两个高耗能、高污染的工艺过程。

② 因为流程短，比高炉炼铁节能30%以上，占地面积可减少50%以上。

③ 排放减少，CO_2、NO_x、SO_x、PM2.5等造成大气雾霾的污染物排放量可减少90%以上。

④ 用氢气炼铁可利用我国绝大部分的铁矿资源，铁精矿以及钒钛矿、红土镍矿、高磷矿等各类铁矿，经济效益好。

⑤ 氢气炼铁投资省、维修费用低、可靠性高。

⑥ 我国氢气来源广泛，利用可再生能源制氢，可以带动可再生能源的发展。

不过，氢气炼铁的难点也很明显，需要尽快克服。其主要难点为：

① 如何提高H_2的利用率，目前氢气利用率约为30%～40%。

② 工程问题，主要是炼铁炉的发展，由目前主导的高炉、平炉发展到流态化炉，而后者要求很高的操作与管理经验。

③ 氢气的来源，焦炉煤气的组成中，通常含55%氢气，对氢气炼铁并不合适。

17.4 氢气炼铁流程、设备与产量

现今世界上的直接还原法有四十多种，但达到工业规模的并不多。直接还原法分气基法和煤基法两大类。前者是用天然气经裂化产出H_2和CO气体，

作为还原剂，在竖炉、罐式炉或流化床内将铁矿石中的氧化铁还原成海绵铁，主要有 Midrex 法、HYL Ⅲ法、FIOR 法等。后者是用煤作还原剂，在回转窑、隧道窑等设备内将铁矿石中的氧化铁还原，主要有 SL/RN 法、Krupp 法和 FASMET 法等。当前世界上直接还原铁产量的 90%以上是采用气基法生产的，而煤基法只占直接还原铁总产量的 10%左右。

17.4.1　流态化法

流态化法由美国埃索尔公司发明。它用天然气和重油等作还原剂。流态化系指物质在气体介质中呈悬浮状态。所谓流态化直接还原则是指在流态化床中用煤气还原铁矿粉的方法。在该法中煤气除用作还原剂及热载体外，还用作散料层的流态化介质。细粉矿层被穿过的气流流态化，并依次加热、还原。

该法所用还原气可以用天然气（或重油）催化裂化或部分氧化法来制取。新制造的煤气与循环气相混合进入流态化床，用过的还原气经过冷却、洗涤、除去混入的粉尘后脱水，压缩回收再循环使用。

在该法中，流态化条件所需的煤气量大大超过还原所需的煤气量，故煤气的一次利用率较低。为提高煤气利用率和保证产品的金属化率，采用了五级式流化床。

第一级流化床为氧化性气氛，矿石直接与燃烧气体接触，被预热到预还原所需的温度，同时可除去矿石中的结晶水和大部分硫；第二级到第四级为还原；第五级为产品冷却。该法选用含脉石量小于 3%的高品位铁矿粉作原料，可省去造块工艺。但由于矿粉极易黏结引起“失常”或矿粉沉积而失去流态化状态，因此要求入炉料含水低，入炉料粒度应小于 4 目（4.76mm），操作温度要求在 600～700℃。这个条件不仅减慢了还原速度，而且极易促成 CO 的分解反应。另外该法煤气的一次利用率低。正常情况下，产品的金属化率可达到 90%～95%。还原产品经双辊压球机热压成球团块，再在一个旋转式圆筒筛通过滚动将团块破碎成单个球团，卸入环形炉箅冷却机冷却并进行空气钝化，最终产品就是抗氧化性产品。

17.4.2　直接还原铁工艺流程比较

已经有多个直接还原铁（DRI）工艺流程，其工艺特点比较见表 17-2。

表 17-2　几种直接还原铁工艺流程比较

工艺流程	工艺特点
Midrex 竖炉	Midrex 公司开发成功。目前主要生产工艺，占直接还原总产量的 60%以上；对矿石中硫含量要求严格
HYL/Enerigiron 竖炉	由 Hojalata Y Lamia S. A.（Hylsa）公司开发成功，以天然气为原料。高压操作，高温富氢还原。具有较高的工艺灵活性

续表

工艺流程	工艺特点
Purofer 竖炉	德国提出，以天然气、焦炉煤气为一次原料。采用蓄热转化法制备还原气
Armco 竖炉	由 Armco 钢铁公司开发，用水蒸气和天然气反应进行催化制气
BL 竖炉	由上海宝钢集团公司和鲁南华西工业公司联合开发，利用煤作为一次能源，经德士古煤气化技术制还原气，生产海绵铁
Fior 流化床	Exxon 研究与开发公司开发，用天然气制氢和 CO。四级流化床串联，逐级预热和还原铁矿粉
Finmet 流化床	由委内瑞拉的 Fior 公司和奥地利奥钢联工程技术公司联合在 Fior 工艺改进预热技术
H-iron 流化床	由 Hydrocarbon Research Inc. 和 Bethlehem Steel Co. 联合开发。以氢气为还原气，采用高压低温技术(2.75MPa，540℃)，使用竖式多级流化床
HIB 流化床	以天然气为原料制氢气和 CO 作还原剂，在双层流化床中生产海绵铁

17.4.3 竖炉容量

目前氢气竖炉的单炉产量可达 200 万吨/年以上，约为最大高炉炼铁的生产量一半。

17.4.4 直接还原铁产量

由于直接还原工艺和产品在钢铁工业发展中的一系列优势和独特作用，近几十年得到了持续的发展。根据 Midrex 公司统计的数据，2010 年总产量约 7037 万吨，相比 2009 年的 6444 万吨增加了 8.43%。还不到世界钢铁总产量的 10%。

20 世纪末，我国实现了 DRI 工业化生产。但与世界上以天然气为能源、以竖炉法为主情况不同，我国直接还原炼铁一直是结合当地资源，采用回转窑和隧道窑为主的煤基直接还原，发展十分缓慢。2010 年我国 DRI 产量不足 60 万吨，每年我国 DRI 市场容量高达 1500 万～2000 万吨。而且我国 DRI 质量差，约 40%产品的质量达不到国家直接还原铁的 H90 标准要求，质量波动很大，使得后续电炉炼钢的能耗大幅上升。

17.5 各国氢气炼铁进展

目前钢铁工业居主导地位的流程是：高炉炼铁—转炉炼钢—连铸—连轧，其中高炉炼铁流程是由焦化、造块、高炉炼铁三大工序组成。尽管经过长期的发展，技术成熟、生产效率较高，但存在周期长、投资大、能耗高、污染严重、过于依赖焦煤资源等不足。

直接还原炼铁是钢铁生产短流程的基础，是以非焦煤为主要能源，在铁矿石的软化温度以下进行还原获得固态金属铁的方法。由于生产过程中可以避免有害成分的污染，其产品直接还原铁（DRI）的化学成分较为纯净，是钢铁生产中重要的废钢替代品、废钢残留元素的稀释剂，是电炉冶炼高品质纯净钢、优质钢不可或缺的控制残留元素的原料，是转炉炼钢最好的冷却剂。

因此，各国都在大力研究直接还原铁，力争产业化。

17.5.1　美国

目前美国 UTA 大学已完成了试验室滴管试验和较大规模的试验。试验发现，新技术利用 H_2、CH_4 和煤分别作燃料生产 1t 铁水时，对应的 CO_2 排放量分别为 71kg、650kg 和 1145kg，而常规高炉炼铁生产 1t 铁水对应的 CO_2 排放量高达 1671kg。因此，即使采用煤作燃料，新技术也比常规高炉炼铁工艺排放的 CO_2 量显著降低。

17.5.2　日本

在日本，自 2008 年起开始推进 COURSE50 项目，该项目为国际钢铁协会的 CO_2 减排计划的子项目，目标在炼钢工艺中减少 CO_2 的排放。计划通过氢气还原铁矿石，以及 CO_2 捕获分离和回收等多措施联用，以减少 CO_2 排放。其关键技术是利用氢气还原技术来降低高炉中碳的消耗，氢气来自通过改质的焦炉煤气。测试结果表明，在炉身喷吹的高氢含量改质焦炉煤气可增加间接还原度。改质焦炉煤气的理想喷吹条件是：改质焦炉煤气的喷吹量应控制在 $200m^3/t$ 以上，同时喷吹煤气的比例达到 20% 以上。对炉内煤气流量、流速对气流分布的影响进行了研究。结果表明，从炉墙向内可穿透的最大距离为炉身半径的 15%～20%。该结果表明由于利用氢还原比利用 CO 还原具有更高的反应效率，用氢可以大为减少炼铁工艺的 CO_2 排放。

图 17-3 所示为 COURSE50 项目的流程简图，包含了两个主要研究项目。一个是高炉降低 CO_2 排放的技术，包括：①发展使用氢气还原铁矿石的反应控制技术；②增加氢气含量的焦炉煤气改质技术；③用于高炉氢还原的高强度和高反应性焦炭的生产技术。另一个是发展 CO_2 的分离和回收技术，包括：①发展 CO_2 高效吸附的方法和技术；②利用钢厂的废弃热量进行 CO_2 的分离和吸附。

针对氢还原的预期效果为：①可减少碳的输入，通过在还原气氛中增加氢气的浓度来降低还原所必需的碳输入；②可提高还原速率，氢气的还原速率比 CO 的还原速率快，故铁矿石的间接还原增加，从而降低直接还原所需的碳量和能耗。

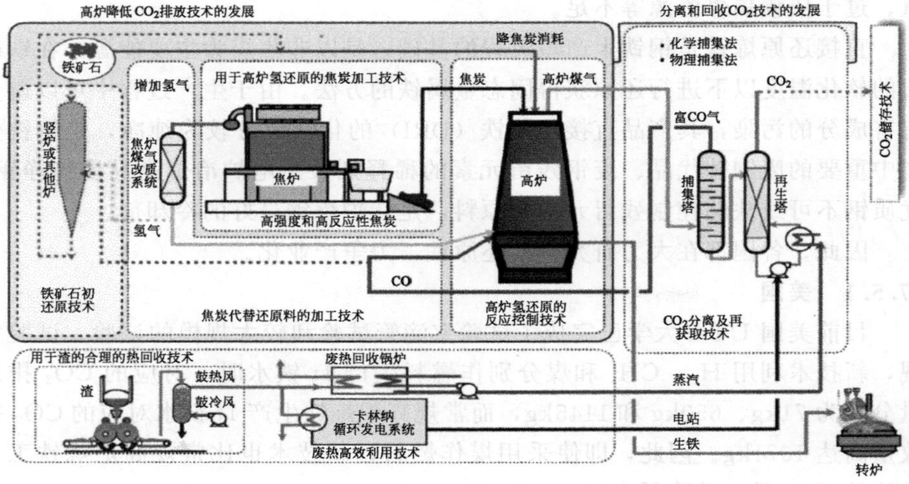

图 17-3　COURSE50 项目的流程简图

17.5.3　我国

据报道，早在 20 世纪 80 年代，我国河北省沧州地区钢铁厂筹建处，在中国科学院化学冶金研究所、沧州市第一化肥厂、河北省冶金所、攀枝花钢铁研究院等单位协作下，开展了流态化氢气炼铁试验，取得了一定效果。

近日，山西中晋太行矿业有限公司与伊朗 MME 公司在太原签约，将引进全球领先的气基法直接还原铁工艺技术和设备。伊朗 MME 公司将为该项目提供直接还原铁工艺技术包和主要设备，中国石油大学提供焦炉煤气转化合成气

图 17-4　北京神雾集团氢气竖炉直接还原炼铁技术项目的模型（毛志明摄）

国家专利技术，北京神雾集团有限公司承担设计、采购、施工任务。该项目是清洁、低排放的非高炉炼铁技术项目。伊朗MME公司是伊朗政府于1996年出资在德国注册的企业，此次为该项目提供的竖炉直接还原铁技术是该公司在钢铁领域新研发的技术，在德国取得技术专利。中晋太行30万吨/年焦炉煤气直接还原铁项目是我国首个氢气竖炉直接还原清洁炼铁项目，预计项目建设期为1年零6个月，有望在2015年上半年建成投产。

北京神雾集团还在2013年9月在我国上海举办的第5届世界氢能技术大会上展出了他们氢气竖炉直接还原炼铁技术项目的模型，见图17-4。

17.6 生物质制氢-直接还原铁新工艺

中国科技大学研究了生物质催化转化制氢及直接还原铁的研究。提出生物质制氢-直接还原铁新工艺。提出以生物质和铁矿石为原料，实现了“生物质快速热裂解制取生物油水蒸气、生物油水蒸气重整制氢气以及氧化铁还原制直接还原铁”直接还原铁生产的技术路线。该工艺包括：

① 将原料生物质通入生物质快速裂解反应器进行快速裂解反应；

② 将形成的生物质裂解尾气通过除尘处理后直接送入生物油电催化重整反应器进行水蒸气重整反应和水位移反应；

③ 产生的混合气体经过冷凝器、CO_2化学吸收器、干燥器后得到纯氢气；

④ 最后将预热的还原气送入填充有铁矿石粉末或者小球的铁矿还原反应器进行还原，使铁矿石中的氧化铁还原为金属铁，即到高品位的直接还原铁。

该法拓宽了氢气的来源，为可再生能源的工业应用奠定了技术基础，预计产业化的主要障碍在于氢气的价格。

17.7 氢气炼铁前景

因为炼铁是钢铁企业排放和能耗的主要部分，有资料说达到70%的份额。近年来，美国、日本等都在研究低碳炼铁技术，氢气炼铁为创新性钢铁冶炼过程的首段。希望在2030～2050年建立起实用的氢气炼铁技术。实现至少30%的二氧化碳减排。

世界直接还原铁生产实践表明，采用天然气作为还原剂的气基竖炉法是迅速扩大DRI生产的有效途径。但是我国天然气资源短缺，严重限制了我国竖炉直接还原的发展。近年来，竖炉直接还原工艺进展较快，HYL-ZR新工艺方案的提出直接使用焦炉煤气、合成气、煤制气为还原气，为我国发展气基直接还原工艺开辟了新途径。我国神华集团的大型煤制气工艺装备已成熟，可作为气基竖炉可靠的还原剂来源。因此，煤制气-竖炉直接还原铁新工艺流程将为我国大规模生产DRI提供有利条件。我国应该抓住机遇，大力发展。

当然，从长远看来，可再生能源制氢，包括生物质制氢是发展方向。但是距离产业化还有许多问题，太阳能-风能等制氢的成本是主要问题。

目前我国直接还原铁产业的发展刚起步，随着我国钢铁蓄积量及废钢比逐渐提高，短流程钢铁制造流程在我国有广阔的发展前景，进而会带动我国氢气直接还原产业的发展。

参考文献

[1] 王筱留主编. 钢铁冶金学（炼铁部分）. 北京：冶金工业出版社，2013.

[2] 弓春菊，多化良. 从郑州古荥汉代冶铁遗址出土文物浅谈汉代冶铁技术在世界冶金史上的地位和影响. 中国文物报，2009-4-17.

[3] 包燕平，冯捷主编. 钢铁冶金学教程. 北京：冶金工业出版社，2008.

[4] Ministry of Economy，Trade and Industry. Cool Earth-Innovative Energy Technology Program，2008.

[5] 胡俊鸽，郭艳玲，周文涛，杨明. 美国低碳炼铁新技术的进展及应用前景分析. 冶金管理，2011（2）.

[6] Kenichi Higuchi，Shinroku Matsuzaki，Akihiko Shinotake，Koji Saito. 高炉喷吹改质焦炉煤气减少 CO_2 排放的技术发展. 世界钢铁，2013（4）.

[7] 流态化氢气炼铁. 科技简报，1976-01-29.

[8] 赵辉. 山西引进焦炉煤气还原铁技术. 中国冶金报，2013-5-23.

[9] 巩飞艳. 生物质催化转化制备烯烃、苯和直接还原铁的研究［学位论文］. 合肥：中国科技大学，2012.

第 18 章

氢氧混合气的应用

本书作者特别说明：氢氧混合气（也称布朗气）的安全一直是各界关注的重点。本章信息主要来源于支持氢氧混合气的讯源，因此对本章中的“安全”是有不同的理解。本章仅提供参考信息，准备从事氢氧混合气开发和应用的单位和个人，应得到有经验人员的帮助和指导，不可盲目从事氢氧混合气的研究与开发。

众所周知，目前大工业所首推的能源利用形式为电能，它具有节省成本，减轻环境污染等诸多优点。可是，在窑炉行业，天然气占据主要份额。但在一些特殊领域，例如黑色金属切割、有色金属焊接、首饰加工、广告、医药、电子元器件加工、汽车配件加工及保养等需要高能气体的行业，可以使用氢氧混合气。目前这些行业普遍采用的能源利用形式还是传统的能源，其中乙炔气的使用尤为普遍，而乙炔气本身生产过程中会产生大量的有害气体，在发达国家、我国北京上海等大型城市，已经严令禁止这种气体的使用。就整个火焰加工应用行业而言，相对于大工业规模的发电，这种使用范围广、使用地点分散、每次使用的能源量小的能源利用形式，普遍存在能源的利用效率低、环境污染严重、生产安全性差、不利于整体规划等诸多问题。那么，目前有没有一种共性的技术可以解决火焰加工应用行业存在的上述问题，它一方面可以将电能作为能源的直接利用形式，同时在分散点的小批量应用又不带来环境的污染呢？答案是肯定的。

氢能作为一种无污染的二次能源，具有资源丰富、燃烧无污染等种种突出的优势，被科学家们预测将与电力成为 21 世纪能源体系的两大支柱。氢氧混合气（英文名为 Browns gas）（见本书第 3 章）作为氢能的一种，不仅具备了氢气洁净燃烧的特点，同时还避免了氢气的制取、存储、运输等方面的弊端，近年来逐步被大家认可、接受。

18.1 氢氧混合气原理与制备

氢氧混合气是水电解后的氢气和氧气的混合气。因为含有氢气，故氢氧混合气可以燃烧。因为含有氧气，所以燃烧的效果要比纯氢气的好。因为氢氧混合气的氢气和氧气的体积比为2∶1，在氢气爆炸浓度范围内，因此比纯氢气更危险。

氢氧混合气生产设备主要由电解槽、电解电源、安全阀与阻火器、火焰调节罐、氢氧火焰枪组成。它的核心部件是电解槽，与水电解制氢的电解槽的原理一样，结构类似，但没有分离氢气和氧气的隔膜。由于氢氧混合气的组成是在氢气易于爆炸的范围内，故氢氧混合气的生产设备有自己的特点。特点之一是设备的安全措施更严格，电器部分与产气部分隔离、防止气体泄露、静电火花；特点之二是将储气容积尽量缩小，以降低万一发生事故时的爆炸强度。我国已经有多家生产氢氧混合气设备的公司，有时其产品的名称不同，如称为氢氧发生器、水电解氢氧发生器、水焊机、氢氧汽车积炭清洗机等。

18.2 氢氧混合气历史及国际现状

自从1766年发现氢气后，就开始有科学家试图利用氢气和氧气混合气。

1803年英国矿物学家爱德华·丹尼尔·克拉克（Edward Daniel Clarke）和美国化学家罗伯特·黑尔（Robert Hare）开发和试验了氢氧吹管。氧气吹管产生的火焰足以融化铂、陶瓷、耐火砖和刚玉等，用于多个科学领域。

1826年托马斯·德拉蒙德利用氢氧火焰与氧化钙产生白热光，即所谓的“德拉蒙德光”。1888年就有很多关于氢气的应用和生产的研究。例如：在氢火焰中添加碳蒸气以获得更好的发光和加热；用本生燃烧器（Bunsen burner）安全地燃烧氢气与氧气混合气体。

1943～1945年，因为传统燃料严重短缺，在第二次世界大战结束后的一段时间里，英国军队使用氢氧燃气发电机的坦克、船只和其他车辆获得更好的里程。图18-1所示为使用氢氧燃料的坦克（Sherman Tank）。

1962年威廉·罗兹（William Rhodes）作为第一专利发明人发明了用电解槽生产单一气体，该气体即是氢氧混合气体。在20世纪60年代中期，罗兹先生成立了一个公司，最终失败被收购。现在被命名为“亚利桑那州氢”公司，该公司在美国亚利桑那州凤凰城。

图 18-1　使用氢氧燃料的坦克（Sherman Tank）

威廉·罗兹申请专利 10 多年后，1974 年尤尔·布朗（Yull Brown，1922～1998）（见图18-2）开始推广其设计的氢氧混合气电解槽。他经过近 30 年的努力，先后开办几家公司，试图让氢氧混合气获得商业成功。

尤尔·布朗 1922 年出生于保加利亚，1958 年移居澳大利亚，作为一名电气工程师他深信科幻小说家儒勒·凡尔纳的“火水”愿景可以实现。他从不知名的实验室技术人员开始工作，直到拥有自己的实验室。到 1978 年布朗被《澳大利亚邮报》描述为“澳大利亚今天谈论最多的发明家”。20 世纪 70 年代初期，他“发现”了专有方法电解水，得到氢气和氧气的混合气体，氢氧原子比为 2∶1。通常，氢氧混合气在没有隔膜的电解槽中生产。

图 18-2　尤尔·布朗（http：//www. svpvril. com/svpweb9. html）

在 20 世纪 70 年代中期，德国 Lotgerat 公司开发了氢氧发生器。

1990 年，胡安·卡洛斯·安·Aquero 先生申报了使用氢氧气和蒸汽的内燃机的能源转换系统专利。

1990 年 6 月 26 日斯坦利·A·迈耶先生获得生产氢氧燃气的专利方法，其特别之处是采用了介质谐振电路。斯坦利·A·迈耶还制造了只用水作为燃料的车。

1991 年韩国金山南访问了布朗在悉尼郊区的实验室。这是布朗开始与 Best 公司的合作。

1991 年，荷兰 Teslalein Research 公司出售氢氧混合气切割机。

1994 年加拿大鹰研究公司（Eagle-Research）的乔治·怀斯曼独立研究氢氧混合气/HHO 气体，摈弃了传统电解槽技术而注重替代能源的研究。有趣的是鹰研究公司独立复制与改进了威廉·罗兹最有效的设计。目前，鹰研究公司销售氢氧混合气发生器和其他替代能源方案（www.eagle-research.com）。

1994 年，美国 Eagle-Research 公司开发了 George Wiseman 氢氧切割机，产气量为 0～1200L/h，压力 0.7bar。

1997 年美国人 Denny Klein 创立“氢技术应用公司”，将其电解槽产品注册为 Aquygen™，最大产气量 1500L/h。

2006 年，美国佛罗里达州丹尼斯·J·克莱因和 R.M. 萨替尼获得专利：“水转换到一个新的气体和可燃形式的装置和方法”，专利号 US2006/0075683 A1。他们生产的气体称为 HHO，其实就是氢氧混合气。

2007 年，英国暹罗水火焰公司（Siam Water Flame Ltd）的“布朗发生器”通过官方 CE 认证。

2007 年英国 Equipnet Ltd 公司出售氢氧切割机，最大产气量 350L/h（www.equipnet.co.uk/）。

2008 年，已经证明内燃机可以使用氢与氧混合气运行，同时减少空气污染。

Best 韩国公司氢氧切割机分为小型（产气量 $0.6m^3/h$ 以下）和中型（产气量 $3m^3/h$ 以下），具体参数见表 18-1 和表 18-2。

表 18-1 Best 韩国公司小型氢氧切割机参数

项　目	BB-300	BB-600
气体产量/(L/h)	300	600
电压/V	220	220
相	1	1
水流量/(L/h)	0.16	0.32
功率消耗/kW·h	1.1	2.2
最大操作压力/(kgf/cm^2)	1.0	1.0
质量/kg	71	87
外形尺寸($W\times H\times L$)/mm×mm×mm	450×770×350	550×770×400

注：用于焊接、金银首饰加工、玻璃加工，学校、实验室等。

表 18-2 Best 韩国公司中型氢氧切割机参数

项目	BB-2000	BB-3000K
气体产量/(L/h)	2000	3000
电压/V	220	220
相	3	3
水流量/(L/h)	1.08	1.62
功率消耗/kW·h	7.5	10.8
最大操作压力/(kgf/cm²)	1.0	1.0
质量/kg	205	252
外形尺寸($W\times H\times L$)/mm×mm×mm	1000×950×630	1300×1060×800

注：用于金银首饰加工、玻璃加工、钎焊、热处理、制气。

2010～2013 年，在亚洲，氢氧混合气技术越来越流行。环保技术与经济效益相结合的需求使得氢氧混合气技术得到更多的关注。

网上有关氢氧混合气的资料很多，有兴趣的读者可以上网查阅，例如 http://en.wikipedia.org/wiki/Oxyhydrogen、http://www.svpvril.com/svpweb9.html 等。

我国已经有多家生产氢氧混合气发生器的工厂，产气量大小不一。其中代表产品参数见表 18-3。

表 18-3 我国某公司生产的中型氢氧混合气发生器性能参数（其他型号均可订制）

项目	HGQU-1000(2000)/200(315)	项目	HGQU-1000(2000)/200(315)
输入电源	AC50/60H₂220V±15%单相(380V±15%三相四线)	耗水率/%	约 0.6
		火焰温度/℃	1000～3000
额定容量/kV·A	6.3(11.3)	切割厚度/mm	≤100(≤150)
电源功率因数(cosϕ)	≥90	工作气压/MPa	0.1～0.2
电源效率/%	≥85	额定产量/(L/h)	1000(2000)
气焊割额定功率/kW	3.5(6.8)	电弧焊额定功率/kW	6(10)
气焊割工作电流/A	0～120	电弧焊电流范围/A	5～200(315)
气焊割工作电压/V	20～30	电弧焊空载电压/V	55～85
气焊割工作介质	纯净水	电弧焊暂载率/%	80
环境温度/℃	−20～40	外形尺寸($W\times H\times L$)/mm×mm×mm	650×480×750
相对湿度/%	≤90	质量/kg	48(80)

18.3 氢氧混合气应用

18.3.1 切割领域

我国不仅是世界钢材消耗大国，也是一个世界钢铁制造业大国。钢铁连铸技术发展非常迅猛，连铸机保有量和连铸坯产量已占世界第一。钢铁连铸技术的推广带动了连铸设备及工艺的不断进步和升级，火焰切割连铸坯已逐渐取代传统的液压剪切机或机械剪切机。火焰切割设备投资少，维护费用低，钢坯断面质量好，有利于二次加工。

切割气源以乙炔、丙烷、天然气、氢氧混合气等气体等为主，在这几种燃气中，氢氧混合气在切割作业中，尤其是钢铁企业连铸连轧工艺中厚型板坯、方坯的切割，CNC数控自动化切割，钢结构和模具的加工中表现出较含碳燃气更加独特的优势。

(1) 经济

① 利用氢氧混合气切割钢材，燃气费用仅为乙炔的20%，丙烷、丙烯等燃气的30%～40%，是液化气成本的50%。

② 使用氢氧混合气切割不增加切割氧消耗，不需预热氧消耗，降低了生产成本。

③ 氢氧混合气火焰集中，割缝较其他燃气窄30%～50%，减少金属损失，节省原材料；切割金属表面光洁、挂渣少，节省了清理和后序加工时间。

④ 原有火焰切割设备仍可使用，只需更换割嘴，设备更新费用低。

⑤ 氢氧混合气切割钢材无需搬运和更换气瓶，减轻了工人劳动强度，提高了工时利用率。

(2) 安全

① 氢氧混合气发生器使用气体压力低，不属于压力容器，管理要求低。

② 氢氧混合气即产即用、不储存，避免了在运输、存储中存在的安全问题。

③ 设备设有多级安全保护装置，确保操作安全性。

(3) 节能　氢氧混合气发生器生产氢氧气只需消耗电和普通水，每产生1m³氢氧混合气，耗电3.5度。而乙炔主要由电石与水和丙酮制取，电石是高耗电能的产品，每生产1kg电石耗电3.6度，而生产1m³乙炔需4.4kg电石，即生产1m³乙炔耗电15.84度。用氢氧混合气取代乙炔可节约大量能源。

(4) 环保　氢氧混合气生产过程无污染，使用产物为水，无毒、无味、无烟，确保工人身体健康；对环境没有影响。

已经应用的实例很多。如某单位的连铸机为一台 2 机 2 流浇铸；年产钢量 250 万吨；板坯平均断面尺寸 250mm×1250mm；定尺 8m；拉速 1.3m/min；氢氧混合气发生器 T20000 型。

18.3.2　焊接领域

氢氧混合气在焊接领域替代现有的气焊燃气，不仅实现了高效、环保、节能，在焊接效果上也有很大改进。

① 焊接快：由于氢氧火焰可达 2800℃，可以在 1s 左右完成焊接，提高工效。

② 焊接精确度高：由于氢氧火焰集中不发散，可以实现精密器件的焊接。

③ 焊点光滑美观：由于氢氧火焰燃烧时没有炭沉积、无黑斑污点，可以免除清洗、抛光等二次处理。

④ 氢氧混合气发生器产气快捷、方便。

在首饰和电子等行业的氢氧混合气焊接应用越来越广泛。

① 首饰行业，适合铂金、黄金、白银、紫铜等各种首饰链、丝熔焊，首饰浇铸件修补砂孔、砂眼及首饰维修。

② 电子行业，适合电机电极多股漆包抽头线高效可靠熔合、LED 晶片熔合、IC 半导体封装、电线去皮、线路板火焰预处理、铅蓄电池极板焊接。

③ 汽配、汽保行业，汽车配件的铜焊及汽车保养。

④ 制冷行业，冰箱及空调配件的铜焊。

18.3.3　医疗制药领域

随着国家药品质量强制推行 GMP（药品生产质量管理规范）认证，在医用安瓿瓶拉丝封口中氢氧混合气凸显了独一无二的优势。

目前大多数药厂在水针剂拉丝封口生产线上采用液化气为燃料、氧气助燃的方式对水针剂和安瓿瓶进行封口处理。这种方式存在成本高、封口合格率低、药品质量受液化气燃烧产生的污染所影响的缺点。

氢氧混合气技术应用于水针剂和安瓿瓶拉丝封口领域中优点如下。

① 显著降低成本：与液化气封口方式相比，节省成本 50%以上。

② 提高药品质量：满足 GMP 认证和产品出口的要求，采用液化气封口时，液化气燃烧会产生碳化物、硫化物以及其他对药品质量有影响的有害气体，这些气体分子量比空气大，因而小量气体会封装在药瓶中，从而影响药品质量，国家药检局对此有严格要求。采用氢氧混合气火焰封口，氢与氧完全燃烧只会产生水汽，没有任何污染气体产生，并且水汽在空气中迅速向上逃逸，不会封装在药瓶中，因此完全符合国家 GMP 认证的要求以及药品出口的要求。

③ 提高药品封口合格率以及封口速度：氢氧混合气火焰集中，热能利用效率是液化气的1.5倍，采用氢氧混合气火焰封口，封口合格率达99%，封口速度明显提高。

18.3.4 汽车除碳领域

利用氢氧混合气的催化、助燃、高温等特性，经由发动机进气歧管输入发动机燃烧室，待氢氧混合气充满发动机燃烧室后，点火引燃，在高温燃烧过程中产生O、H和OH等活性原子，促进汽油中中长碳氢链的高温裂解，使氧化反应的速度加快，对发动机积炭进行全面、彻底清除，恢复汽车动力，并且不会对发动机造成任何损害，避免了传统化学除碳剂的不足，是汽车养护领域一次质的飞越。主要特点有：

① 免拆发动机，又快又安全；

② 清除发动机核心部分积炭，让发动机“呼吸顺畅”；

③ 改善发动机燃烧环境，提升动力；

④ 改善三元催化系统，改善尾气，延长催化系统使用寿命；

⑤ 可省油5%左右；

⑥ 大幅降低尾气排放，节能环保。

氢氧汽车积炭清洗机已经有国家标准。2012年8月1日商务部发布《氢氧汽车积炭清洗机》国内贸易行业标准（SB/T 10741—2012），于2012年11月1日起执行。该标准对氢氧汽车积炭清洗机的术语、分类、试验方法、检验规则、标志、使用说明书、包装、运输、储存等均做了明确的规定。

18.3.5 焚烧领域

利用催化燃烧特性，氢氧混合气还可广泛用于煤的清洁燃烧、危险废物焚烧处理和工业加热炉等领域，具有显著的节能降耗、抑制二噁英等大气污染物排放的功效。

国家推广使用新型节能燃烧器，产业政策的倾斜说明中小型燃油燃气两用炉及油气混合燃烧系统具备其特有的节能、环保优点，而且氢氧混合气发生器额外提供了强化燃烧、促进完全燃烧等功能，在催化燃烧领域开辟了一个全新的市场。

18.3.6 脉冲吹灰

锅炉受热面的除灰问题一直是锅炉运行中特别受关注的重要问题之一。我国的绝大部分锅炉使用的燃煤含灰量和含硫量较多，容易造成锅炉受热面、加热器和换热器受热面的积灰、结焦，导致锅炉的热效率下降，降低了设备效能和使用寿命，严重影响锅炉的安全、经济和稳定运行。

目前，安装在锅炉上的吹灰设备主要有蒸汽吹灰器、高压水力吹灰器，钢珠清灰器，压缩空气吹灰器、声波吹灰器以及燃气脉冲吹灰器等。这些设备在实际工程应用中由于燃料的爆炸范围、燃烧速度、点火能量等技术参数的不同因素影响，都存在明显不足。

氢氧混合气复合燃料冲击波脉冲吹灰系统即可以单独使用氢氧混合气完成吹灰，也可以采用氢氧混合气加化石燃料（如乙炔、天然气、液化气等）进行吹灰，该系统具有安全可靠，低能耗、低污染，高能效比，对传统石化燃料吹灰器兼容性好，无哑炮和回火等技术特点，是燃气激波吹灰系统的革命性换代产品。

18.3.7 窑炉与锅炉节能

燃煤工业锅炉在使用过程中，不同程度地存在着过量空气系数大、火焰温度低、燃烧不充分、燃烧效率低、环保难以保证的问题，因此，研究一种更好、更实用的燃烧方法，不但具有一定的经济效益，而且具有一定的社会效益。已经有研究人员介绍，在燃煤工业锅炉燃烧过程中加入氢氧混合气，方法简单实用，安全可靠，既可用于新置锅炉，也可用于旧锅炉的改造。该方法可广泛使用于各种类型的燃煤工业锅炉，特别是在大型燃煤工业锅炉中可获得明显效应。但是没有给出具体案例。

有公司已经在使用各种燃料的窑炉中进行实验，取得明显效果。

一般来说，由于窑炉与锅炉的容量大，要求配套的氢氧发生器设备也大。现有的国家标准仅适用小于 $30m^3/h$ 混合气产气量的设备，因此，大容量氢氧混合气设备的使用安全就格外重要。一定要仔细设计、实际验证、确保安全无误，且做好各种预案后方可开展。

18.4 氢氧混合气发生器国家标准

连铸坯氢氧火焰切割技术及水电解氢氧发生器，在国内由中冶建筑研究总院有限公司（原冶金部建筑研究总院）于 1988 年开始研制，并于 1997 年分别在福建三钢（集团）有限责任公司炼钢厂、河南济源钢铁（集团）有限公司炼钢厂首次成功投入使用。自 2004 年开始国内陆续出现其他氢氧发生器生产企业。至今，已有约 100 多家国内钢铁生产企业、共计约 700 余流各型连铸坯，10 余家国外钢铁生产企业、共计约 30 余流连铸坯使用了氢氧火焰切割技术。但是，国内外尚未有以氢氧气为燃气介质的火焰切割的技术标准或规范性文件，也没有任何标准。为此由冶金机电标准化技术委员会主持，于 2011 年 12 月 25～27 日，在福建三明市召开了《连铸坯氢氧火焰切割技术规范》行业标准审定会。来自全国科研、高校、设计、制造、使用等 18 个单位 23 名代表参加会议，对该项行业标准进行审查。对送审稿进行了认真的研究，完成了审查任务。

为了规范氢氧混合气的使用，全国氢气标准技术委员会牵头，组织一些氢氧混合气生产单位与专家起草了国家标准《水电解氢氧发生器技术要求》（GB/T 29411—2012，于2012年12月发布，2013年10月1日起实施）。标准特别强调技术安全，突出氢氧发生器的"即插即用"、尽量小的氢氧混合气"死容积"和最大生产能力为30m^3混合气/h。"即插即用"强调需要使用氢氧混合气时才接通电流，产生氢氧混合气；一旦不用，必须切断电源，保证不会在不需要氢氧混合气时误生产。"死容积"即指氢氧发生器连同连接管道的容积尽量小，以减少万一发生安全事故时的危险程度，限制设备的生产能力为不大于30m^3混合气/h也是为了减少万一发生安全事故时的危险程度。

为了进一步保障氢氧混合气的安全使用，全国氢气标准技术委员会还牵头编写《氢氧发生器安全技术规范》，进一步突出对氢氧混合气发生器的安全要求。该项国家标准预计2015年由国家标准化委员会颁布并实施。

18.5 结论

综上所述，环境生态保护、节能和人类的可持续发展迫切要求清洁能源的开发利用，氢氧混合气的研究开发进展带来了机遇和挑战，无论是从能源需求还是从氢氧混合气的特点考虑，作为一种氢能的开发利用，替代传统能源都具有现实性、可行性。

氢氧混合气可以进入家庭，作为取暖的燃料。这主要是因为氢能的热值高，远高于其他材料。它燃烧后可以放出更多的热，是理想的供热材料。除了能用于家庭取暖外，也可以作为做饭的燃料。目前城市居民主要用天然气做饭，虽说天然气是一种较好的能源，但是天然气的主要成分是甲烷，甲烷燃烧后也会生成温室气体二氧化碳，况且，我国的天然气严重短缺。使用氢氧混合气作为燃料，就能减少温室气体的排放量。

相信氢氧混合气的应用范围必将不断扩大，不久的将来一定能够走进人们生活的方方面面。

人们对氢氧混合气的认识还不够，有学者认为微量氢氧混合气会对锅炉燃烧带来巨大的影响。这还有待于工业界的认可。

当然，业界也有对氢氧混合气的不同看法，认为分离式氢氧机（即通常水电解制氢气和氧气的设备）比混合式氢氧机（即产布朗气）更好。如有资料给出如表18-4所列的比较。

表 18-4 分离式氢氧机与混合式氢氧机及传统热加工对比

对比项目	氢氧机(H_2、O_2 分离式)	氢氧机(H_2、O_2 混合式)(即产布朗气)	乙炔焰
应用领域	气割、气焊、火焰加工行业、汽车除碳、氢燃料电池、氢氧灶、食品加工、化工、电子等领域	气割、气焊、火焰加工行业	气割、气焊、火焰加工行业
节能方面	以水为原料,通过电解产生氢、氧分离气体,采用无动力循环系统,使设备内部耗能和噪声大为降低;电解能源采用高效逆变电源,并可采用风能、太阳能、电能三位互补,节能效果显著	以水为原料,通过电解产生氢氧混合气体,电解能源采用高效逆变电源	消耗大量化工资源(电石通过采煤、炼焦、石灰石采炼,再由电炉炼制而成,是化工和冶金业的重要原料)和能源生产乙炔,且运输、储存费用高
环保方面	燃烧作业过程中,无有毒、有害气体产生,只有水产生,对操作员工身体无害,符合绿色环保要求,减少碳排放。为企业省时、省钱,更为今后企业免除环境污染交纳排放税	燃烧作业过程中,无有毒、有害气体产生,只有水产生,对操作员工身体无害,符合绿色环保要求,减少碳排放。为企业省时、省钱,更为今后企业免除环境污染交纳排放税	燃烧作业过程中,有 H_2S、SO_2、CO_2、CO、NO 等有毒有害气体产生并污染空气,对操作员工身体有害。制气过程中伴有大量废渣、废水产生污染环境,产生大量温室气体
火焰性能	火焰热量集中,燃烧速度快,穿透力强,热影响区小。氢气、氧气分离可在氢气燃烧时配不同比例氧气成分,调节不同火焰温度。火焰温度可调,适合不同热加工场合,使热加工效果更为理想	火焰热量集中,燃烧速度快,穿透力强,热影响区小。氢氧混合气体燃烧时温度不可调	火焰热量易发散,效率不高
安全性	由于燃气随产随用,没有大量储存,使用安全可靠。另外所产氢、氧气体为分离式(不同于常规氢氧机所产生混合气体易回火),安全更有保证	由于燃气随产随用,没有大量储存,使用安全可靠,使用时有回火发生	无论是集中制气,还是瓶装使用。在储存、运输、使用过程中都有危险存在
切割质量	割缝小(是其他燃气的30%～50%,减小金属损失、节省原材料),切口表面光滑、挂渣少,节省清理后序加工时间	割缝小(是其他燃气的30%～50%,减小金属损失、节省原材料),切口表面光滑、挂渣少,节省清理后序加工时间	割缝大、浪费切割材料,切口不平滑、易挂渣
焊接质量	氢氧火焰集中、不发散,对各类有色及黑色金属施焊,可实现精密焊接。且燃烧不产生碳化物,无黑斑污点产生,免除二次去污抛光处理。因火焰温度可调可根据不同金属熔点要求,调节相应温度,使焊接更为理想	氢氧火焰集中、不发散,对各类有色及黑色金属施焊,可实现精密焊接。且燃烧不产生碳化物,无黑斑污点产生,免除二次去污抛光处理。因火焰温度不可调,焊接质量不够理想	火焰易发散,不可实现精密焊接,且易产生碳化物,二次污染严重

续表

对比项目	氢氧机(H_2、O_2 分离式)	氢氧机(H_2、O_2 混合式)(即产布朗气)	乙炔焰
火焰加工	进行火焰喷涂、玻璃石英制品的烧制和封口、金银首饰的火焰加工、医药针剂封口、亚克力抛光等	进行火焰喷涂、玻璃石英制品的烧制和封口、金银首饰的火焰加工、医药针剂封口、亚克力抛光等	可进行火焰加工，但有相应二次污染
节省费用	与传统乙炔切割加工相比，可节省费用40%以上	与传统乙炔切割加工相比，可节省费用40%以上	费用高
除碳功能	将产生分离的氢气通入汽车引擎，对汽车发动机的积炭进行物理去除，与传统使用化学催化剂的清洗相比，更环保、更便捷。拓展氢氧机应用范围，为汽车除碳带来新的环保理念	可以	无
氢燃料电池	氢氧机产生高纯度氢氧分离气体，其中氢的纯度可达98%以上；在氢燃料电池阴极和阳极分别通入气态氢气和氧气，即可产生电能	无	无
氢氧灶	用电解纯氢在氢氧灶中使用(氧气为助燃剂，根据需求加入)，环保安全，火焰温度易控制，无污染	火焰温度不能控制，效果不理想	不环保，污染严重；且易聚集，存在安全隐患
化工、食品加工等领域	纯氢用于食品加工，可使食品稳定存储，并能抵抗细菌生长；H_2是石油、化工、冶金、化肥领域基本原料，如制作甲醇、合成氨等	无	无

注：出处：http://www.coch.cc/a/kehuanli/2011/0505/112.html。

(本章部分内容由梁宝明先生提供，特别致谢)

最后，本书作者必须再次指出，由于氢氧混合气是氢气和氧气的混合气体，其氢氧体积比在氢气的爆炸范围内，已经具备氢气爆炸的一个条件，如果再遇到很小的外部能量，如静电火花，则会发生爆炸！所以，使用氢氧混合气设备，必须购买有资质的厂家、经过认证的产品，同时，要严格按照使用说明书操作。更需作出企业的安全预案。

参 考 文 献

[1] 梁宝明，王耀军．布朗气(氢氧气)的催化燃烧及其在危险废物焚烧上的应用//第七届全国氢能学术会议论文集．武汉，2006.

[2] 陈伯瑜，黄俊杰，张启诚，历焕波，王颖，张宝航．氢氧焰断火切割在连铸坯切割上应用的经济与技术性分析//第八届全国连铸学术会议论文集．西安，2007.
[3] 蒋秀梅，吴海光，周娟英．用氢氧焰与氧煤焰熔封安瓿的效果比较．中国药业，2007，16（12）：23.
[4] 梁宝明，王耀军．布朗燃烧器在控气式热裂解焚烧炉中的应用．工业锅炉，2006（2）.
[5] 梁宝明，王耀军．基于布朗气复合燃料的燃烧器．工业加热，2006（3）.
[6] 董菊梅．燃煤工业锅炉使用布朗气复燃法的研究．节能技术，2007（5）：470-472.

第 19 章

金属氢化物热压缩机

为了利用工业生产中大量的低热值能量，自 20 世纪 70 年代以来，人们一直在研究金属氢化物热压缩机（MHTC）。MHTC 可以有效利用废热。金属氢化物反应过程是 MHTC 的关键，它包括动量传递、化学反应和热量传递。由于金属氢化物（MH）和氢气反应的动力学过程极其复杂，包含了多种因素，例如 MH 类型、氢压力、温度、颗粒大小及形状、传热系数和扩散常数等，故 MHTC 进展缓慢。

19.1　金属氢化物热压缩机原理

MHTC 基础是储氢材料在不同温度下具有不同的平衡氢压。低温时储氢

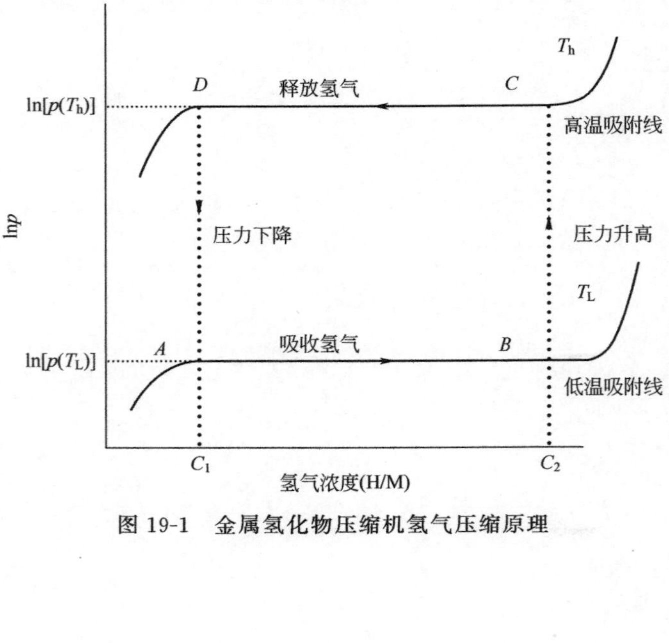

图 19-1　金属氢化物压缩机氢气压缩原理

合金吸收氢气、放出热量，此时氢气平衡压力也较低；高温时，储氢合金放出氢气、吸收热量，此时氢气的平衡压力则较高。因此，通过冷、热换热介质的切换，可以实现金属氢化物的吸放氢循环，将氢气从低压压缩至高压。具体原理可参见图 19-1。

如图 19-1 所示，MHTC 的 MH 在 *A* 点吸收氢气、同时放出热量，保存压力不变到达 *B* 点；然后在 *B* 点加热，提高温度，MH 的压力平台升高如图 19-1的 *C* 点所示，MH 吸收热量，放出高压氢至 *D* 点。*C*～*D* 的释放高压氢气的过程需要吸收热量。停止给 *D* 点供热，则 MHTC 的压力下降至 *A* 点。整个过程仅需要热能输入、输出以及氢气吸收与释放循环，就可以将低压氢气压缩到较高压氢气。结合图 19-1，MHTC 过程可列表见表 19-1。

表 19-1　单级 MHTC 循环过程

循环	氢气情况	温度(热量)	压力
A～*B*	吸收氢气	温度不变(需放热)	维持低压
B～*C*	—	升温、吸热	升压
C～*D*	释放氢气	温度不变(需吸热)	维持高压
D～*A*	—	降温、放热	降压

19.2　国际金属氢化物热压缩机研究

20 世纪 70 年代美国就利用 $VH-VH_2$ 离解平衡压随温度变化的特性，通过冷热循环达到增压目的。后来，菲利普公司采用 $LaNi_5$ 氢化物研制 MHTC，通过 15～160℃的冷热循环，获得氢气压力由 0.4MPa 升到 4.5MPa 的结果。1976 年 Brookhaven 实验室报道了另一个 AB_5 型 MHTC。它采用 $MmNi_5$ 系合金，在温度为 0～100℃，氢气压力由 6.9～13.8MPa 升至 19.3MPa，然后再经过一级 MHTC，氢气压力可以达到 70MPa 以上。

全世界多家公司开展了 MHTC 的研究。Ivanovsky 等人则对其设计的单级 MHTC 优化，使其放氢压力到达 50MPa。Jin-Kyeon Kim 等人发现，当冷源温度为 20℃、热源温度为 90℃时，$LaNi_5$ 和 $LaNi_{4.75}Al_{0.25}$合金的 MHTC 的放氢压力都可达接近 40MPa。Bernauer 等人研制的 Ti-Zr-Mn-Cr-V-Fe 六元合金 $Ti_{0.98}Zr_{0.02}Mn_{1.4}Cr_{0.05}V_{0.43}Fe_{0.09}$在热力学性能、动力学性能、循环稳定性以及对气体杂质的敏感性等方面都比较优越，适用于作为车用空调热泵材料。

P. Muthukumar 等人使用 $MmNi_{4.6}Al_{0.4}$制作了单级压缩系统。

发现 MH 的高温点对 MHTC 的压缩比影响很大。高温换热介质为 95℃时，系统压缩比为 8.8（4.38MPa/0.5MPa）；而在高温换热介质为 85℃时，系统压缩比只有 3（3MPa/1MPa）。

为了提高 MHTC 的压缩比和放氢量，研究者开发了多级压缩系统。Shaml'Ko 等人使用 $LaNi_{4.5}Mn_{0.5}$ 和 $LaNi_5$ 合金分别作为第一级压缩材料和第二级压缩材料，该系统放氢量可达 $10m^3/h$，可将氢气从 0.3MPa 压缩至 15MPa。Ryan R. Hopkins 等人研究了 $LaNi_5$ 和 $Ca_{0.6}Mm_{0.4}Ni_5$ 的两级压缩系统。发现在冷、热源分别为 10℃、90℃的条件下，压缩比可达到 12。F. Laurencelle 等人使用了 $LaNi_5$ 系合金：$LaNi_{4.8}Sn_{0.2}$、$LmNi_{4.9}Sn_{0.1}$ 和 $MmNi_{4.7}Al_{0.3}$ 分别作为三级储氢介质制作了三级压缩系统。

系统在工作温度 20℃和 80℃下，将 0.1MPa 的氢气压缩至 2MPa。Ergenics 氢化物公司的型号为 CHC6 的单级 MHTC，吸氢压力为 0.49MPa，通过电加热可使氢增压到 5.30MPa。该公司 1.5-15-40 型 MHTC 是四级增压的压缩器，在 0.25MPa 氢压下吸氢，最后一级以 90℃热水加热，可增压到 5.17MPa，最大氢流量为 170L/min。

国际金属氢化物热压缩机已经商业化。2014 年 6 月在第 20 届国际氢能会议上挪威 Hystorsys 公司展出其产品 HYMEHC 型号金属氢化物热压缩机（http：//www.hystorsys.on/pg/products.htm）。HYMEHC 是固体氢压缩机，其冷端温度范围为 15～25℃，热端工作温度为 120～150℃。HYMEHC 的主要优点是：

① 几乎没有移动部件；

② 具有高的本质安全——氧气和氢气的混合的风险非常低；

③ 低的维护成本；

④ 运行无噪声——与传统压缩机相比，HYMEHC 运行时几乎没有振动和声音；

⑤ 运营成本低——HYMEHC 可能把废热作为它的能源来源，这样在操作时几乎没有能源成本。

目前有以下两种产品：

① HYMEHC-5 生产能力为 $5m^3/h$；氢气入口压力大于 5bar；氢气出口压力大于 250bar。

② HYMEHC-10 生产能力为 $10m^3/h$；氢气入口压力大于 10bar；氢气出口压力大于 250bar。

2013 年，挪威 HyNor Lillestrøm Station 加氢站采用该公司的 HYMEHC-10 金属氢化物热压缩机。

19.3　我国金属氢化物热压缩机研究

自 1978 年浙江大学就开始对稀土系、钛系及镁系合金展开了 MHTC 研究。使用 Mm-Ni-Ca-Al 合金做工作介质，在 10～30℃、输入氢压为 1.96MPa，高温为 99℃时，放氢压力为 9.81MPa。

1993 年中国科学院沈阳金属研究所与中国工程物理研究院合作研制 MHTC，该装置在温度不高于 200℃ 时，可提供 500L、150MPa、纯度 99.999%的高压高纯氢。据报道，这一设备目前已经安全运行了 13 年。

浙江大学对 MHTC 的储氢合金 Ti-Mn 系和 Ti-Cr 系多元储氢合金开展研究，改变参数包括 Cr/Mn 比，Cr、Ti 的部分取代以及 A 侧过化学计量对 Ti-Mn 系和 Ti-Cr 系多元储氢合金的影响，筛选出（$Ti_{0.95}Zr_{0.05}$）（$Mn_{1.1}Cr_{0.7}V_{0.2}$）和（$Ti_{0.95}Zr_{0.05}$）（$Cr_{1.4}Mn_{0.4}Fe_{0.1}Cu_{0.1}$）。以此两对合金设计制作了氢容量为 50L 的 MHTC，高温端不超过 100℃ 时，可将 2.5MPa 氢气压缩到 40MPa 以上。

北京有色金属研究院制备了 AB_2 型 Laves 相 Ti-Zr-Mn-Cr-V-Fe 系列氢压缩材料，对于 V/Fe、Mn/Cr 比值和 Zr 含量对合金吸放氢平台特性和热力学性能的影响进行了研究，优化出具有优异综合储氢性能的氢压缩材料 $Ti_{0.9}Zr_{0.1}Mn_{1.4}Cr_{0.35}V_{0.2}Fe_{0.05}$合金。该合金具有较低的吸放氢平台压力、较小的压力滞后和平坦的平台特性，其放氢反应的焓变也很大，是一种氢压缩比很高的合金材料，可以在油浴热源介质的作用下实现非常高的氢气增压。

上海交通大学曾开展汽车空调用 MHTC 的工作，后在国家 863 项目支持下，进一步以氢燃料电池车用高压高纯度氢的金属氢化物热压缩机为研究目标，在理论研究的基础上，利用实验台，分别进行了单级氢气压缩实验和双级氢气压缩实验。循环压缩的工质为 $LaNi_{4.61}Mn_{0.26}Al_{0.13}$，双级氢气压缩实验原理见图 19-2。

研究工作得到以下结论：

对于单级压缩实验，发现利用化学热压缩的高压缩比的特性，可以实现通过一级压缩将氢气由 2MPa 压至 35MPa，压缩比达 17.5，合金在高温时的放氢平台斜度过大，其循环平均放氢量仅为 0.14mol/min。

对于双级压缩的接力压缩实验，发现在 175℃加热温度下反应床内最高压力达 38MPa，压缩机能较平稳地输出 35MPa 的氢气。单位质量合金标况下的循环平均氢气流量为 5.4L/(min·kg)。循环平均氢气流量最高为 0.21mol/min。研究工作推动了我国金属氢化物热压缩机的研究。

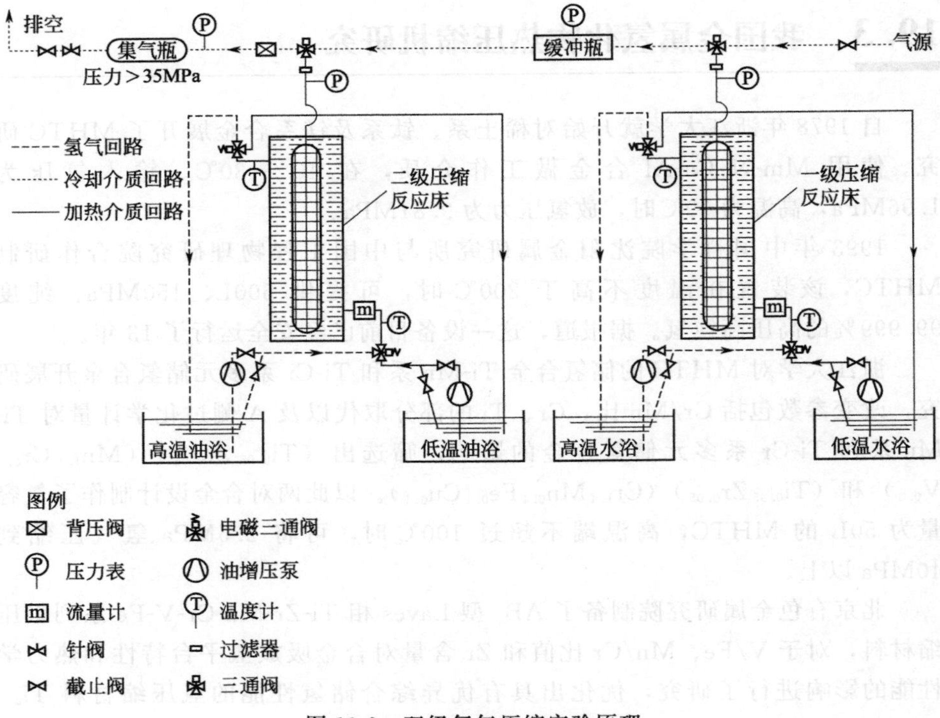

图 19-2　双级氢气压缩实验原理

19.4　金属氢化物热压缩机前景

金属氢化物热压缩机目前还停留在实验室示范阶段。由于其系统复杂、流量不够大以及氢气输送局限；特别是其工作介质——金属氢化物的寿命及稳定性不佳，故虽有前途，还需较大的突破才能市场化。

参　考　文　献

[1]　Muthukumar P，Groll M. Metal hydride based heating and cooling systems：A review. International Journal of Hydrogen Energy，2010，35（8）：3817-3831.

[2]　马进成，杨福胜，王玉琪，吴震，鲍泽威，张早校，曹建党，金属氢化物热压缩机吸放氢传热传质对称性研究．西安交通大学学报，2013（09）.

[3]　郭秀梅，王树茂，刘晓鹏，李志念，吕芳，郝蕾，米菁，蒋利军．金属氢化物氢压缩机用 AB_2 型 Ti-Mn 基储氢合金研究．金属功能材料，2011（4）.

[4]　王启东，吴京，陈长聘，方添水等．多方开拓应用，发展贮氢合金——浙江大学开发研究贮氢合金的经验总结．材料科学与工程，1993，11（1）：15.

[5] 王启东，吴京，陈长聘，敖鸣等. 新型氢化物氢压缩器的研究与开发. 化学工程，1988，16(2)：40.
[6] 胡晓晨. 基于金属氢化物的两级氢气压缩机特性研究 [学位论文]. 上海：上海交通大学，2012.
[7] 阳明. 35MPa 金属氢化物氢气热压缩机研究 [学位论文]. 上海：上海交通大学，2009.
[8] J J Reilly, R H Wiswall. Hydrogen Storage and Purification Ⅲ. Rpt. BNL 21322.
[9] J F E Lynch, R A Nye, P P Turillon. Hydride Chemical Compressor Report to Contract BNL 484822-S (Energenics Inc. Wychoff N J. Phase I Final USA, 1981).
[10] Bernauer O, Halene C. Properties of metal hydrides for use. Industrial Applications Journal of the less-common metals, 1986, 131: 213-224.
[11] Block, et al. J Less-common Metal, 1984, 104: 223.
[12] 王新华，陈如柑，李寿权，陈立新，葛红卫，方国华，陈长聘. 金属氢化物氢压缩器用 Ti-Mn/Ti-Cr 多元储氢合金. 稀有金属材料与工程，2007 (12).

后记　迎接氢能新时代

只要勇于有梦，敢于追梦，勤于圆梦，我们就永远年轻！

——《年轻》塞缪尔·厄尔曼

2012年9月21～24日第12届全国氢能会议暨第4届两岸三地氢能研讨会在南京大学召开。本书作者毛宗强在“第12届全国氢能会议暨第4届两岸三地氢能研讨会论文摘要集”发表卷首文章《我的氢能梦》。现将全文摘录如下，作为本书后记。

我的氢能梦

为了纪念明年欧美同学会成立100周年，今年欧美同学会举办了一系列活动，大谈中国梦、美国梦、强国梦。我对氢能情有独钟，可以称之为氢能梦。

估计2050年的中国将有11.7亿人口。年能源消耗将达100亿吨标准煤。汽车5亿辆。人民生活水平为世界中等偏上水平。彼时，氢能将有重大突破，走入千家万户。

2050年可再生能源制氢产业化

海洋能制氢，利用海水温差发电，再电解海水制氢，将是全天候工作系统。一年365年，一天24小时均可工作，这与太阳能、风能的间歇式运行完全不同，但也有强烈的地域制约；光解水制氢市场化、规模化；生物制氢市场化；化石能源气化制氢再利用，做到二氧化碳收集与利用（CCU）的清洁煤路线。

2050年大规模输氢方式将有突破

我国西北地区丰富的光伏发电＋超导输电的同时输送液氢到我国东部发达地区；用有机苯类化合物＋氢，然后远距离输送，用氢现场脱氢；南海的海洋能温差发电＋液氢＋船运到中国发达地区；耐压塑料管将氢气安全、经济地输送到万千家庭和工厂。

交通运输用氢燃料成为主流

氢燃料汽车：全国60％汽车用氢燃料代替石油、天然气。2050年全国汽车保有量大于5亿辆，超过美国，成为世界第一大汽车保有量国家。估计将有4亿辆车为氢能源汽车。如果氢能发展不理想，也会到2亿辆氢能源汽车，其中70%为氢燃料电池汽车，30%为氢内燃机汽车。按照每辆车每天耗氢气2kg，每年600kg，全国4亿辆车，年用氢2.4亿吨，考虑船、飞机等，则需4亿吨氢气。

氢能改变人类生活

民居采用氢气做饭：2050年80%民居将采用氢气代替天然气做饭，氢气管道很普通，如同今天的煤气管道。预计届时有4亿家庭使用氢气做饭、取暖、分布式发电。每户每月用氢气$200m^3$，折合0.25t氢气/年。全国民居年需1亿吨氢气。

分布式电站，将提供全国40%的电力，改变大电网一统天下的局面。在煤的清洁利用中，首先气化为一氧化碳和氢气的合成气。进一步转化反应，生成二氧化碳和氢气，将二氧化碳捕获、利用，氢气用于大规模发电。无碳炼钢，用氢气代替焦炭。2050年，取消焦炭炼铁工艺，氢气全部代替焦炭用于钢铁工业。上述工业估计年需氢气大于10亿吨。

大规模氢气的利用，还部分解决淡水资源问题。因为利用海水制成氢气和氧气，在氢气使用过程中，生成水是淡水。2050年全国消耗氢气15亿吨，产生淡水135亿吨，足够上亿人生活了。

本书原计划2014年初出版，由于种种原因延至2015年。此时此刻，让我们回眸氢能，又是一番风景。

世界能源发展历史呼唤氢能

翻开人类能源的历史，从柴薪、煤、石油到天然气，不难看出都是碳氢化合物，它们的氢原子与碳原子（H/C）的比率大致为柴薪、煤：油：天然气=1：2：4，对于未来的氢能源，H/C将趋于无限。可见人类的能源发展会经历碳原子的逐渐减少直到为零，而氢原子逐渐增加直到最大的过程。

19世纪和20世纪的人类能源的历史明显地由初级原料能源为主，如柴薪、煤、石油、天然气等，能源供应系统以前是，现在仍然是以原料能源为主。而21世纪可望有所不同：它将以技术能源为主，因为能源效率和苛刻的环境保护，包括PM2.5大大限制了对初级能源量的需要，因此，正如石器时代的结束并非没有石头一样，化石能源退出历史舞台，并不要等到化石能源消耗殆尽。作为技术能源的可再生能源而言，不需要挖地数千米采油，也不需要排放巨量温室气体和残渣，因而其对环境不会造成任何影响。自然地，由可再生能源制得的氢能具有先天的优势。

现阶段，氢能的利用可以弥补化石能源的不足，如含氢气20%的氢气/天然气混合燃料，相当于节省了20%的天然气。

氢能的利用，也对缓解地球水资源矛盾作出贡献，电解海水制氢，得到了技术能源氢气；使用氢气结果生成淡水，为增加淡水资源做了贡献。

中国和平崛起需要和平能源

地球上没有现成的氢气，像铁以氧化铁的形式储存在地球形成铁矿一样，氢，以氧化氢（即水）的形式存在，水即是氢矿。由于地球上71%的表面是水，氢矿到处可见。人类不必为分布极不均匀的石油开战，故说氢是和平能源实不为过。中国要和平崛起，不用和平能源怎么行。

氢能是可再生能源与用户的最好的桥梁，利用风电、水电、光电制氢，再利用氢作为能源，这样可将不稳定的可再生能源变成高质的稳定的能源。在所有的大规模、长时间的储能技术中，唯氢独秀，无与伦比。氢与可再生能源牵手，最终，全国将形成电力和氢气两大能源载体网络。能源界的氢能网将与信息界的互联网一起，改变人们的生活方式，支撑中国和平崛起、可持续发展。

中国有能力屹立在世界氢能第一方阵

我国目前产氢量为世界第一。据中国工业气体协会氢气专业委员会2011～2012年度工作总结，2009年我国氢气产量达到1097万吨，2010年为1242万吨，2011年为1407万吨，2012年为1600万吨。与巨大的制氢量相适应，我国的氢的储运、热化学利用均具有很好的配套。

特别值得指出的是氢能利用的最佳设备——燃料电池在我国走过曲折之路。以氢燃料电池车为例，我国开发氢燃料电池车比韩国现代汽车要早许多，2008年北京奥运会、2010年上海世博会上已经展示了多辆氢燃料电池车，那时与国际差距不大。后来由于对氢燃料电池的方针摇摆不定，使得今天我们在氢燃料电池方面与国际拉大了差距，甚至远落后在现代汽车之后。2014年12月15日日本丰田汽车宣布在日本正式商业化销售氢燃料电池轿车。2015年以后，更多厂商的氢燃料电池汽车将进入市场。我国目前仍然热衷于纯电池的电动车，没有出台氢燃料电池车的发展战略计划。2014年的国产氢燃料电池车之旅本是宣传、展示的大好机会，也因组织不力，收效不大。

氢能汽车的替代将是一个长期过程，除氢燃料电池车外，氢内燃机汽车也将陪伴人类很长一段时间。期间，各种纯氢燃料、掺氢燃料也将大显身手。氢气/天然气混合燃料已经有长期的示范，我国山西省国新能源集团在董事长梁谢虎先生的带领下，敢为天下先。首先提出“气化山西”，并建成世界第一座日产20万立方米氢气/天然气混合燃料加注站，连同数十辆氢/天然气混合燃料重型卡车成功运行多年，有力地宣传了氢气/天然气混合燃料的优势。在

2014年6月15～20日于韩国光州举办的《第20届世界氢能大会》(WHEC2014)上，山西省国新能源集团荣获国际氢能学会鲁道夫·艾荏大奖，也是实至名归。该奖专门奖励对氢能热利用作出贡献的先行者，历史上，宝马、林德、壳牌、日本钢铁公司等都得过该奖。这回，山西省国新能源集团为中国人争气了。

中国氢能工业正在兴起，期间的燃料电池小挫折又算得了什么？沉舟侧畔千帆过，病树前头万木青，中国人一定会抓住时机，有所发明、有所创造、推进氢能发展，让和平的氢能支撑中国的和平、快速崛起。

毛宗强

2015年1月12日于北京清华大学荷清苑

图 1　中国第一座制氢加氢站：北京飞驰竟力加氢站，2006 年 6 月 28 日启用。（毛宗强摄）

图 2　德国 BMW 公司的 BMW750HL 氢内燃机轿车在清华大学能科楼前展示（2007 年 07 月 04 日毛宗强摄）

图 3　清华大学承担国家 863 项目研制的 HCNG 大客车
（毛宗强摄）

图 4　全世界最大的 山西国新能源集团日产 20 万立方米 HCNG 加注站
（毛宗强提供）

图 5　河南登封市中天大酒店锅炉用氢氧混合气发生器
（2014 年 11 月 25 日毛宗强摄）

图 6　山东淄博中铝公司氯碱厂的副产氢气在装车外售，近处为给工厂供应蒸汽的氢气锅炉（2015 年 11 月 15 日毛宗强摄）

图 7　四川亚联公司每小时 9000 立方米变压吸附提纯氢气装置
（毛宗强提供）

图 8　全国氢能标准技术委员会 (SAC/TC309) 在审查氢能标准
（毛宗强提供）